国家重点研发计划课题（2017YFC0702504）
国家自然科学基金项目（51878141）

江南绿意
长三角地区传统建筑与聚落绿色智慧调研

Green Wisdom: Research on Sustainable Approaches in Traditional
Buildings and Settlements in the Yangtze River Delta

王 静 蒋 楠 戴文诗 等著

U0178931

东南大学出版社·南京
Southeast University Press · Nanjing

图书在版编目（CIP）数据

江南绿意：长三角地区传统建筑与聚落绿色智慧调
研 / 王静等著 . -- 南京：东南大学出版社，2023.2
ISBN 978-7-5641-9898-5

Ⅰ . ①江… Ⅱ . ①王… Ⅲ . ①长江三角洲 – 古建筑 –
建筑艺术 – 研究 Ⅳ . ① TU092. 2

中国版本图书馆 CIP 数据核字〔2021〕第 258701 号

江南绿意：长三角地区传统建筑与聚落绿色智慧调研
Jiangnan Lüyi：Changsanjiao Diqu Chuantong Jianzhu yu Juluo Lüse Zhihui Diaoyan

著　　者：王　静　蒋　楠　戴文诗　等
责任编辑：戴　丽　魏晓平
责任校对：子雪莲
封面设计：刘　焱
责任印制：周荣虎
出版发行：东南大学出版社
社　　址：南京市四牌楼 2 号
邮　　编：210096
网　　址：http://www.seupress.com
电子邮箱：press@seupress.com
印　　刷：南京新世纪联盟印务有限公司
经　　销：全国各地新华书店
开　　本：889 mm×1 194 mm　1/16
印　　张：16.75
字　　数：490 千字
版　　次：2023 年 2 月第 1 版
印　　次：2023 年 2 月第 1 次印刷
书　　号：ISBN 978-7-5641-9898-5
定　　价：78.00 元

序

    传承中华建筑文脉、突出建筑地域文化将是未来绿色建筑发展的一个重要组成部分与发展方向。自 2017 年始，我和团队开展了"十三五"国家重点研发计划重点专项"经济发达地区传承中华建筑文脉的绿色建筑体系"的研究工作，项目历时 4 年，在项目研究团队全体同仁的共同努力下，项目研究取得了积极而显著的成果。

    该研究项目的开展主要面向两个重大国家需求：一是中华建筑文脉需要传承与弘扬：建筑文化是中华优秀传统文化的重要组成部分，中央城镇工作会议和城市工作会议明确文化传承、树立文化自信是事关国家和民族未来的根本要求，中央也多次发出加强历史文化传承的通知，在绿色低碳发展成为时代必须的背景下，中华建筑文脉蕴含的设计及营建智慧亟待总结，以期为当代绿色建筑发展可以提供新的思路和技术手段；二是长期以来绿色建筑"重性能、轻文化"局面亟须扭转：以往绿建标准中多以性能为导向，"以人为本"的导向尚显不足，机械和设备主导下的绿建形象、绿色建筑的可感知性也有待提高，"绿而缺文"，"绿而不美"的情况仍然存在。基于此，项目立足我国经济发达地区，展开传承中华建筑文脉的绿色建筑体系研究，应对了国家发展的紧要关切。可喜的是，该项目及其课题的相关成果仍在不断推出之中。

    这本新书，就是项目课题四——"长三角地区基于文脉传承的绿色建筑设计方法及关键技术"的研究成果，该课题由东南大学牵头承担，王静教授担任负责人，研究团队聚焦经济发达地区中长三角这一具有典型意义的特定区域开展深入研究，并在对长三角地区气候、地理、文脉三大关键要素进行解析的基础上，从传统建筑和聚落两个方面针对长三角地区开展了"传统绿色智慧"的系统化调研，通过 111 例传统建筑、55 例传统聚落的细致调研、精心整理、图文解析、总结凝练，为长三角地区传统绿色智慧的系统梳理与科学认知探索出一条可行的当代新路径，相信其必将对江南传统建筑文化的当代传承与绿色发展起到重要的参考作用。

    我认为，未来绿色建筑需要在双碳目标前提和地域文脉传承方面取得双赢。践行"双碳"目标的绿色建筑，除了物理环境绿色数据指标提升外，还应充分扬弃和利用中国传统的绿色理念和建造技艺，追求绿色建筑的"文化之谐"和"视觉之美"，绿色建筑发展最终要"以人为本"。

    在文化传承与绿色发展并重发展的今天，此书的出版可谓恰逢其时，我愿意将其推荐给大家。最后，由衷祝贺《江南绿意：长三角地区传统建筑与聚落绿色智慧调研》的出版！

王建国

中国工程院院士

2022-10

前　言

在可持续发展与生态文明建设日益重要的今天，在国家相关政策的引领下，推动绿色发展已成为贯彻新时代新发展理念的必然要求。自1990年代绿色建筑概念逐渐被引入中国，到今天基本形成目标清晰、政策配套、标准完善、管理到位的绿色建筑推进体系，我国的绿色建筑事业取得了显著成效并实现跨越式发展。时至今日，推进生态文明建设和城乡绿色发展已成为全社会的广泛共识，"建设高品质绿色建筑"已成为推动城乡建设绿色发展的重要内容。

随着对绿色建筑认识的深入，绿色建筑的概念认知和内涵得到扩展，"以人为本"的内核逐渐体现。绿色建筑的设计不再仅仅是"技术指标"导向，也包含人文因素、文化传承、空间策略、可持续发展等诸多考量。因此，绿色建筑的发展，不仅要从建筑技术与策略进行深入研究，还须从人与自然、建筑与环境的关系及地域文化传承等多方面探索和建构设计理论与方法。中华建筑文脉历时数千年，各地区不同的地域气候条件、山川地貌特征和历史文化传统形成了不同的建筑形态、空间特征和营建技术。因此，回溯历史和本源，在传统建筑及其所蕴含的文化中寻找可资传承发展的绿色智慧与基因，继而展开传承中华建筑文脉的绿色建筑研究，不仅能为当代我国绿色建筑的发展提供新的思路和技术手段，也是传承中华文脉、树立文化自信的必要。

基于此，2017年，"十三五"国家重点研发计划开展了重点专项"经济发达地区传承中华建筑文脉的绿色建筑体系"的研究，项目由王建国院士领衔，立足我国经济发达地区，展开传承中华建筑文脉的绿色建筑体系研究。

本书是该重点专项中"长三角地区基于文脉传承的绿色建筑设计方法及关键技术"课题的研究成果之一。课题由东南大学牵头，联合浙江大学、苏州大学、苏州园林发展股份有限公司、杭州中联筑境建筑设计有限公司共同完成，本人作为课题负责人和团队一起开展了本次研究工作。课题聚焦经济发达地区中长三角这一具有典型意义的特定区域，针对该地区的地域文脉特征和自然气候地理条件，开展绿色建筑设计方法和关键技术的研究，并选择具有代表性的建筑类型进行设计技术实践和集成示范，为传承江南建筑文化的绿色建筑提供具体可操作的设计方法和技术支撑。

长三角地区有着悠久的传统文化，江南传统建筑中所体现的人居观、自然观，对于当代长三角地区的建筑文化有着深远影响，江南传统建筑营造技艺中蕴含着丰富的绿色智慧，对当代绿色建筑设计具有重要的启发。因此，通过对文化观念的探源和传统建筑营建策略的分析，梳理总结在空间、形态、构造等方面的绿色智慧，有助于认识绿色建筑和传统建筑文化之间的承启，从而在当代实践中传承优秀传统建筑文化，彰显城市特色内涵，实现文化和技术的传承创新。

本书编撰团队在对长三角地区气候、地理、文脉三大关键要素进行解析的基础上，从传统建筑和聚落两个方面针对长三角地区开展了系统的调研。本书是对本次调研成果的整理分析。本次调研和本书的撰写由课题组的东南大学研究团队完成，调研工作历时近三年，合计调研传统建筑111例，传统聚落55例，所选案例基本涵盖了长三角地区不同地区、不同类型的建筑和聚落。调研工作有别于历史建筑的史料考证，重点聚焦"绿色智慧"，关注传统建筑与聚落的整体布局、建筑形态、空间体系、界面构造等方面，考察其应对地区气候、地形地貌的策略和江南文化在建筑与聚落空间上的体现，并通过科学化认知、图示分析等方式进行整理解析，提炼蕴含于江南传统建筑及聚落中的绿色智慧，为长三角地区传统绿色智慧的科学总结提供丰富翔实的案例支撑，亦从绿色建筑角度为江南传统建筑及聚落研究探索新的可能。

本书相关的研究工作始终得到王建国院士的指导。研究过程中，项目的各课题之间、本课题组内各团队之间的合作交流让课题研究和本书的撰写更加深入和具有针对性。在本次调研的案例选取、整理分析等过程中，东南大学陈薇教授和鲍莉教授、浙江大学王竹教授、苏州大学吴永发教授等项目和课题组多位专家及其团队提供了宝贵的建议。调研工作还得到其他多位专家学者和当地相关部门的帮助，他们为课题组提供了相关的咨询和资料。在此，衷心感谢对课题研究、本次调研和本书撰写提供指导、帮助和支持的专家学者和各位朋友！

本书主要由三部分内容组成：第一部分为调研综述，包括本次调研工作的概述和绿色智慧的分析，第二、三部分分别从建筑和聚落两个方面对案例进行整理和图文解析。王静、蒋楠负责本书的统稿工作，戴文诗承担了组织协调工作。本次调研和分析撰写工作主要分工如下：

调研综述：王静、蒋楠、戴文诗等；

江苏省调研分析：罗吉、董阳、赵启凡、肖畅、王逸凡、任柳等；

浙江省调研分析：王宁、任柳、杨晔、杨正豪、王蓉蓉、汪家伟等；

安徽省调研分析：薛力、王逸凡、杨正豪、王蓉蓉、汪家伟、李多等；

上海市调研分析：王宁、任柳、杨晔等。

另外，楼蓉、潘佳慧等参加了资料整理等工作。

东南大学出版社为本书的出版提供了大量的帮助，在此深表谢意！由于调研和分析工作量大，且受制于案例的现状保存状况、史料考证等因素，加之学识和能力所限，本书难免存在诸多的问题和不足，期待读者给予批评指正。

2022-10

目 录

第一部分 调研综述

1.1 调研概述

1.1.1 调研背景、目的与意义

绿色建筑是当代建筑行业遵循可持续发展的基本原则，应对能源、资源、环境等问题做出的明确回应。自 1990 年代绿色建筑的概念引入中国以来，在约 30 年的发展过程中，相关专家学者开展了大量的理论和实践研究，积累了丰硕的成果，形成了以技术方法、标准、导则等为主的技术体系。随着对绿色建筑理念和内涵的进一步认识，绿色建筑的研究已不再停留在技术策略的层面，诸多深层次的问题开始得到进一步的思考和探究。在《绿色建筑评价标准》（GB/T 50378—2019）中，绿色建筑被定义为"在全生命周期内，节约能源、保护环境、减少污染，为人们提供健康、适用、高效的使用空间，最大限度地实现人与自然和谐共生的高质量建筑"。由此可见，绿色建筑的关键目标是人与自然的和谐共生，这与地区的自然气候条件、地形地貌特征、地域文化传承等密切相关。在自然环境方面，绿色建筑须根植于地域性气候、山川地貌等自然条件，遵循生态和可持续发展的基本原理，把人与自然、建筑与环境的关系作为重要的考量因素；在地域文化方面，价值观念、生活习俗、经济特点等构成地域文脉，其传承中形成的文化认同感和环境归属感是提升人们心理感受、和谐人地关系的关键，也是绿色建筑考量的要素。因此，绿色建筑的设计应基于地区的自然气候禀赋、地形地貌特征和地域文脉传承，综合自然和人文等多方面因素，形成人与环境的良性共生关系。

在我国传统建筑的营建思想中，建筑与自然的协调统一是其基本原则，"天人合一"的思想一直影响着建筑营建的基本观念和实践。各地区在悠久的建筑历史过程中，积淀了大量应对地域气候条件和山川地貌特征、呈现地域文化和人文秩序的建筑思想和营建策略技术，形成主要体现在传统建筑与聚落的整体布局、建筑形态、空间结构和构造体系的绿色建筑智慧。因此，我们有必要从自然和人文两个层面入手，针对传统建筑和聚落开展深入的研究，探究、挖掘其中蕴含的绿色建筑智慧。一方面，这正是绿色建筑研究的重要内容；另一方面，对其的传承、转化和创新于中华建筑文脉的传承发展而言也具有重要意义。

长三角地区是中华文化的代表性地区之一，具有独特的气候特征、山川地貌，拥有深厚的江南文化和悠久的历史。在长期的发展过程中，长三角地区形成了独具地域特征的建筑文化，其对当代长三角地区的建筑文化也产生了深远的影响。因此，在对长三角地区气候特征、山川地貌和江南文化解析的基础上，"回溯传统"，对传统建筑和聚落进行全面的调研，从中挖掘并探寻其应对气候、地理条件的智慧，探究江南文化中的"自然观""人居观"在建筑中的体现，将有助于更深入地理解中国语境与地域文化观念下的绿色建筑并建立和完善其体系，也有助于推进对中国文化的传承和绿色建筑的发展。这是促成本次调研的关键动因。

当然，"回溯传统"并非主要目的，本次调研的核心指向更在于"启发当代"。本次调研不是单纯地对历史史料进行考据，而聚焦于江南传统建筑与聚落中"绿色智慧"的挖掘和解析，因此，本次调研重点关注传统建筑与聚落的整体布局、建筑形态、空间体系、界面构造等内容。这些内容不仅是绿色智慧的主要方面，也是现代建筑设计的构成要素，并与其在当代建筑设计中的转译和应用息息相关，对其的挖掘、解析将为建筑文化的传承和发展提供绿色设计的路径与方法，并在现代建筑设计中发挥重要作用。

由于长三角地域山川河湖交错，地貌复杂，文化习俗丰富多样，各地经济特

征也不同，因此需要尽可能地针对不同的地区开展全面的调研，以期形成完整、客观的调研成果。研究团队基于气候、地理、文脉的解析，对长三角地区进行分区。考虑到长三角地区大部分属于夏热冬冷地区，其分区主要依据地理和文化两方面进行划分。在根据地理、文化进行分区之后，研究团队将两者叠加，形成多个小分区，针对其中具有代表性的分区，从建筑和聚落两方面选择典型案例开展调研工作，所选案例力求准确覆盖长三角地区不同类型的传统建筑和聚落。

在调研的基础上，研究团队基于本次研究目标，对调研资料进行归纳整理，并采用量化统计、空间分析等认知方式进行分析，凝练、梳理了传统建筑的绿色智慧，以期为其在当代建筑实践中的转译提供进一步的策略和方法。

1.1.2 调研范围

在自然地理视角下的长江三角洲是指长江入海前的冲积平原，即在长江所携带的泥沙不断淤积下而形成的平坦宽广、大致呈三角形的陆地。长江三角洲地区土地肥沃、水系发达、经济富庶、文化兴盛，在我国的历史上一直都占有着重要的地理、经济和文化地位（图1）。

长三角地区第一次设立行政区域可以追溯到春秋战国时期，其行政区至秦汉时期发展成一定规模的郡县，之后逐渐扩大，于明清时期形成了以江苏、浙江两省为核心的7府29县的行政区划格局，最终在清代进一步地巩固成为较为稳定的8府33县格局。至此，长三角地区的行政区划形成以江浙地区和部分安徽地区为主要架构的较为稳定的态势。

改革开放以来，长江三角洲地区的行政区划随着经济发展的需求呈现出在原有的区划格局上逐步外延和扩大的趋势。1982年12月，国务院发出《关于成立

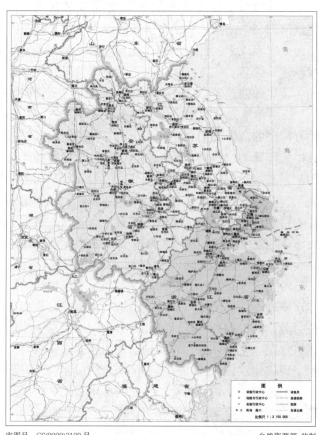

图1 长江三角洲地区区域图　　审图号：GS(2020)3189号　　　　　　　　　　　自然资源部 监制

上海经济区与山西能源基地规划办公室的通知》，决定由上海、苏州、杭州、宁波等 10 个城市组成上海经济区，其以上海为中心，地域范围为长江三角洲地区，这成为地理范围上长三角经济区的雏形。此后由于经济的高速发展和各地区内部合作发展的需要，越来越多的城市加入其中。2010 年 6 月，国务院批准了《长江三角洲地区区域规划》，由上海市、江苏省和浙江省范围内的 25 座城市组成长江三角洲城市群，以上海为核心沿多条发展轴延伸。至 2016 年 6 月，国务院批准了《长江三角洲城市群发展规划》，将长三角城市群进一步扩容至 26 座城市。2019 年 12 月，国务院印发了《长江三角洲区域一体化发展规划纲要》，明确地将江苏省、浙江省、安徽省和上海市界定为长江三角洲地区，形成了长三角地区"三省一市"的格局。

本次调研的长三角地区即三省一市范围。长三角地区在历史上经济富庶、文化兴盛，产生过广泛的影响，其中诸多地区的传统建筑与聚落保存较为完整，其完整的形态格局与良好的保存状况对调研和挖掘传统生态智慧都十分有利。

1.1.3 调研对象

本次调研范围涉及长三角地区的三省一市，调研对象是具有代表性的传统建筑与聚落，调研内容是对其现状进行实地探查，并结合相关文献和资料做归纳与整理，通过定性与定量分析，总结其中蕴含的绿色智慧。

本次调研共选取 111 个建筑案例、55 个聚落案例。建筑调研案例主要为各个地区中具有地域代表性、保存较为完整、格局较为清晰、与区域主要建筑规模相符合的建筑案例，侧重于对其整体布局、建筑形态、空间体系和界面与构造等的研究。聚落调研案例主要为具有地域代表性、聚落形态环境格局保存较为完整的村落，侧重于对其总体布局、聚落形态、空间组织和环境等的研究。

1.2 长三角地区的气候、地理与文化特征

1.2.1 长三角地区的气候环境特征

1.2.1.1 长三角地区的气候分区

长三角地区的地理位置介于东经 115° 46′ —123° 25′、北纬 32° 34′ —29° 20′ 之间，其气候类型属于亚热带季风气候，季节变化明显，四季分明。

我国在建筑方面的气候区划主要有《建筑气候区划标准》（GB 50178—1993）和《民用建筑热工设计规范》（GB 50176—2016）两种。《建筑气候区划标准》按照气温、相对湿度和降水量 3 个气候参数，将我国划分为 7 个一级气候区（分别是Ⅰ、Ⅱ、Ⅲ、Ⅳ、Ⅴ、Ⅵ、Ⅶ）和 20 个二级气候区。长三角地区除北部局部地区属于Ⅱ B 区以外，都位于中国气候区划方案的Ⅲ区，在二级气候区划分中属于Ⅲ A 区和Ⅲ B 区。其中，Ⅲ A 区由于临近海岸线，风速较大，暴雨强度大；Ⅲ B 区夏季温高湿重，北部地区冬季积雪较厚。《民用建筑热工设计规范》从建筑热工设计的角度出发，将我国划分为 5 个一级气候区（分别是严寒、寒冷、夏热冬冷、夏热冬暖和温和地区）和 11 个二级气候区，长三角地区除北部局部地区属于寒冷地区之外全部位于夏热冬冷地区。由于《建筑气候区划标准》和《民用建筑热工设计规范》的主要划分依据是基本一致的，因此气候分区相互兼容。

1.2.1.2 长三角地区的主要气候特征

针对长三角地区的气候特征，研究团队根据《建筑气候区划标准》，结合中国气象数据网的相关气象资料和本次调研情况，对气候特征及建筑中所需应对的问题进行了分析整理，并对其中列出的长三角地区代表性城市的气象数据进行了汇总（表1）。整体而言，长三角地区的气候特征及其所需应对的问题可以分为以下几个方面。

（1）夏热冬冷

大部分长三角地区的气候特征为夏热冬冷。根据《建筑气候区划标准》，第Ⅲ气候区最热月平均气温为25—30℃，最冷月平均气温为0—10℃，年日平均气温≥25℃的日数为40—110 d，日平均气温≤5℃的平均日数为0—90 d。

这些数据和相关资料显示，大部分长三角地区夏季气温高，高温天气天数多，极端高温高，冬季气温低，持续时间较长。同时，降水量大，大气中水汽多、湿度大，日温差小，从而导致夏季闷热感明显，炎热程度突出，且冬季湿冷感明显，增加了寒冷的感受。因此，长三角地区的建筑须同时考虑夏季炎热和冬季寒冷的气候特征，其中应对夏季的湿热是尤为突出的问题。

（2）潮湿多雨

根据《建筑气候区划标准》，第Ⅲ气候区年平均湿度为70%—80%，四季相差不大，年雨日数为150 d左右，多者可超过200 d，年降水量为1 000—1 800 mm。

这些数据和相关资料显示，长三角地区年平均相对湿度高，年降水量大，阴雨天多，潮湿情况严重，且四季相差不大。在冬、夏季节，呈现夏季湿热、冬季湿冷的气候特征。春末夏初进入梅雨季节，持续性降水使得空气湿度大，日照量小，经常伴随霉菌的出现。潮湿的环境不仅严重地影响人体的舒适度，也对建筑材料的防腐不利。年降水量大，雨水季节较多，夏季常常有大雨和暴雨出现，因此防雨排水也是长三角地区在营建中需要考虑的重要问题。

（3）年均日照量偏低

表1的数据显示，长三角地区代表性城市的全年日照百分率在40%—53%，日照百分率偏低，这反映出长三角地区阴天较多、全年日照量偏少的情况。

因此，长三角地区在营建中不仅需要增强自然采光，还要尽可能地提升冬季

表1 长三角地区代表性城市相关气象数据

气候区划	城市	气温 /℃					相对湿度 /RH		降水 /mm		风速 / (m/s)			日照百分率 /%			
		最热月	最冷月	日较差	极端高温	极端低温	最热月	最冷月	年降水量	日最大降水量	全年	夏季	冬季	年	12月	1月	2月
Ⅱ A	宿州	27.3	-0.2	10.6	40.3	-23.2	81	68	877	216.9	2.6	2.5	2.7	53	54	51	49
Ⅲ A	盐城	27.0	0.7	9.0	39.1	-14.3	84	74	1 008.5	167.9	3.4	3.3	3.4	52	56	53	50
	上海	27.8	3.5	7.5	38.9	-10.1	83	75	1 132.3	204.4	3.1	3.2	3.0	44	46	43	38
	舟山	27.2	5.3	6.2	39.1	-6.1	84	70	1 320.6	212.5	3.3	3.2	3.6	45	46	42	37
	温州	27.9	7.5	7.0	39.3	-4.5	85	75	1 707.2	252.5	2.1	2.1	2.1	41	44	39	31
Ⅲ B	泰州	27.4	1.5	8.6	39.4	-19.2	85	76	1 053.1	212.1	3.4	3.3	3.5	51	55	52	49
	南京	27.9	1.9	8.8	40.7	-14.0	81	73	1 034.1	179.3	2.7	2.6	2.6	48	40	46	41
	蚌埠	28.0	1.0	9.5	41.3	-19.4	80	71	903.2	154.0	2.5	2.3	2.5	48	49	46	44
	合肥	28.2	2.0	8.2	41.0	-20.6	81	75	989.5	238.4	2.7	2.7	2.6	48	49	45	41
	铜陵	28.6	3.2	6.9	39.0	-7.6	79	75	1 390.7	204.4	3.0	2.9	3.1	45	45	41	37
	杭州	28.5	3.7	7.9	39.9	-9.6	80	77	1 049.8	189.3	2.2	2.2	2.3	42	45	39	34
	丽水	29.3	6.2	9.4	41.5	-7.7	75	75	1 042.6	143.7	1.4	1.3	1.4	40	38	36	30

数据来源：《建筑气候区划标准》

的日照辐射度。相比于人工采光，自然采光对人体健康更为有利，缺乏自然光线会使人的生物钟混乱，引发抑郁、嗜睡等身体不适症状，须引起重视。同时，日照对建筑环境卫生也有相当大的影响，缺乏日照会加剧建筑微环境的潮湿情况，导致建筑材料出现更加严重的发霉、腐坏等问题。

从上述分析可见，长三角地区的主要气候特征与需要应对的问题可归纳为夏热冬冷、潮湿多雨、年均日照量偏少3类。因此，在建筑营建过程中须着重考虑以下3方面问题：其一，由于长三角地区夏热冬冷同时存在，夏季炎热情况突出，因此须重点考虑夏季的防热遮阳、通风降温的需求，同时兼顾不同季节的情况，考虑冬季防寒、日照的需求。其二，由于常年湿度较高，尤其夏季的湿热问题突出，因此须重点考虑建筑的通风、排湿问题。在调研中也发现，长三角地区的建筑密度较高，建筑区域内的风速较低、静风时间长，这不利于应对夏季的炎热气候和满足夏季的通风、除湿要求，因此须考虑在建筑空间中设置有效的通风系统。其三，日照采光、防雨排水等对环境卫生的影响较大，长三角地区的建筑密度较高，须在高密度条件下充分考虑日照采光需求并系统性地考虑防雨、排水问题。

1.2.2 长三角地区的自然地理环境特点

1.2.2.1 长三角地区的地形地貌特征

对长三角地区的地形地貌特征的认知是解读区域内传统建筑与聚落的空间布局、形态、结构等的重要前提。从整体来看，长三角地区的地形地貌以平原为主，同时包含山地、丘陵、盆地、水网等地形地貌类型，且不同的地形环境相互交织，分布错综复杂。其中，西部、南部的地形地貌以山地、丘陵为主要特征，东北部的地形地貌以平原、水网为主要特征。平原、山地、丘陵、水网等交织成了独特的长三角地区地形地貌——河川纵横交错，湖塘星罗棋布，山间河谷盆地相间，岛礁众多分散稀疏（图2）。

江苏省的地形以平原为主，地势低平，低山丘陵集中在江苏省的西南部，且占比较少，区域内水系发达，河渠纵横，水网稠密，湖泊密布。上海市为长江三角洲冲积平原的一部分，平均海拔仅2.19 m左右，整体地势低平。浙江省的地势自西南向东北呈阶梯状倾斜，区域内山地、丘陵、平原、水网、盆地、岛屿等不同地貌相互交织，地形复杂。安徽省的地形以丘陵、山地为主，区域内的山地、丘陵、平原、盆地等类型齐全，北部是广阔的淮北平原，东部连接江苏境内的丘陵地带，西部和南部群山起伏，整体地势东北低、西南高。

1.2.2.2 长三角地区的地理环境

本次调研以地形的分布作为地理环境分区的划分依据，因此同一行政区划内可能存在不同的地理环境。依据地理环境分区，长三角地区的地形地貌可分为平原、山地、丘陵、盆地、水网和滨海岛屿6种类型（图2）。

（1）平原

平原是大陆上地表起伏不大、面积较大的平坦地形。长三角地区的平原主要分布在安徽、江苏、上海境内的长江两侧和太湖周边水网密集的冲积平原、苏南平原、浙北平原以及上海、江苏和浙江的沿海地带，其中江苏的通盐连平原最为规整宽广。

（2）山地

山地是指绝对高度（海拔高度）大于500 m、相对高度大于200 m的凸起高地。

图 2 长三角地形地貌类型与分布　审图号：GS(2016)609 号

根据高度和形态的不同，山地可分为低山、中山、高山和极高山 4 种类型。低山一般是指绝对高度在 500—1 000 m 之间的山地，在地形分布上往往与丘陵结合。中山的绝对高度一般在 1 000—3 500 m 之间，坡度变化较大。长三角地区的山地主要分布在安徽的西部、南部和浙江的西南部，多为中山、低山，地势起伏。

（3）丘陵

丘陵一般是指相对高度不超过 200 m 的起伏和缓的凸起高地，可分布于不同的海拔高度。长三角地区的丘陵分布范围很广，起伏不大，坡度较缓，地面崎岖不平，由连绵不断的低矮山丘组成，主要分布在安徽的江淮、西部、南部，江苏的西南部以及浙江的东部和西部。

（4）盆地

盆地是高地围限的内部低平、面积较大的盆状地形。长三角地区的盆地主要分布于浙江中部（金衢盆地）以及安徽南部和北部部分地区。

（5）水网

目前水网区没有专门的名词释义，本次调研从水陆比例关系出发，将水网区定义为河流纵横密集、湖泊星罗棋布的地区。水网区内江河、湖泊、沟渠纵横交织，地势低洼，地下水位高，雨季多水。长三角地区的水网区主要包括江苏南部、浙江北部太湖周边的水网密集区以及江苏北部高邮湖周边的河湖密布地区。

（6）滨海岛屿

本书调研的滨海岛屿区包含滨海和岛屿两部分，主要分布于长三角东部沿海地区，包括崇明岛、舟山群岛等。其中浙江北部滨海地区内平原和丘陵等不同地貌交织，岛屿数量众多，且多为丘陵地貌。

长三角地区地理类型丰富，分布交织复杂，其地形地貌、植被耕地等均对聚落选址和空间营建产生重要的影响，而山体、水系等地理因素也是聚落形态的制约性要素。因此，在聚落和建筑的营建过程中，不同类型的地形地貌须考虑的重点问题不同。例如，山地、丘陵地区须重点考虑对山体的利用，水网地区则须重点考虑如何适应水环境并充分利用水网带来的农业、交通等便利条件，等等。同时，不同的地理环境带来的微气候不同，不同的地理环境形成的微气候也对聚落和建筑的营建产生影响。

1.2.3 长三角地区的文化特征分析

1.2.3.1 以江南文化为代表的长三角地区地域性文化

关于"江南地区"的范围，在学界内以李伯重"八府一州"的说法最被广泛接纳。"八府一州"是指明清时期的苏州、松江、常州、镇江、应天（江宁）、杭州、嘉兴、湖州八府以及苏州划分出来的太仓州。从地理学上来看，"八府一州"的共性是它们同属于太湖水系，在地理、自然生态、水文上具有高度的相似性。在历朝历代的发展和更替中，"八府一州"这一具有高度相似性的区域逐渐产生了以环太湖水网为核心、融合周边区域的以水乡诗学、自然审美和自由精神为表征的江南文化。

自1980年代以来，对作为经济发展区划的长江三角洲范围的界定一直在根据所处时代的发展需求和国家战略进行调整，但是在每一轮对于长三角地区的界定中，以太湖水网区域为核心的环太湖区域以及周边的南京、杭州地区都被划入核心区域。由此可见，江南文化作为拥有悠久历史和渊源的地域文化在长三角区域内所具有的代表性地位。

1.2.3.2 江南文化的总体特征

江南文化是中华文化的一部分，其发展演变经历了长期的过程，并在持续的文化交流中走向融合发展。这种文化融合主要表现在儒家文化与道家文化之间的相互吸收、改良和转化中，江南文化将儒家文化的等级观念转化为秩序性架构，并结合了道家文化对自然环境的尊重与融合态度，形成追求社会秩序、人际和谐和自然共生的总体文化特征。

1.2.3.3 江南建筑文化中的秩序性与自然观

儒家文化和道家文化的融合也反映在江南建筑中。一方面，儒学强调秩序理性，重视人伦教化，在经过江南人士的再诠释之后，成为江南内在的伦理内因，建构了江南的社会伦理和人学秩序。儒家文化在建筑中的反映主要表现为秩序性的空间组织，以轴线清晰、层次丰富的空间序列来组织和形成秩序，以达到天人关系和人际关系的秩序和谐。

另一方面，江南建筑文化又反映出对山水自然的崇尚。江南的天人合一思想主要受道家思想的影响，强调顺应自然本真的道法自然，形成了崇尚自然的诉求，建构出自由灵动的空间形态和景观格局。江南文人审美意识中对自然的向往和寄情山水的情感驱动，也使建筑追求"融于自然"和"自然融入"。在这些思想的影响下，江南建筑追求自然本真，在人工环境与自然环境之间找寻融合与和谐，将人工环境融于自然环境之中，寻求一种自然意趣。

1.2.3.4 江南建筑文化中的诗性审美精神

诗性审美精神在江南的诗歌、绘画领域中占据了重要地位，也影响了江南建筑空间的营造。诗性审美精神与道家思想对自然山水的推崇与向往相结合，使得客观存在的自然山水所形成的意境之美成为江南审美意象的重要特征，也萌发了从自然山水中阐发情感的自然审美意识和审美观念。在建筑布局中，建筑组团内的诸多空间在对于山水自然景观意象观赏追寻的基础上营造出来，通过景观营造和观景结构的塑造，形成富有意境的情景，满足江南地区对山水意象、诗情画意的意境审美追求。

江南文化对于人和自然关系的认知，反映在传统建筑的整体布局、建筑形态、空间体系等的营建中，其中蕴含着深刻的绿色智慧，对其进行深入的理解和研究，是探讨绿色建筑发展中传承文脉的理念和方法的基础。

1.3 调研分区与案例选取

1.3.1 调研分区

长三角地区地域性文化以江南文化为代表，由于受气候、地理环境及周边文化等多方面的影响，区域内不同地区的建筑文化表现出一定的差异性。本次调研对长三角地区三省一市的建筑文化进行分区分析，分区主要依据中华人民共和国住房和城乡建设部自 2014 年开始组织编写的"中国传统建筑解析与传承"丛书。

江苏省主要分为环太湖文化圈、宁镇沿江文化圈、淮扬苏中运河文化圈、徐宿淮文化圈、通盐连沿海文化圈 5 个文化圈，它们相互影响、彼此交融，同时也受到周边文化的影响。前三者为江南文化的代表性地区，其中，环太湖文化圈是吴越文化的核心区，宁镇沿江文化圈除了受到吴文化的辐射之外还受到了徽州文化和荆楚文化的影响。后两者中，徐宿淮文化圈受中原文化与齐鲁文化的影响较多，通盐连沿海文化圈靠近上海，开放的文化对其建筑风貌产生了直接影响。

浙江省分为浙北文化圈、浙东文化圈、浙西文化圈和浙南文化圈 4 个文化圈。其中浙北文化圈主要指杭嘉湖地区，是江南文化的代表性地区之一。浙东文化圈则形成了经世致用的传统建筑文化，并且这一地区紧临东海，部分地区生成了颇具特色的海岛建筑。浙西文化圈与浙南文化圈都以山地、丘陵为主，其中浙西文化圈宗族文化发达，而浙南文化圈则受移民和海外贸易的影响，产生了带有外来文化印记的建筑特色。

安徽省则以长江、淮河为界划分为皖南、江淮、淮北 3 个区域，形成徽州文化圈、江淮文化圈、中原文化圈 3 个文化圈。徽州文化圈内本土山越文化与中原文化相融合，形成内涵丰富的徽州文化；江淮文化圈则以南北文化融合为特征；淮北文化圈处于南北地区交界，受中原文化、齐鲁文化的影响较多。

在此基础上加上上海文化圈，长三角地区可以分为 13 个不同的文化圈。由于同一文化圈内地理、气候环境的不同会在一定程度上影响建筑与聚落的布局、建筑结构和空间形态，因此叠加了地理气候要素，研究团队进行了更为详细的调研分区，在此基础上针对 22 个代表性的分区做案例选取和调研。这 22 个代表性分区包括：环太湖水网区、沿江平原区、宁镇丘陵区、淮扬苏中平原区、徐宿淮北平原区、通盐连沿海平原区、通盐连沿海丘陵区、浙北沿海平原区、浙北山陵区、浙北水网区、浙东沿海平原区、浙东丘陵区、浙东滨海岛屿区、浙西山陵区、浙西盆地区、浙南山陵区、浙南滨海岛屿区、徽州山陵区、江淮平原区、江淮山陵区、中原平原区、上海沿海平原区。

案例的选取重点考虑案例在该地区具有代表性，并尽可能涵盖长三角地区传统建筑与聚落的不同类型。

1.3.2 案例选取依据与筛选原则

1.3.2.1 案例选取依据

本次调研案例的选取以《中国传统民居类型全集》、"中国传统建筑解析与传承"丛书、"中国民居建筑丛书""中华遗产·乡土建筑""徽州古建筑丛书"等著作为参考，结合各级文物保护单位名录以及研究团队常年的积累，选择具备地域性（属于地方代表性建筑类型）、代表性（是当地历史上大量存在过的民居）、真实性（建筑保存较为完整）、技术性（具备典型空间和构造做法）的案例作为调研对象。

本次调研的侧重点在于长三角地区传统建筑与聚落中与绿色技术相关的内容，案例的选取同时考虑气候、地理条件与文化的典型特征，从案例保存完好程度、资料完整程度、民居制式等级等多个方面对分区内的案例进行筛选。

1.3.2.2 筛选原则

（1）地域性

本次调研中的地域性既非完全的自然区域，也有别于行政区域，而是指在一个同质地理环境与文化特征的区域中产生的聚落或建筑形态。同质的地理环境包括相似的气候、雨量、地形、土质及光照条件等，同质的文化特征包括同样或相似的社会体系、人口结构、生活方式和风俗习惯等。

因此，案例筛选中的地域性原则包括2个因素，一是文化因素影响下产生的聚落或建筑形式，二是当地工艺、材料和构造做法营造的聚落或建筑形式。

（2）代表性

代表性是指在一定数量的案例中具备可据以判断的、典型的代表区域建筑与聚落特征的案例。由于案例调研中涉及多个文化体系和不同的地理环境特征，并且每个区域内现存的传统聚落和建筑的数量、现状不同，表现出的布局、空间等形式特征存在有细微的差别。

在这一条件下，本次调研的案例筛选所遵循的代表性原则具备3方面的含义：一是所选案例与当下区域内大多数聚落与建筑在布局、形态、结构、组合方式、构造方式等不同方面的 "相似性"。二是在尽可能"均匀"地选取地区各个不同气候特性、地理特性和文化特性影响下的建筑或聚落，找出一定数量的相似案例中具备更多典型特征的案例。三是所选案例尽可能地包含区域内常见的建筑类型，长三角地区的主要建筑类型包括3类，即民居建筑、公共建筑和商业建筑。

（3）真实性

本次调研的侧重点在于长三角地区传统建筑与聚落中与绿色技术相关的内容，其中涉及空间布局、细部构造等。历史建筑的保存与修缮状况会很大程度上影响调研的准确性，对建筑的修缮和重建可能会改变建筑组群本身的空间格局，抹消原本的构造细部。因此在案例的筛选过程中，需要关注建筑与聚落本身的保存情况，尽量选择当下保存较为完整、原真的案例进行调研，保证调研结果的真实性。

由此，本次调研中的聚落案例以环境格局保存完整的村落为重点。以中华人民共和国住房和城乡建设部核定的"中国历史文化名村名录"和"中国传统村落名录"作为参照，并以省级历史文化名村名镇名录作为补充。而建筑案例则首要从国家级、省级文物保护单位名录中筛选符合调研需求的案例，适当增补当地保存较为完整的建筑，以保证调研结果的准确性。

（4）技术性

技术性是指案例中的做法，尤其是在空间形态和构造等方面的做法，具备实用性和客观知识化的可能性。本次调研的目的指向明确，即挖掘传统建筑中的绿色智慧。传统聚落与建筑案例中所运用的空间、构造技巧适应于营建时的文化与技术条件，特别表现在传统聚落与建筑中呈现的形态结构、空间体系、构造技艺、群体组织方式等不同方面上，虽然当下的技术迭代和空间需求产生了新的变化，但对传统聚落与建筑中的绿色智慧的研究可为解决当下的实际问题提供借鉴。

1.3.3 建筑与聚落案例选取

1.3.3.1 建筑案例选取

本次总计调研传统建筑案例 111 个。从建筑类型来看，本次调研的建筑案例主要包括 3 类：民居建筑（小型、中型、大型）、公共建筑和商业建筑。民居建筑是本次建筑调研中最主要的建筑类型，如甘熙故居等，其中还包括了耦园、郭庄等园林宅第。公共建筑主要包括宗祠、寺院、书院和衙署，如先蚕祠、云岩寺、学政试院等。商业建筑以店铺为主，有些地区的商业建筑与民居建筑是相互结合的，如胡庆余堂等。从案例的质量来看，本次建筑案例以全国重点文物保护单位为主，全国重点文物保护单位占案例总量的 69%，部分为省级文物保护单位，省级文物保护单位占案例总量的 19%，另有一些保存较好的案例作为补充。从案例的分布来看，建筑案例的分布较为均匀，基本涵盖了长三角地区的各个典型地区。

为了进行更深入的研究，在对全部 111 个案例的数据分析与资料汇总的基础上，综合考虑传统建筑案例的调研情况和现有资料的完整度，本次调研在不同的省市范围与建筑类型中选取了 9 个具有代表性的案例作为重点案例做深入的图解与调研分析，另选取 18 个典型案例做基本图解分析。

1.3.3.2 聚落案例选取

本次总计调研传统聚落案例 55 个，选择的聚落案例以乡村聚落为主，基于如下 2 个方面的考虑：其一，乡村聚落受社会经济环境影响较小，与自然环境关系更为紧密，与本次研究主题更契合；其二，与城镇中大量历史街区遭到破坏不同，长三角地区的传统乡村聚落格局保存相对完整，调研结果可以更好地总结出自然地理因素对聚落肌理形态的影响。

综合考虑传统聚落案例的实际调研情况和现有资料的完整度，依据案例所处省市范围、地理环境特征以及聚落类型的不同，从本次调研的 55 个传统聚落案例中选取 7 个具有代表性的案例作为重点案例进行深入的图解与调研分析，另选取 11 个典型案例做基本图解分析。

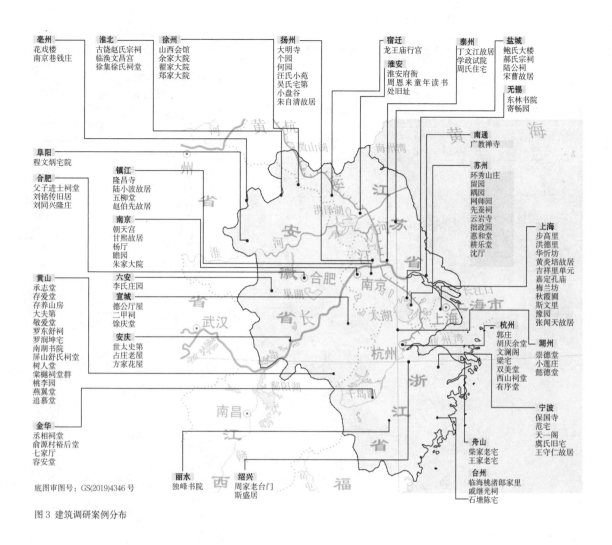

亳州
花戏楼
南京巷钱庄

淮北
古饶赵氏宗祠
临涣文昌宫
徐集徐氏祠堂

徐州
山西会馆
余家大院
翟家大院
郑家大院

扬州
大明寺
个园
何园
汪氏小苑
吴氏宅第
小盘谷
朱自清故居

宿迁
龙王庙行宫

淮安
淮安府衙
周恩来童年读书
处旧址

泰州
丁文江故居
学政试院
周氏住宅

盐城
鲍氏大楼
郝氏宗祠
陆公祠
宋曹故居

无锡
东林书院
寄畅园

南通
广教禅寺

苏州
环秀山庄
留园
耦园
网师园
先蚕祠
云岩寺
拙政园
惠和堂
耕乐堂
沈厅

上海
步高里
洪德里
华忻坊
黄炎培故居
吉祥里单元
嘉定孔庙
梅兰坊
秋霞圃
斯文里
豫园
张闻天故居

阜阳
程文炳宅院

合肥
父子进士祠堂
刘铭传旧居
刘同兴隆庄

镇江
隆昌寺
陆小波故居
五柳堂
赵伯先故居

南京
朝天宫
甘熙故居
杨厅
瞻园
朱家大院

黄山
承志堂
存爱堂
存养山房
大夫第
敬爱堂
罗东舒祠
罗润坤宅
南湖书院
屏山舒氏祠堂
树人堂
棠樾祠堂群
桃李园
燕翼堂
追慕堂

六安
李氏庄园

宣城
德公厅屋
二甲祠
徐庆堂

安庆
世太史第
占庄老屋
方家花屋

金华
丞相祠堂
俞源村裕后堂
七家厅
容安堂

杭州
郭庄
胡庆余堂
文澜阁
梁宅
双美堂
西山祠堂
有序堂

湖州
崇德堂
小莲庄
懿德堂

宁波
保国寺
范宅
天一阁
虞氏旧宅
王守仁故居

舟山
柴家老宅
王家老宅

台州
临海桃渚郎家里
戚继光祠
石塘陈宅

丽水
独峰书院

绍兴
周家老台门
斯盛居

底图审图号：GS(2019)4346 号

图 3 建筑调研案例分布

表 2　建筑调研案例基本信息表

省份	文化圈	地理气候分区	编号	案例名称
江苏	环太湖文化圈	环太湖水网区	01	苏州·环秀山庄
			02	苏州·留园
			03	苏州·耦园 **
			04	苏州·网师园
			05	苏州·先蚕祠 *
			06	苏州·云岩寺
			07	苏州·拙政园
			08	苏州陆巷·惠和堂 *
			09	苏州同里·耕乐堂
			10	苏州周庄·沈厅 *
			11	无锡·东林书院
			12	无锡·寄畅园
	宁镇沿江文化圈	沿江平原区	13	南京·朝天宫
			14	南京·甘熙故居 **
			15	南京·杨厅
			16	南京·瞻园

省份	文化圈	地理气候分区	编号	案例名称
江苏	宁镇沿江文化圈	宁镇丘陵区	17	南京·朱家大院
			18	镇江·隆昌寺
			19	镇江·陆小波故居
			20	镇江·五柳堂
			21	镇江·赵伯先故居 *
	淮扬苏中运河文化圈	淮扬苏中平原区	22	扬州·大明寺
			23	扬州·个园
			24	扬州·何园
			25	扬州·汪氏小苑 *
			26	扬州·吴氏宅第
			27	扬州·小盘谷
			28	扬州·朱自清故居
	徐宿淮文化圈	徐宿淮北平原区	29	淮安·淮安府衙
			30	淮安·周恩来童年读书处旧址
			31	宿迁·龙王庙行宫
			32	徐州·山西会馆
			33	徐州·余家大院 *
			34	徐州·翟家大院
			35	徐州·郑家大院
	通盐连沿海文化圈	通盐连沿海平原区	36	泰州·丁文江故居
			37	泰州·学政试院
			38	泰州·周氏住宅 **
			39	盐城·鲍氏大楼
			40	盐城·郝氏宗祠
			41	盐城·陆公祠
			42	盐城·宋曹故居
		通盐连沿海丘陵区	43	南通·广教禅寺
浙江	浙北文化圈	浙北沿海平原区	44	杭州·郭庄 *
			45	杭州·胡庆余堂
			46	杭州·文澜阁
		浙北山陵区	47	杭州·梁宅
		浙北水网区	48	湖州南浔·崇德堂
			49	湖州南浔·小莲庄
			50	湖州南浔·懿德堂 **
	浙东文化圈	浙东沿海平原区	51	宁波·保国寺
			52	宁波·范宅
			53	宁波·天一阁
			54	宁波·虞氏旧宅
			55	宁波·王守仁故居 *
		浙东丘陵区	56	绍兴·周家老台门
			57	诸暨·斯盛居 **
		浙东滨海岛屿区	58	舟山·柴家老宅
			59	舟山·王家老宅
	浙西文化圈	浙西山陵区	60	杭州建德·双美堂 *
			61	杭州建德·西山祠堂
			62	杭州建德·有序堂
			63	金华兰溪·丞相祠堂 **
			64	金华·俞源村裕后堂 *

省份	文化圈	地理气候分区	编号	案例名称
浙江	浙西文化圈	浙西盆地区	65	金华·七家厅
			66	义乌·容安堂
	浙南文化圈	浙南山陵区	67	丽水·独峰书院
		浙南滨海岛屿区	68	台州·临海桃渚郎家里
			69	台州·戚继光祠
			70	台州温岭·石塘陈宅 *
安徽	徽州文化圈	徽州山陵区	71	黄山·承志堂 **
			72	黄山·存爱堂
			73	黄山·存养山房
			74	黄山·大夫第
			75	黄山·敬爱堂
			76	黄山·罗东舒祠
			77	黄山·罗润坤宅
			78	黄山·南湖书院 *
			79	黄山·屏山舒氏祠堂
			80	黄山·树人堂
			81	黄山·棠樾祠堂群 *
			82	黄山·桃李园 *
			83	黄山·燕翼堂
			84	黄山·追慕堂
			85	宣城·德公厅屋
			86	宣城·二甲祠
			87	宣城·馀庆堂 *
	江淮文化圈	江淮平原区	88	安庆·世太史第 **
			89	安庆·占庄老屋
			90	合肥·父子进士祠堂
			91	合肥·刘铭传旧居
			92	合肥·刘同兴隆庄
			93	六安·李氏庄园
		江淮山陵区	94	安庆·方家花屋
	中原文化圈	中原平原区	95	亳州·花戏楼
			96	亳州·南京巷钱庄
			97	阜阳·程文炳宅院 *
			98	淮北·古饶赵氏宗祠
			99	淮北·临涣文昌宫
			100	淮北·徐集徐氏祠堂
上海	上海文化圈	上海沿海平原区	101	上海·步高里 **
			102	上海·洪德里 *
			103	上海·华忻坊
			104	上海·黄炎培故居 *
			105	上海·吉祥里单元
			106	上海·嘉定孔庙
			107	上海·梅兰坊
			108	上海·秋霞圃
			109	上海·斯文里
			110	上海·豫园
			111	上海·张闻天故居

注：** 为代表性案例；* 为典型案例。

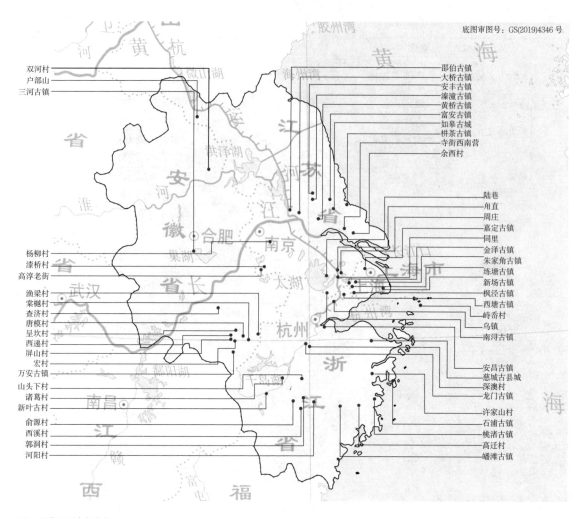

图 4 聚落调研案例分布

表 3 聚落调研案例基本信息表

省份	文化圈	地理气候分区	编号	案例名称
江苏	环太湖文化圈	环太湖水网区	01	苏州·角直
			02	苏州·陆巷 **
			03	苏州·同里 **
			04	苏州·周庄
	宁镇沿江文化圈	宁镇丘陵区	05	南京·漆桥村 **
			06	南京·高淳老街
			07	南京·杨柳村
	淮扬苏中运河文化圈	淮扬苏中平原区	08	扬州·邵伯古镇 *
			09	扬州·大桥古镇
	徐宿淮文化圈	徐宿淮北平原区	10	宿迁·双河村
			11	徐州·户部山 *
	通盐连沿海文化圈	通盐连沿海平原区	12	盐城·安丰古镇 *
			13	盐城·富安古镇
			14	南通·栟茶古镇
			15	南通·如皋古城
			16	南通·寺街西南营

省份	文化圈	地理气候分区	编号	案例名称
江苏	通盐连沿海文化圈	通盐连沿海平原区	17	南通·余西村
			18	泰州·黄桥古镇
			19	泰州·溱潼古镇
浙江	浙北文化圈	浙北山陵区	20	杭州·龙门古镇
			21	杭州·深澳村 *
			22	杭州·新叶古村
		浙北水网区	23	湖州·南浔古镇
			24	嘉兴·乌镇
			25	嘉兴·西塘古镇 *
	浙东文化圈	浙东沿海平原区	26	宁波·慈城古县城
			27	宁波·许家山村
			28	绍兴·安昌古镇
		浙东滨海岛屿区	29	宁波·石浦古镇
			30	舟山·峙岙村 *
	浙西文化圈	浙西山陵区	31	金华·山头下村
			32	金华·郭洞村
			33	金华·俞源村 **
		浙西盆地区	34	金华·诸葛村 **
	浙南文化圈	浙南山陵区	35	丽水·河阳村 *
			36	丽水·西溪村
			37	台州·高迁村
		浙南滨海岛屿区	38	临海·桃渚古镇
			39	台州·皤滩古镇
安徽	徽州文化圈	徽州山陵区	40	黄山·呈坎村
			41	黄山·宏村 **
			42	黄山·屏山村
			43	黄山·唐模村
			44	黄山·棠樾村 *
			45	黄山·万安古镇
			46	黄山·西递村 *
			47	黄山·渔梁村
			48	宣城·查济村 **
	江淮文化圈	江淮平原区	49	合肥·三河古镇 *
上海	上海文化圈	上海沿海平原区	50	上海·枫泾古镇 *
			51	上海·嘉定古镇
			52	上海·金泽古镇
			53	上海·练塘古镇
			54	上海·新场古镇
			55	上海·朱家角古镇

注：** 为代表性案例；* 为典型案例。

1.4 建筑案例调研分析

本次调研选取 111 个建筑案例,在实地调研的基础上,研究团队对案例资料进行了汇总、数据分析和内容解析。由于本次研究的重点在于挖掘传统建筑营建过程中的整体布局、空间体系的绿色智慧,并探究其内在的形成机理和文脉结构,因此,本次调研从建筑组团的整体布局、建筑形态、空间体系、界面与构造等几个方面展开分析。由于建筑组团的布局、形态、空间等的生成受气候、地理、文化等多种因素的综合影响,同时,长三角地区处于夏热冬冷的气候环境下,建筑的营建须同时应对冬、夏两个季节的需求,因此,对其绿色智慧的解析将在综合多种因素、兼顾多季节气候条件的基础之上开展。

考虑到本次调研的目的在于研究和归纳长三角地区传统建筑和聚落中应对各种地理环境要素影响的不同做法,而前述 6 类地理环境分区中丘陵区和山地区的地形地貌特征对建筑与聚落的影响存在相似性,平原区与盆地区的地形地貌特征对建筑与聚落的影响也存在一定的相似性,因此在具体调研案例的分析中将上述6 类地理环境分区进行一定的合并,分为平原区、山陵区、水网区和滨海岛屿区4 种类型。

1.4.1 整体布局

1.4.1.1 顺应山水环境的整体布局

长三角地区建筑的整体布局多呈现出顺应地理环境和气候环境的特征,在实际建造过程中建筑考虑有效地利用周边山体、水系等地理环境,针对不同环境情况做出具体的应对措施。其中,平原区一般地势平坦,在平原区的分区内传统建筑的整体布局较为规整,建筑朝向等主要考虑气候的影响,同时也考虑周边水系等情况;山陵区一般地势起伏,在山陵区的分区内传统建筑多结合地形地势灵活布局,依山的建筑群组在布局时常利用自然山体形成有层次性的天然防护边界;水网区一般地势平缓、水网密布,在水网区的分区内传统建筑主要受水系形态和街巷格局的影响,重视临河空间,建筑内部常见引入周边水系作为景观用水等做法;在滨海岛屿区的分区内,传统建筑的布局则考虑特殊的气候与地理环境,一般随地势灵活应对。

1.4.1.2 外实内虚、宅园结合,注重自然景观的营造

长三角地区的传统建筑整体格局大多呈现出对外封闭、对内开敞的特征。建筑组群的外部多为砖石墙面,形成相对封闭的外部界面,而建筑组群的内部空间则整体灵活通透,散布了大量开敞的院落和天井。建筑组团内部十分注重对自然景观的营造,有条件的建筑会在内部营造园林,建筑组群的整体形态呈现出宅园并置的特征。建筑组团内部常借园林、院落、天井等景观空间将自然环境引入组团之中,建筑与自然环境之间形成交织融合的布局形态,从而营造出"融于自然"的建筑环境。

1.4.1.3 相对灵活的建筑朝向

长三角地区建筑的朝向与方位选择受到气候、地理和环境条件等多方面因素的影响和制约。从气候上来讲,建筑主要考虑的因素是顺应日照朝向与主导风向,并综合考虑获取太阳辐射和促进自然通风等多种因素;从地理和周边环境来讲,

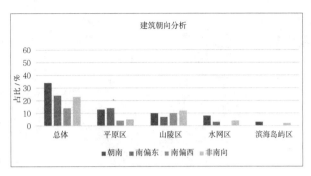

图 5 建筑朝向分析

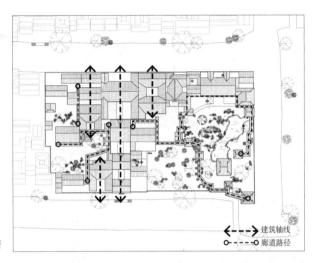

图 6 耦园建筑空间秩序分析

建筑则需要综合权衡地形和周边的街巷结构。从调研的结果来看（图5），建筑朝向以南向为主，也会根据地理环境与街巷布局的情况出现向东或向西的偏转。在非理想环境下，部分案例根据地形地势、河道走向等调整朝向布局，布局相对自由灵活，且不局限于南向。

从分区统计来看，各个分区受基地环境影响，建筑的朝向选择存在一定的差异。平原区的建筑以南向为主，部分案例存在向东或向西的偏转。山陵区的建筑受地理环境因素的制约较大，建筑优先考虑所处环境的影响，朝向更为灵活自由，非南向的建筑案例较多。水网区的建筑案例中南偏东为主要朝向，这与长三角地区的气候环境特征要求基本相符。

综合来看，长三角地区传统建筑的朝向总体以南向为主，但在具体建筑布局中会考虑周边地势、水系的影响，随势偏转，相对灵活自由。

1.4.2 建筑形态

1.4.2.1 秩序性与灵动性并存

在长三角地区传统建筑的营造中，建筑组团中呈现多轴线、序列性展开的特征，其空间序列多由沿一路轴线或多路轴线组织的一进或多进院落构成，形成清晰、层次丰富的序列性空间。轴线上的院落常遵循对称布局的形式，整体布局相对规整，具有较强的秩序性。而园林部分的空间布局则相对灵活、自由，建筑组团中穿插的各种连廊等也相对灵活，建筑组团的整体布局呈现出秩序性与灵动性共存的特点。以苏州的耦园为例（图6），建筑群内承载重要活动的建筑空间以

1. 甘熙故居   2. 耦园

3. 郭庄   4. 惠和堂   ▬▬▬ 绿化空间

图 7 建筑与景观分析

南北向多轴线进行组织，形成了等级明确的空间序列，呈现出较强的秩序性，东、西花园的游廊等空间布局则灵动自由，与住宅组团部分形成了鲜明的对比。这种秩序性与灵动性的结合反映出江南文化中的自然观，也有助于建筑与自然的和谐互动。

1.4.2.2 交织融合的景观与建筑

在调研中发现，江南建筑利用宅园结合的布局，高密度的多院落和天井的体系以及檐廊、游廊空间等，形成人工环境与自然环境的交织融合和室内外空间的相互渗透。通过园林和院落绿化等空间手法，建筑体量被分散在场地自然之中，建筑主体与自然之景产生视觉与行为联系，形成室内空间与场地自然的对话关系。通过内与外的相互渗透，营造一种身处山水之间的意境，体现出江南文化中"融于自然"的自然审美意识和诗性审美精神。景观与建筑的交织融合具体表现出以下 2 种形态特征。

（1）交织融合的建筑与景观界面（图 7）。建筑组团中建筑与园林相互咬合，形成参差交错的边界。同时，建筑组团中开敞的通廊、檐廊、半廊等构成的廊道系统既是建筑组团之间的交通系统，又在园林空间中曲折穿插，将散布的亭、台等园林建筑连为一体，使建筑与园林既交错关联又彼此融合。

（2）密集的自然渗透。一方面，传统建筑常通过密集的院落、天井分解建筑形体，这些密集、不均质的院落和天井空间将自然引入建筑中，并通过形态尺度的变化和灵活的布局创造出多种多样的感知自然之景的空间。另一方面，较大面积的园林与院落和天井绿化相结合，形成点、面结合的绿化体系和景观体系，并通过檐廊、敞厅等半开敞空间形成景观空间层次，产生建筑与自然的相互交织、密集渗透的空间形态。有时，建筑组团内部的环境与组团外部的环境之间还会相互关联，在视觉上形成连续性的整体，将建筑环境进一步地融于自然之中。

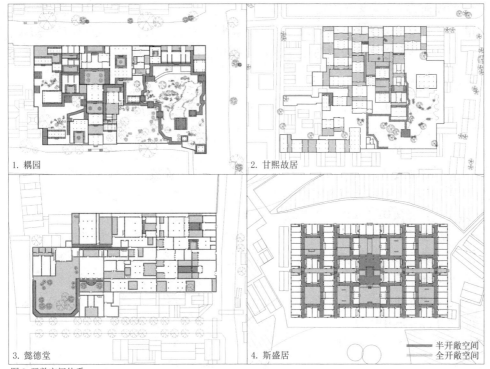

1. 耦园 2. 甘熙故居 3. 懿德堂 4. 斯盛居

半开敞空间
全开敞空间

图 8 开敞空间体系

1.4.3 空间体系

1.4.3.1 体系化的开敞空间

在江南独特的气候和文化等多重因素的影响下，在建筑组团内部，由院落、天井、巷道组成的全开敞空间，由檐廊、敞厅组成的半开敞空间和可调节界面共同形成了体系化的开敞空间，以满足江南地区的文化需求和气候适应性要求（图8）。开敞空间体系的主要特征表现为以下3个方面。

（1）多要素、体系化的特征。江南传统建筑的开敞空间体系以院落、天井和檐廊为基本单元，灵活组织其他多种要素，形成多要素、多轴线、体系化的特征，其主要构成要素有院落、天井、檐廊、巷道以及可调节界面等。其中，院落、天井是江南建筑开敞空间体系中最基本的构成部分，可以增强建筑物与场地自然的对话关系；檐廊和巷道是建筑组团内部的联系空间，串联起各个院落和天井，形成连通的体系；可调节界面是开敞空间体系中灵活应对不同环境、气候需求的应变手段。这些要素相互联系、彼此关联，形成一个协调的整体。

（2）密集、多轴线、序列状展开的分布特点。江南传统建筑的院落和天井多呈现出沿多条轴线分布、根据功能需要序列状展开的特点，院落天井数量较多，分布密集。其中存在大量面积较小且高宽比较大的天井，在空间上呈现出高且窄的特征。这些灵活设置的高而窄的小天井可以有效地解决狭小空间内的通风、除湿和日照采光的问题，并具有拔风作用，有助于整个空间体系的通风。

（3）灵活布局、不均质的空间特征。江南传统建筑在院落天井的具体布局上较为灵活，其尺度也根据功能灵活配置，面积大小不一，呈现出不均质分布的特点。这些院落和天井一方面使江南建筑与场地空间灵活交融，构建出丰富的场所体验，另一方面能够充分地将自然引入建筑中，创造出多种多样的体验自然的空间，满足江南地区的自然审美需求。

整体而言，开敞空间体系在建筑中自由延展、相互联系，综合体现了日常使用的功能性、气候的适应性需求，以多要素协同的方式应对了交通、景观、防寒、防潮、通风、采光等不同功能的需求，并体现出江南文化的特征。

1.4.3.2 多庭院协同的通风系统

在建筑组团内部，不同的院落和天井由于尺度不同形成了温度差，加强了水平通风，带动了室内空气流动，并且高而窄的天井内部温差造成的垂直拔风作用也能够进一步促进室内空气的流动。

在一路轴线中，院落和天井空间在截面上呈现出连续的变截面特征（图9）。连续的院落和天井空间截面尺寸的变化影响了其高宽比，不同高宽比的天井之间在温度差异和风压差异作用下能够形成协同通风。其中，建筑组团北侧常设有尺度小、高宽比较大的天井，这对促进协同通风具有良好的作用。有些院落中间也通过设置墙体的方式分割出不同尺度的天井空间，这种空间处理手法有助于协同通风的形成。

江南传统建筑中一般存在多路轴线的建筑组团，其相互之间多以窄巷、院墙和通廊相隔，其中院墙上一般设有镂空窗洞、门洞等，形成各院落之间的联系，共同构成了一个多庭院的整体。

而建筑组团之间普遍存在的高窄巷道也是江南建筑被动通风中的重要部分。一方面，建筑内部巷道内的温度一般低于院落和天井内的温度，当院落和天井受到太阳辐射升温时，巷道与院落、天井形成温差，加强了空气的流动。另一方面，巷道内压强较大，而院落和天井中的压强要低于巷道，因而巷道与其结合在一起可以使得院落和天井内的风速变大，从而带动室内通风。

整体而言，江南传统建筑在变截面院落和天井的协同通风以及其与窄巷之间形成的风压和热压通风之间的共同作用下，形成一种立体化、多层次的通风结构体系，以达到通风除湿的目的。

1.4.3.3 紧密组合的建筑组团

江南传统建筑组团多呈现出密布联排的空间结构，相邻建筑组团之间平行或交错地拼接在一起，建筑组团之间共用建筑外墙或设置狭窄的巷道，形成紧密组合的建筑组团布局（图10）。

共用山墙一方面降低了建筑整体的体形系数，提升了建筑的气候性能；另一方面，可以通过减少建筑物的间距以形成阴影，使相邻的墙壁之间互相荫蔽从而减少日辐射升温。

狭窄的巷道是指建筑之间高而窄的狭长通道，其宽度一般为0.8—1.5 m左右，仅容一人或两人通过，通常沿建筑的纵深方向展开。其空间内部温度相对于其他区域较低，江南地区常称之为冷巷。这样的巷道除作为辅助通道外，还具有通风、

图9 多庭院协同通风

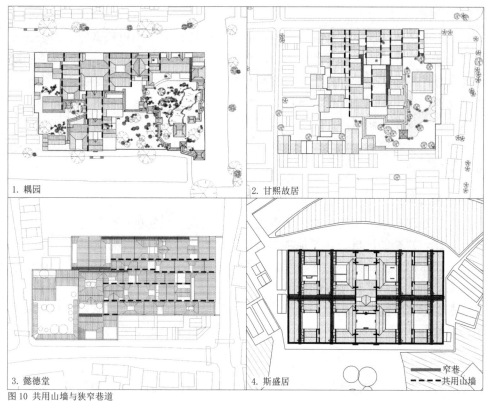

1. 耦园
2. 甘熙故居
3. 懿德堂
4. 斯盛居

窄巷
共用山墙

图 10 共用山墙与狭窄巷道

降温的生态作用,在夏季外部环境升温明显时,巷道内部依然能够保持相对阴凉,可以有效地提高使用空间的舒适性,同时也能够利用温差促进通风,尤其对于江南地区夏季湿热的环境具有良好的促进通风的效果。

1.4.4 建筑界面与构造

长三角地区的传统建筑在界面处理与构造做法方面也反映出气候环境的应对策略,本次调研主要关注建筑界面的处理方式、地面和庭院的防潮和排水构造等应对气候与环境的方法,并分析其中蕴含的绿色智慧。

1.4.4.1 灵活的建筑界面

从案例调研的结果来看,长三角地区的传统建筑多采用砖木结构,其外部墙面和围墙以实墙为主,较为封闭,可以实现防卫性和对边界的界定;建筑组团内部的界面则整体较为通透、开敞、灵活,满足了功能需求,并考虑到对自然环境气候的应对。在大部分案例中,面向庭院的建筑界面采用可自由开闭的木质门窗,一般较为通透,有利于通风,并可根据冬、夏使用需求的不同控制其开合,以应对不同季节气候条件的变化。组团内部院墙也多开有连续的镂空窗洞,在增加内部视线穿透和空间景深的同时,有助于气流的流动。通透的界面与建筑组团内部大量的院落和天井之间形成室内外空间的相互渗透,构建出建筑与自然相互交融的形态。

在调研中还发现,根据建筑所处区位的不同,其面临的具体气候问题也存在一定的差异,如通盐连沿海丘陵区和一些北部地区的建筑案例中,建筑组团内部北侧的界面更多地采用实墙,以应对冬季防风的需求。

1.4.4.2 屋檐处理

从实地调研情况来看，长三角地区的传统建筑在屋檐的出檐宽度等构造处理方面常兼顾冬、夏两个季节的需求。其中，南向的出檐宽度均衡地考虑夏季遮阳和冬季日照的要求，北向的出檐宽度则常常较小，主要考虑保护墙面不受雨水侵蚀的功能需要。同时，长三角地区的传统建筑常常在南向增设檐廊，以利于夏季的遮阳，也便于遮阴避雨，适应潮湿多雨的气候环境。此外，由于传统建筑材料以木材为主，建筑的出檐宽度一般略宽于台基，可使屋面落水直接落入庭院，防止雨水侵蚀建筑。

1.4.4.3 地基处理

地基处理是建筑构造中的重要组成部分，特别在山陵区等地势起伏较大和地理环境比较复杂的区域，建筑地基的处理方式更为重要。从本次调研案例的情况来看，在水网区与山陵区的建筑案例中架空地面与抬升地坪的做法都很普遍，平原区则更多地采用抬升地坪的做法（图11）。

大多数的建筑对地基做了一定处理，包括采用砖石砌筑等方式，应对防潮或地形处理等问题。因各分区情况不同，在具体建筑案例中地基的做法稍有差异。

1.4.4.4 防潮措施

防潮措施是应对长三角地区潮湿多雨的气候条件的另一个重要的组成部分，主要分为防潮材料的选择和材料的防潮处理两个方面。

从实际调研结果来看，在长三角地区的建筑案例中防潮材料的选择与做法较为多样，通常结合不同位置与需求做灵活处理（图12）。一般建筑室内地坪使用方砖铺地，部分案例中的建筑墙角采用砖石砌筑，而室外天井或院落则多选择砖、卵石或石板作为铺地材料。其中，山陵区的建筑案例会将上述几种做法结合使用，而水网区的建筑案例则更倾向于选择其中的一种做法作为建筑组团的主要防潮措施。

材料的防潮处理主要针对木质构件。为保护外露的木质建筑构件，常在木质建筑的表面涂油、漆或是烫蜡，形成保护层以抵抗风雨侵蚀。油和漆工艺较为常见，油和漆材料有混水光油、明光漆和退光漆等。其中混水光油和明光漆在大木、装折、家具上都可以采用，是长三角地区最为普遍的做法；退光漆属于堆灰做法，耐久性更好，但覆层较厚，多用于柱、梁等大木构件中；烫蜡工艺则通过加热使蜂蜡在木材表面形成薄膜，达到增强木材的稳定性、延长材料使用寿命的目的。

1.4.4.5 庭院排水

长三角地区潮湿多雨的气候条件决定了地面排水的处理也是建筑中重要的组成部分。从本次案例调研的结果来看，建筑案例大多采取了一定的地面排水措施，其主要有明沟、暗沟和渗水地面等做法，也常将多种做法结合使用（图13）。其中，山陵区和平原区的建筑案例中明沟、暗沟和渗水地面的做法较为普遍，水网区的建筑案例中暗沟或渗水地面的做法更为多见。在山陵区的建筑案例中，大多数同时使用了多种地面排水处理方式。

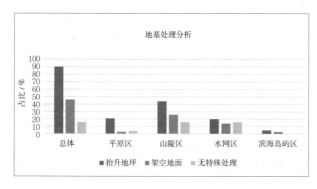

图 11 地基处理分析

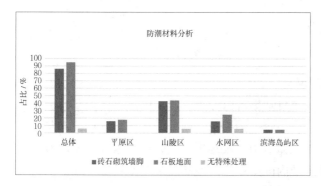

图 12 防潮措施分析

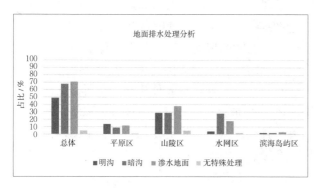

图 13 庭院排水分析

1.4.5 小结

从上述分析可以看出,长三角地区的传统建筑受到气候条件、地理环境、文化思想等多种因素的影响,形成独特的空间特征和营造做法,其整体布局、建筑形态、空间体系、界面和构造做法等的形成,是综合考虑多种因素后叠加优选的结果。在气候条件方面,长三角地区的传统建筑主要针对夏热冬冷、潮湿多雨、日照量偏少等突出问题,重点考虑有利于通风、除湿和采光的空间设计和构造手法,并兼顾冬夏不同气候条件下的使用需求;在地理环境方面,长三角地区的传统建筑则根据水网、山地等不同的地理条件,考虑对地形条件的有效利用;在文化思想方面,其对人和自然关系的认知在建筑空间中有明确的空间表达。

1.5 聚落案例调研分析

本次调研选取 55 个聚落案例,在实地调研的基础上,研究团队对案例资料进行了汇总、数据分析和内容解析,总结传统聚落中所蕴含的绿色智慧。调研分析中以聚落形态和实际调研范围为依据确定聚落的研究范围。由于本次聚落研究的重点在于传统聚落中对自然地理、气候环境和文化影响的回应,因此,本次调研分析从聚落格局、聚落形态、空间结构与绿化体系等角度着手,重点分析了地理环境、聚落形态、空间结构、绿化层次、街巷结构、公共空间、建筑布局、街巷空间、典型建筑等多个方面。

1.5.1 聚落形态

1.5.1.1 顺应山水环境的聚落格局

通过梳理不同分区内的聚落调研结果可以发现,平原区的聚落因基地地势平坦,一般以水源为重要考量因素;山陵区的聚落一般与山脉关系密切,同时考虑水源的便利性,常常靠近河流,总体上山、水环境对山陵区聚落的影响并重(图14);而水网区的水系密布,区域内的聚落形态及布局多受水系形态的影响;滨海岛屿区的聚落一般沿地形铺展,呈现与山陵区相似的格局。

长三角地区的聚落受山水环境的影响,整体布局顺应自然山水(图15)。根据其主要环境影响因素的不同,长三角地区的聚落呈现出如下 2 种主要的特征。

(1)以水环境为主要影响因素的聚落中,大多利用水系构建聚落形态。

水网区的聚落空间随水系形态的不同,主要呈现 2 种状态:在河道宽阔、支流分布较少的地区,聚落往往以河道为主轴呈线性分布,整体较为规整;在河网密布、水系复杂的地区,由于河流窄且支流众多,走向变化多样,聚落内部以组团形式分布,团块大小不一、形状不定,与河流走向及相对位置有关,团块间以河道或陆路交通分隔。

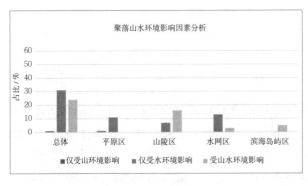

图 14 聚落山水环境影响因素分析

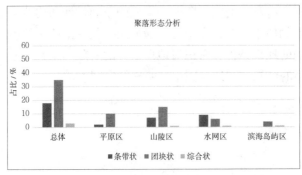

图 15 聚落形态分析

在平原区，通常河道较为宽阔，支流较少，依据聚落与古河道关系的不同，聚落的空间格局也有所不同。在聚落以河道为主轴、沿河两岸发展时，一般聚落呈线性分布，聚落内部形态多呈鱼骨状；在聚落临河而建、向一侧发展时，聚落多呈团块状分布，且因平原区地势平缓，所以受地理制约较小，整体形态相对较为规整平直。

（2）以山环境为主要影响因素的聚落中，大多依山就势构建聚落形态。

山陵区的聚落一般呈现出依山就势的特征，山体的高低起伏、布局区位、山水空间关系等直接影响聚落空间格局的形态及结构特征。而滨海岛屿区的聚落所处地形复杂，通常枕山面海，沿海岸线设置海港、广场等作为村落入口，沿山体向上延展。

长三角地区的聚落既有受山或水环境单一因素影响的案例，也有受山和水环境等多重因素共同影响的案例，后者须综合考量多种制约因素，往往呈现出更为复杂的空间格局。

1.5.1.2 聚落形态分析

从本次调研情况来看，平原区地形平坦，河流一般较宽且支流较少，故该区域聚落受地形限制小，其形态多为团块状，且较为规整。在山陵区中团块型聚落更为多见，这类聚落一般位于山脚处的平缓坡地上，因受用地限制，其规模较小且形态不规则。条带型聚落则一般位于山地起伏且高差大、山势险峻的区域，聚落受地势起伏的限制，常常沿等高线布置，形成条带状布局，整体规模不大。而在水网区，条带状与团块状的聚落都很常见，其形态特征主要受水系形态的影响，整体布局较为自由灵活（图16）。

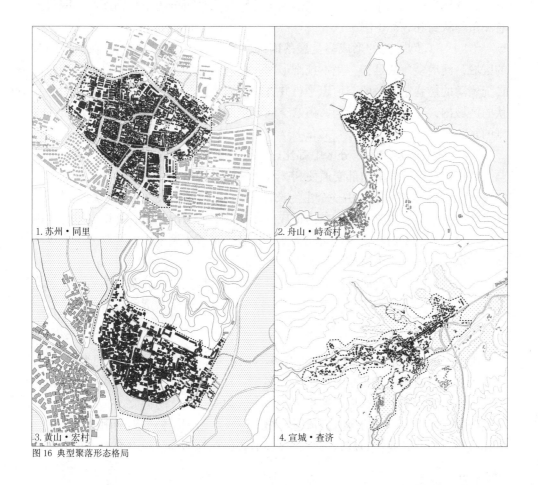

1. 苏州·同里　　　　2. 舟山·峙岙村　　　　3. 黄山·宏村　　　　4. 宣城·查济

图 16　典型聚落形态格局

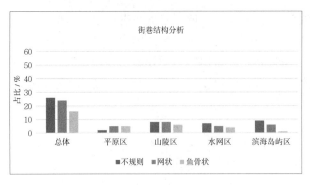

图 17 街巷结构分析

总体而言，长三角地区的聚落形态顺应自然山水环境，依据山、水环境的不同，主要呈现出条带状、团块状和综合状 3 种类型。平原区与水网区由于地理环境优越，限制较少，容易形成规模较大的团块型聚落形态，也有依托河道或交通要道呈条带状分布的聚落；山陵区的聚落由于所处地势起伏大，空间受限制，通常选址在地形高差相差不大的山体交界处或山间谷地，聚落规模一般较小，呈小规模、团块状布局，或沿等高线呈条带状布局。

1.5.2 空间结构

1.5.2.1 结合地形的聚落街巷结构

通过梳理调研案例可见，长三角地区传统聚落中的街巷空间一般由一系列不同尺度的街道和巷弄组成，并以街道为主干，以巷弄为支干，形成多尺度、多形态的街巷体系。长三角地区传统聚落的街巷结构大致可分为不规则街巷、网状街巷和鱼骨状街巷 3 类（图 17）。

（1）不规则街巷的形成多受聚落内部河道或山体形态的影响。在河网密布的区域，河道多弯曲延伸，呈不规则形状，并且河道的长短、宽窄也不尽相同，传统聚落的街巷空间一般与河道平行并置，也表现出不规则的形态。而在山势起伏的区域内，聚落受地形影响，街巷空间一般随地势自由延展，从而呈现出不规则的状态。

（2）网状街巷在各个分区中都比较常见，这一类型的街巷四通八达，主街与支巷相互交错，聚落内部交通便利，各区域联系紧密。

（3）鱼骨状街巷通常由一个主生长轴（主街）与多个次生长轴（次街）构成，层级分明。聚落在主要依赖一条河道或商业街发展的情况下更容易形成鱼骨状街巷。一般聚落的主街沿自然地形曲折变化，基本平行于聚落内的主要河道或等高线，而次街多垂直于主街布局。

总体而言，长三角地区传统聚落的街巷空间是构成聚落形态结构的重要组成部分，街巷空间结合山水资源要素布局，与自然环境产生紧密关联。

1.5.2.2 密集的建筑组群

传统聚落中的建筑受不同聚落空间结构的影响，呈现出两种不同的组织方式，在不规则街巷结构中建筑多呈现灵活、多元、自由的特征，而在网状街巷结构和鱼骨状街巷结构中，建筑更多地呈现出密集、均质、连续的特征。

不规则街巷结构中的建筑多依据地形条件灵活组织，根据周围山形水势自由选择布局方式。其建筑布局常常综合多种形式，在地形起伏较大或水系较为曲折的区域，建筑布局多顺应等高线或水系走向，形成条带状层叠布局；而处于祠堂或公共活动区域周边较为平缓的区域时，建筑多跟随祠堂的布局朝向，形成规整集中的小型组团，或以散布在聚落中的池塘为中心，形成向心形布局。

网状街巷结构和鱼骨状街巷结构中的建筑相对更为规整。聚落内的建筑多为低层，常采用狭长进深的平面形式和紧密的联排式布局，多沿主街或主要河道展开，呈现高密度、集聚型特征。其建筑多以"间"作为基本单元，构成民居建筑的基本原型，通过进深尺寸和开间数量的变化适应不同的规模和用途，小尺度建筑单元组合的特性使其空间形态较为均质。同时，建筑组群沿河道或者街道呈线性排列，更易形成连续性的空间形态。

1.5.2.3 自然地理环境与公共空间

从调研结果来看，山陵区聚落的公共空间往往受自然地理环境的制约，难以形成规整的场地，从而呈现出一种半自然、半人工的布局形态。其公共空间往往结合水塘、古井等自然环境要素，通过收放、转折、分化等形式构成连续的空间序列，形成不同的空间节点，主要包括大型公共建筑主入口广场空间和街巷交会处空间节点等。而水网区聚落内的街巷受水系影响，其空间尺度参差、形态自由，形成的公共活动场所呈现出多样化的形态特征。由于水网区聚落的街巷一般结合河道布局，其公共空间往往表现出与水系平行并置的特征（图18）。

总体而言，长三角地区传统聚落的公共空间往往受自然环境影响，多结合地形、水系布置，呈现出因地制宜、与自然结合的特征。

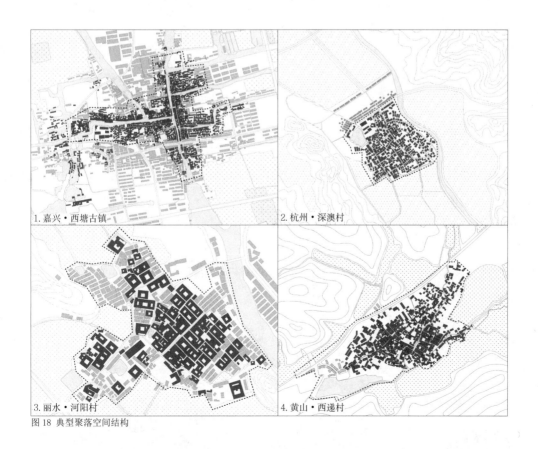

1. 嘉兴·西塘古镇   2. 杭州·深澳村   3. 丽水·河阳村   4. 黄山·西递村

图18 典型聚落空间结构

1.5.3 绿化体系

　　长三角地区的传统聚落一般由耕地、滨水或沿轴绿化带、聚落内部公共空间及绿化共同构成多层级的绿化体系。

　　传统聚落最外层往往被大量农田、林地包围，农田常常结合聚落周边水系流向分布。以乔木或灌木等绿化景观构成的绿化带则一般沿聚落内主要水系或主要轴线布置，滨水布置并呈线性分布的绿化带既可巩固河岸，减少水土流失，同时也丰富了聚落内部的景观层次。

　　沿聚落轴线布置的绿化带一般沿聚落主街结合商业发展，形成线性绿化景观空间，其不仅可以提升聚落内的景观空间品质，也可为行人提供树荫，遮蔽阳光。聚落内部的公共空间与绿化一般为点状绿化或线性绿化景观，多结合祠堂、商业街、水港或渡口等功能性空间并形成广场，在聚落内呈散点分布，为居民提供日常集会或活动的主要场所。

1.5.4 小结

　　通过本次聚落调研的归纳与梳理可以发现，在聚落形态、空间结构以及绿化体系几个层面，长三角地区的传统聚落多表现出注重与自然山水和周边环境相结合的特征，反映出传统聚落营建中因借自然、顺应地形的环境观念。在此观念影响下，长三角地区的传统聚落从整体层面的形态格局、中观层面的街巷及建筑空间乃至微观层面的绿化环境等方面，依循对自然环境的尊重与关照，构成体现"天人合一"自然观的一个整体。

第二部分 建筑案例调研

　　本次调研的建筑案例共计 111 个。本书对全部案例的调研情况进行了资料汇总，并综合考虑案例的代表性和调研情况，选取 9 个案例作为代表性案例，从整体布局、建筑形态与空间体系、界面与构造等方面，做深入的图解与调研分析，另选取 18 个典型案例，进行了基本的图解分析，总结传统建筑中蕴含的绿色智慧。

　　建筑案例的调研资料主要源于 4 个方面：实地调研与实测数据、案例所属单位的官方介绍、国家和省市文物局官网资料以及其他相关研究资料。

2.1 代表性案例

苏州·耦园
南京·甘熙故居
泰州·周氏住宅
湖州南浔·懿德堂
诸暨·斯盛居
金华兰溪·丞相祠堂
黄山·承志堂
安庆·世太史第
上海·步高里

苏州耦园航拍图

苏州·耦园

案例编号：03

建筑概况

建筑区位：环太湖水网区
建筑位置：江苏省苏州市姑苏区内仓街小新巷6号
建筑性质：民居（私人住宅）
现占地面积：约 7 900 m²
现建筑面积：约 4 500 m²
建筑层数：1—2 层
建筑结构：砖木结构
建筑年代：始建于清代

　　耦园位于江苏省苏州市平江历史文化街区小新巷，原为清初所建"涉园"，后经扩建与重修，形成宅园结合的格局。
　　耦园不仅在建筑布局与建筑构造上呈现出典型的环太湖水网区的特征，其前街后河的格局也是这一地区街巷的典型特征之一。

建筑区位

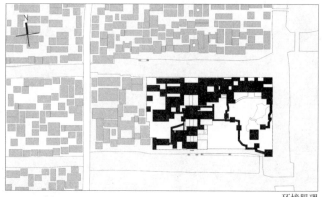

环境肌理

建筑空间示意图

1. 北侧航拍 2. 3. 4. 东侧航拍

总体布局航拍

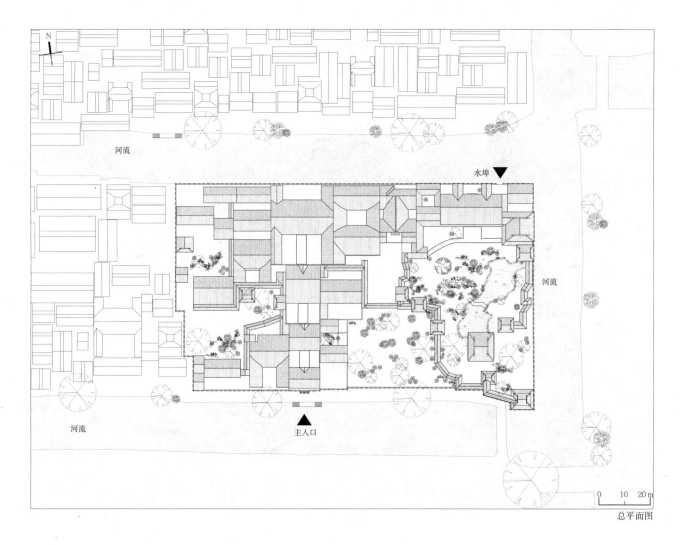

整体布局

  耦园整体采用坐北朝南的布局，南偏西约8°，北侧和东侧临河，南侧依托河流形成水陆街道。建筑组团南侧设置主入口，东北角设置水埠。

  在整体格局上，耦园外围基本呈方正矩形，外实内虚，对外较为封闭，内部则多院落、天井、游廊、园林与细弄。耦园由住宅和东、西两个花园组成，形成"一宅两园"的格局。居住部分建筑空间序列较为规整，呈现出秩序性的特征，园林空间则灵活舒展，游廊和亭、台、楼、榭曲折萦回。建筑与园林结合布置，空间交互渗透。

N

1. 门厅
2. 轿厅
3. 载酒堂
4. 大厅
5. 群贤堂
6. 无俗韵轩
7. 山水间
8. 魁星阁
9. 听橹楼
10. 吾爱亭
11. 望月楼
12. 双照楼
13. 城曲草堂
14. 藤花舫
15. 黄石假山
16. 藏书楼
17. 织帘老屋
18. 方亭
19. 鹤寿亭
20. 长方亭

0　5　10 m

一层平面图

1.南侧航拍 2.河流 3.周边住宅 4.外部围墙

周边环境

建筑形态与空间体系

耦园住宅部分的空间序列由一路纵贯南北的主轴线配合多路短轴线共同组成，主轴线上有多进院落，秩序性强。东、西花园的游廊等空间布局则灵活多变，形态自由，与严整的住宅部分相互交织，彼此渗透。

耦园的绿化景观具有点、面结合的特点。园林部分在建筑组团的东侧和西侧以面状展开，其中东侧园林面积最大，并且开挖了与外部水系连通的池沼，形成了微缩山水的景观，成为主要的景观空间。在住宅组团的部分院落和天井中种植了低矮的乔木或灌木，具有点状布局的特点。点、面结合的绿化系统与建筑空间交织融合，生成密集的自然渗透形态。

耦园内部的院落和天井、檐廊、窄巷及檐下空间等共同构成了体系化的开敞空间，使建筑室内与室外空间形成了有效的渗透，也使园林部分与建筑部分形成了有机的联系。不同尺度的院落和天井交错拼接，使得空间组织具有了灵活性。体系化的开敞空间有助于建筑群整体的通风、排湿和日照、采光，同时，连续的檐廊体系满足了人在建筑组团中行走时对遮阴避雨的需求。

耦园住宅部分的院落和天井具有高密度、多轴线、序列状展开分布的特点，其中有多个小尺度的天井。在纵贯南北的主轴线上，院落天井的高宽比大多在 1∶1 到 1∶2 之间，面积为 50—100 m²。除中轴线的天井外，其余天井的面积大多在 20 m² 以下，高宽比在 1.3∶1 到 3∶1 之间。各进院落和天井平面大小与高宽比各不相同，有利于形成房屋前后的院落天井之间的热压通风。同时，多路连续的院落和天井呈多轴线、序列式展开，形成组团空间的协同通风效应，有助于建筑的通风、除湿。

耦园内住宅部分的各路建筑之间主要采用共用山墙的组合方法，东北侧建筑组团中出现窄巷，并且与北侧的埠头连通。这种组合方法形成了建筑部分组团较为紧密的空间结构，大量的共用山墙有利于降低整体建筑群的体形系数，并使相邻建筑之间互相荫蔽，减少建筑群在夏季吸收太阳辐射热，提升建筑群的气候性能。局部采用巷道的做法也有助于促进局部建筑组团内达到一定的通风效果。

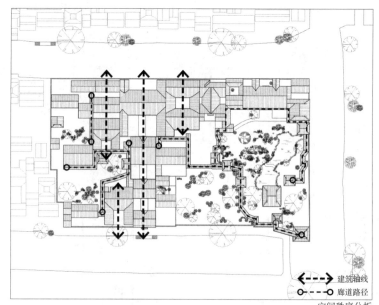

◀- - -▶ 建筑轴线
◦- - -◦ 廊道路径

空间秩序分析

■■■ 绿化空间

绿化分析

■■■ 半开敞空间
■■■ 全开敞空间

开敞空间分析

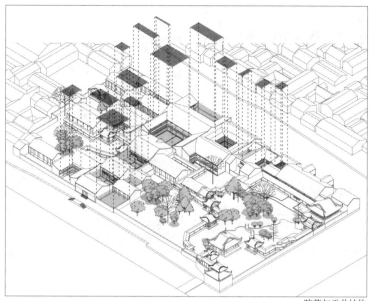

院落与天井结构

共用山墙与窄巷示意

窄巷

共用山墙

1. 房屋北侧小花园 2. 连廊
3. 面向花园开窗的山墙 4. 庭院内部

内部空间

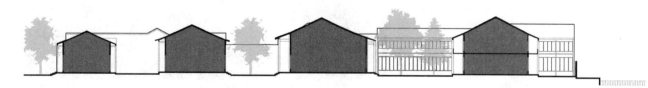

0 2   5m

剖面示意图

界面与构造

　　耦园外部墙面和围墙以实墙为主，东侧院墙和北侧外墙局部设置漏窗和小窗。内部建筑墙面除山墙外，多采用木质门窗、木质墙等通透的做法。木质门窗约有50%以上的面积镂空，固定扇较少，夏季可转换为完全开启的状态，具有灵活性，可适应不同季节的气候条件。内部联系各部分的廊道呈全开敞或半开敞状态。内部院墙上开有连续的镂空窗洞，在增加内部视线穿透性和空间景深的同时也有助于气流的流动。

　　在构造上，耦园中主要建筑的地坪均做了抬升处理，由台阶、云步等与室外地面相连，有助于建筑的防潮防水。室外的天井和院落大多设置地漏和暗沟，形成有组织的排水体系。

　　在地面选材和做法上，耦园建筑的室内外有所不同。建筑室内及檐廊多采用方砖或石板地面，以满足建筑室内防潮隔湿的需求。天井则多用鹅卵石、小块石砖铺设，鹅卵石和小块石砖地面具有排水、渗水作用，有助于雨天排水。

1.南侧主入口　2.3.东侧外部界面　4.北侧外部界面　　　　　　外部建筑界面

1.房屋南侧界面　2.织帘老屋　3.连廊花窗　　　　　　　　内部建筑界面
4.住宅区庭院　5.内部山墙

1. 出檐 2. 鹅卵石地面 3. 云步 4. 连廊与室内的高差　　　　构造细部
5. 地漏 6. 石质柱础

1. 花窗 2. 空窗 3. 砖雕门楼　　　　装饰细节

南京甘熙故居航拍图

南京·甘熙故居　　案例编号：14

建筑概况

建筑区位：沿江平原区
建筑位置：江苏省南京市秦淮区中山南路
建筑性质：民居（私人住宅）
现占地面积：约 9 500 m²
现建筑面积：约 8 000 m²
建筑层数：1—2 层
建筑结构：砖木结构
建筑年代：始建于清嘉庆年间

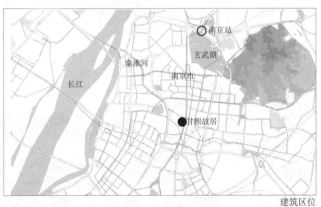

建筑区位

　　甘熙故居位于江苏省南京市秦淮区中山南路。主体建筑群始建于清嘉庆年间，后历经扩建与重修，形成了现在的建筑格局。
　　甘熙故居是南京城内现存面积最大、保存最完整的民居建筑群，也是沿江平原区民居建筑的典型案例。

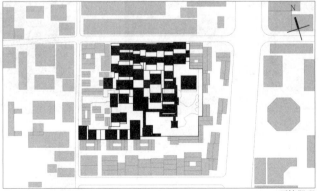

环境肌理

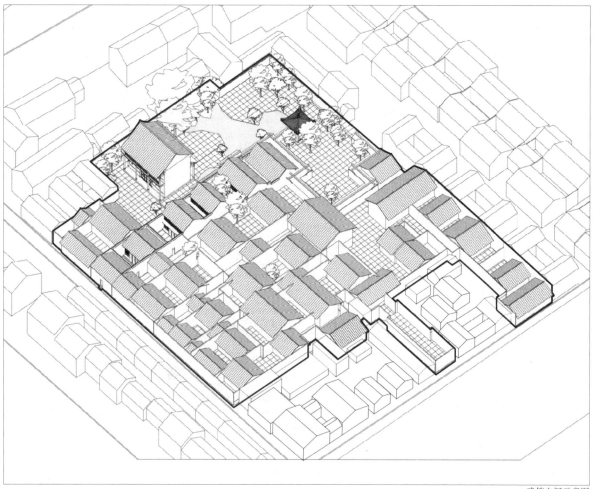

建筑空间示意图

1.2.西侧航拍 3.西南侧航拍 4.北侧航拍

总体布局航拍

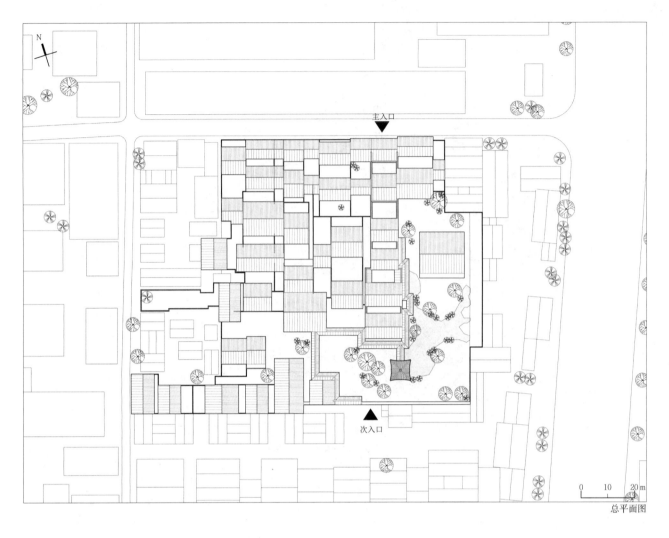

主入口

次入口

0 10 20 m

总平面图

整体布局

甘熙故居的主体建筑采用南北向布局，南偏西约17°，周边地势平坦，处于城南历史城区中，主入口位于建筑的北侧，南侧设置次入口。甘熙故居整体呈宅园结合的布局模式。

在整体格局上，甘熙故居外实内虚，外围基本呈方正矩形，内部多天井、庭院与细弄。建筑肌理与周围环境较为一致。建筑组团序列性地展开，在形态上形成了明显的轴线特征，体现出较强的秩序性。园林部分则显现出江南园林的灵活、舒展特征。园林置于东南侧，与建筑结合布置，配合迂回曲折的檐廊，形成了建筑空间与园林空间的交互渗透。

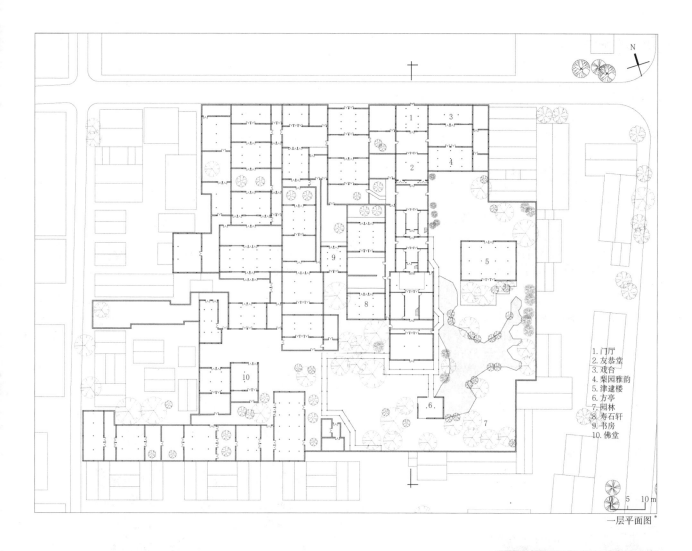

一层平面图

1. 门厅
2. 友恭堂
3. 戏台
4. 梨园雅韵
5. 津逮楼
6. 方亭
7. 园林
8. 寿石轩
9. 书房
10. 佛堂

1.西南侧航拍 2.北侧街巷 3.北侧入口 4.南侧街巷

周边环境

建筑形态与空间体系

甘熙故居由并列的4路南北向和1路东西向的建筑序列与东南角的园林组成,形成"宅园结合,四纵一横"的格局。建筑序列由厅堂、门头、内院、居室等要素组成,呈现出轴线清晰、序列性强的空间组织特征。园林部分的廊道与之形成对比,自由灵活布局,与建筑有机交织,反映出江南建筑在形态处理上自由灵活的手法。

甘熙故居采用点、面结合的绿化布局方式,形成建筑空间与景观绿化相互交织、相互渗透的形态特征。主要的园林绿化部分在建筑的东南侧,采用开池、修山、种树等景观营造的手法进行布置,并在园林中设置形态自由、曲折蜿蜒的廊道、步道,形成灵活的观景空间。在建筑群组的天井和院落部分,局部种植了低矮的乔木或灌木进行点缀,呈点状布局的特点。点、面结合的绿化系统与建筑空间交织融合,形成密集的自然渗透。

甘熙故居内部由院落、天井、巷道、檐廊和游廊空间构成了体系化的开敞空间,建筑室内与室外形成有效的空间渗透,不同尺度的院落和天井交错拼接,空间组织具有灵活性,在一定程度上满足了建筑室内对景观和空间品质的需求。体系化的开敞空间有助于建筑群整体的通风、除湿和日照采光,同时,连续的檐廊体系也满足了人在建筑组团中行走时对遮阴避雨的需求。

甘熙故居的院落和天井具有高密度、多轴线、序列状展开的分布特点,其中小尺度的天井有多个。在住宅部分中院落和天井的高宽比介于1:1到1:2之间,建筑组团的各进院落中天井平面大小与高宽比各不相同,有利于形成房屋前后天井之间的热压通风。同时,多路连续的院落和天井呈多轴线、序列式地展开,配合建筑之间的背弄、巷道等形成协同通风效应,有助于建筑的通风、除湿。

甘熙故居北侧的建筑组团布局紧密,各路建筑之间采用共用山墙或窄巷的组合方法。大量的共用山墙有效地降低了建筑群的体形系数,提高了建筑群在冬季的气候适应性,并使建筑之间相互荫蔽,减少了建筑群在夏季吸收太阳辐射热。狭窄的巷道也促进了建筑群整体的通风效果,有助于夏季的除湿、降温。

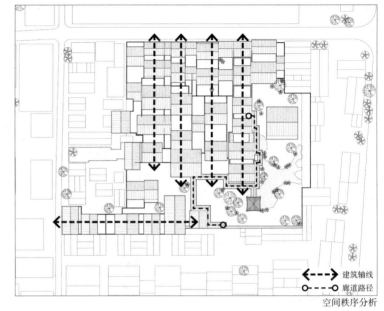

‹- - -› 建筑轴线
o- - -o 廊道路径

空间秩序分析

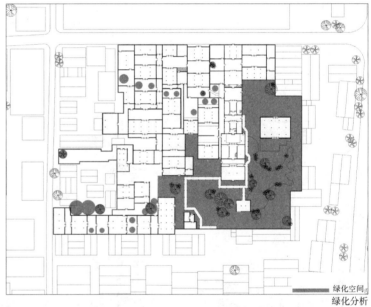

▬ 绿化空间

绿化分析

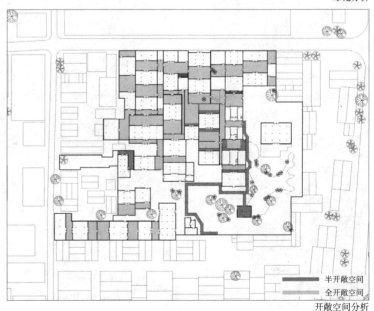

▬ 半开敞空间
▬ 全开敞空间

开敞空间分析

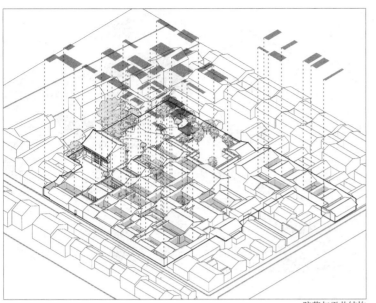

院落与天井结构

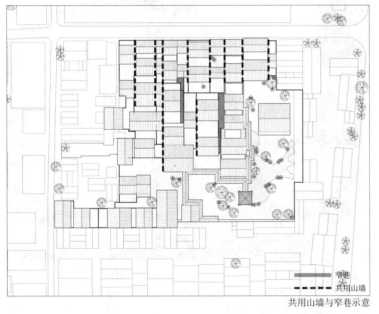

窄巷
共用山墙

共用山墙与窄巷示意

1.后花园方亭 2.后花园　　　　内部空间
3.主卧前庭院 4.山墙

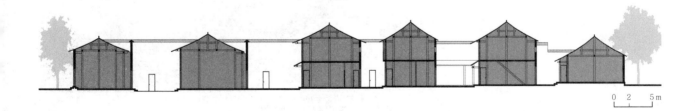

0　2　　5m

剖面示意图

界面与构造

　　甘熙故居外部界面以实墙为主，仅局部外墙设置少量漏窗。内部建筑南北向的界面大多采用通透的木质窗扇，部分设置窗下墙，有的界面也采用实墙，局部布置高窗。通透的木质窗扇部分可以根据季节的变化灵活地开启、关闭，满足夏季通风、除湿和冬季围护、防寒的不同季节的需求。东西向山墙界面则多为高而连续的白色实墙。

　　在地面选材和做法上，甘熙故居建筑的室内外有所不同。建筑室内多采用方砖、石板地面，方砖、石板地面满足了建筑室内对防潮、隔湿的需求。庭院铺地则多以青石板平铺或小青砖仄砌，个别庭院的铺地以鹅卵石与瓦片嵌入拼花，具有较好的透水性，有助于雨天的排水。

　　在地面构造细节上，甘熙故居的部分主要建筑采用架空地面的做法，并结合挖地下水井或埋酒坛的方式。这些构造措施起到土空调的作用，有效地提升了室内热环境的舒适度。

1.南侧入口 2.南侧入口门头　　　　　　　　外部建筑界面

1.内部天井 2.内部天井向冷巷开门 3.房屋屋后界面与山墙　　　内部建筑界面
4.房屋面向庭院界面 5.后花园界面 6.巷道

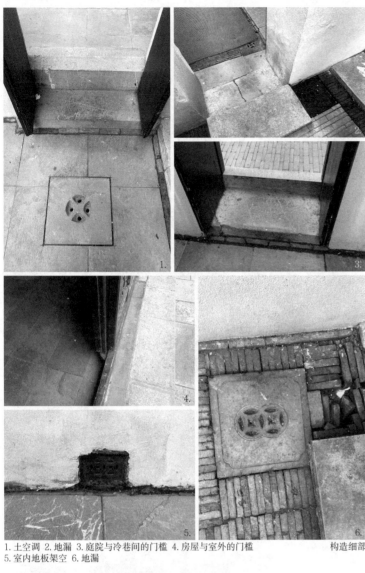

1.土空调 2.地漏 3.庭院与冷巷间的门槛 4.房屋与室外的门槛　　　　　构造细部
5.室内地板架空 6.地漏

1.花窗 2.门窗装饰纹样 3.相邻两进院落之间的侧门　　　　　装饰细节

泰州周氏住宅航拍图

泰州·周氏住宅   案例编号：38

建筑概况

建筑区位：通盐连沿海平原区
建筑位置：江苏省泰州市海陵区涵西街 17 号
建筑性质：民居（私人住宅）
现占地面积：约 2 900 m²
现建筑面积：约 1 900 m²
建筑层数：1 层
建筑结构：砖木结构
建筑年代：始建于清咸丰年间

周氏住宅位于江苏省泰州市海陵区涵西
街，是泰州现存规模最大的民居建筑群。建
筑始建于清咸丰年间，后经重修，现保留了
老宅的整体结构，呈"三轴展开"的宅院格局。

建筑区位

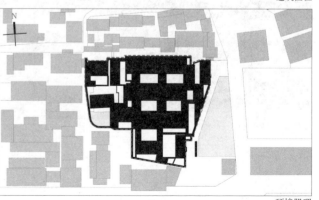

环境肌理

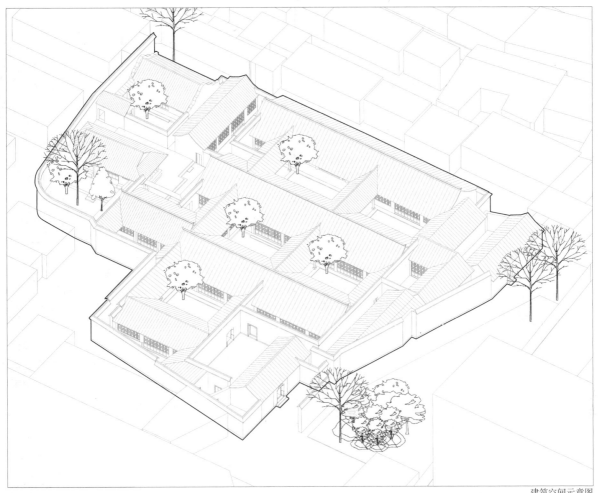

建筑空间示意图

1.西南侧航拍 2.西北侧航拍 3.北侧航拍 4.东南侧航拍

总体布局航拍

涵西街

停车场

绿地

主入口

紫藤路

总平面图

整体布局

　　周氏住宅整体采用坐北朝南的
布局，西北两侧紧临历史街区，东侧
和南侧临近道路，主入口朝东，位于
建筑组团东南角,主入口前设有照壁。

　　在整体格局上，周氏住宅外围呈
折线形，西侧边界部分呈弧线形。周
氏住宅整体外实内虚，对外较为封闭，
内部的院落和天井分布较为规整。主
体建筑以序列性展开，秩序严整。在
建筑组团的西南侧有小园林，通过折
线形的游廊与主体建筑连接。

1. 照壁
2. 主入口
3. 东花厅
4. 照厅
5. 小堂屋
6. 厢房
7. 大堂屋
8. 中厅
9. 大厅
10. 前厅
11. 厢房
12. 西花厅
13. 小花厅
14. 蝴蝶厅

0   5   10 m

一层平面图

1. 航拍 2. 周边建筑 3. 东侧河流

周边环境

建筑形态与空间体系

　　周氏住宅由并列的三路南北向建筑序列组成，其中东侧和中间的序列由男女厅、堂屋、厢房等主要功能性用房构成，其布局严整，轴线清晰。西侧的序列由小花厅、蝴蝶厅等附属和景观性空间组成。此外，在建筑组团的东、西两侧，设置了较为自由的折线形敞廊和游廊，使建筑空间具有一定的灵动性。

　　建筑组团内的绿化主要依托若干个院落和天井，以低矮灌木为主，以高大乔木为辅，对建筑空间进行点缀性的布置。建筑组团西南侧的小花园是绿化覆盖程度最高的区域，其面积与主轴线上的一进院落相当。

　　周氏住宅内部由院落、天井、檐廊、巷道等构成了体系化的开敞空间，不同尺度的院落、天井交错拼接，空间组织具有灵活性，在一定程度上形成了建筑室内外空间的渗透。体系化的开敞空间有助于建筑群整体的通风、除湿和日照、采光。

　　周氏住宅在建筑组团中共计有大小不同的院落和天井十余处，呈现多轴线、序列状展开的分布特点。院落和天井内大多设有绿植和水井设施，通过水井和绿植的局部调节，提高夏季炎热环境下的人体舒适度。

　　周氏住宅在功能性用房的局部采用共用山墙、紧密组合的布局。其建造方式有利于降低整体建筑群的体形系数，并使相邻建筑之间互相荫蔽，减少建筑群在夏季吸收太阳辐射热，提升建筑群的气候性能。东路建筑与其附属建筑间设有窄巷相隔，曲折的窄巷有利于建筑组团间的协同通风。中、西两路建筑间在局部也设有窄巷，有利于建筑在夏季的通风、降温。

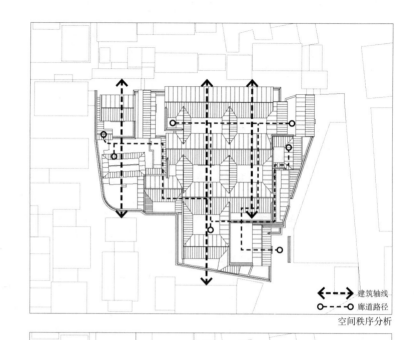

建筑轴线
廊道路径

空间秩序分析

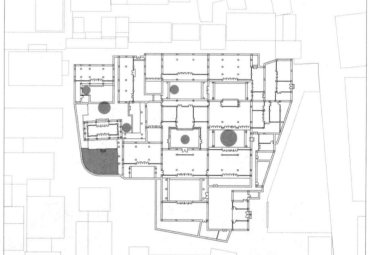

绿化空间

绿化分析

半开敞空间
全开敞空间

开敞空间分析

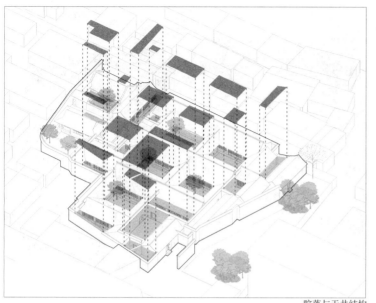

院落与天井结构

■■■■ 窄巷

▬ ▬ ▬ 共用山墙

共用山墙与窄巷示意

1. 内部巷道 2. 南侧天井　　　　　　内部空间

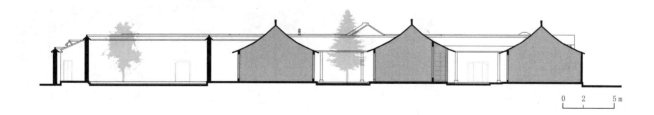

0　2　　　5 m

剖面示意图

界面与构造

由于气候特点，泰州的建筑除须考虑夏季防热之外，也须考虑冬季防风、防寒。周氏住宅建筑主要的北立面和山墙面采用封闭式厚重砖墙的做法，有助于提高建筑的冬季防风、防寒性能。南立面则大多为木质可开启门窗，针对不同天气和季节的光照和湿热条件，可灵活地开启或闭合，以调节建筑室内环境，提高建筑针对不同季节的气候适应性。

泰州雨水较为丰沛，因此周氏住宅在排水、隔湿方面采取了一些有效的构造措施。在天井等开敞空间的地面铺装中，使用了悬空方砖的做法，用以提高雨季的排水效率，并防止地面积水与返潮。在部分主要建筑的室内，为了隔绝地下的湿气渗入，采用了地面铺设地砖、其下倒扣釉陶盆以抬高地基的构造措施。当人在架空的地面上行走时，内部空间中会产生共鸣的声学现象，因此采用这类构造做法的厅室亦被称为"响厅"。

1.东侧主入口门头 2.主入口 3.东侧外墙　　　　　　　　外部建筑界面

1.天井与四周界面 2.入口处院落 3.建筑南侧界面　　　　内部建筑界面
4.内部天井 5.厅堂南侧可开合门扇 6.整面可开合门扇

1.墙体出檐 2.响厅架空层 3.内部水井　　　　　　　　　　　构造细部

1.门窗装饰纹样 2.细部砖雕 3.门头砖雕装饰　　　　　　　　装饰细节

湖州南浔懿德堂航拍图

湖州南浔·懿德堂　案例编号：50

建筑概况

建筑区位：浙北水网区
建筑位置：浙江省湖州市南浔区南浔古镇南西街
建筑性质：院落式民居
现占地面积：约 5 100 m²
现建筑面积：约 6 100 m²
建筑层数：1—2 层
建筑结构：砖木结构
建筑年代：始建于清光绪年间

　　懿德堂位于浙江省湖州市南浔区南浔古镇内，主体建筑始建于清光绪年间，亦称"张石铭旧居"。

　　懿德堂基本保持了明清私家大院的特征，是中西合璧式楼群的经典建筑，也是浙北水网区民居的典型案例。

建筑区位

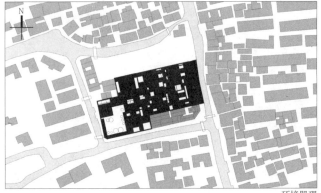

环境肌理

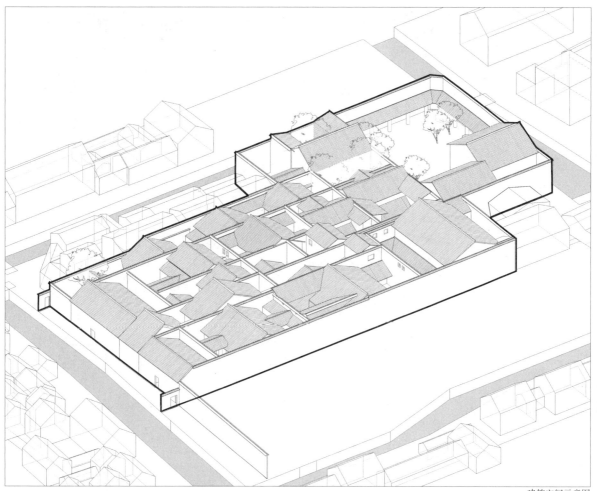

建筑空间示意图

1.东南侧航拍 2.东侧航拍 3.东北侧航拍 4.北侧航拍

总体布局航拍

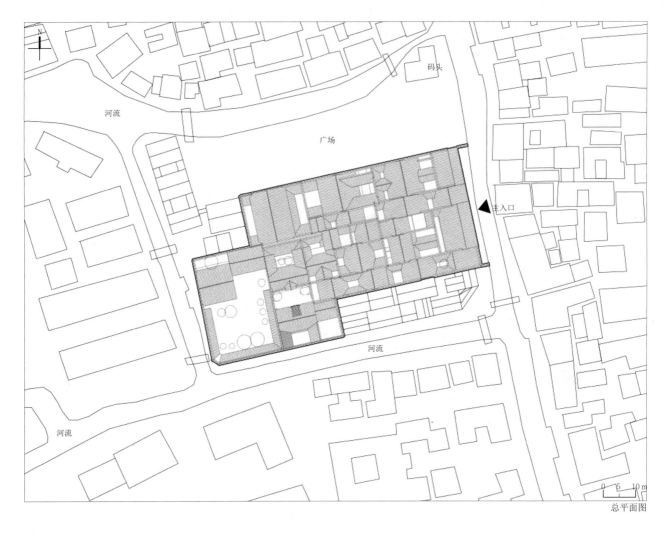

河流

码头

广场

主入口

河流

河流

N

0 5 10m

总平面图

整体布局

　　懿德堂整体坐西朝东，东偏北约12°。懿德堂紧临南市河，四面环水。主入口位于建筑组团的东侧，朝向临河街道。

　　在整体格局上，懿德堂的平面基本呈规则矩形。四周由院墙相围，较为封闭。院墙内部分布不同尺度的院落、天井、游廊、园林与备弄，开敞通透。园林位于建筑组团的西侧，与周边建筑通过游廊相连，景观与建筑结合布置，形成宅园结合的布局模式。

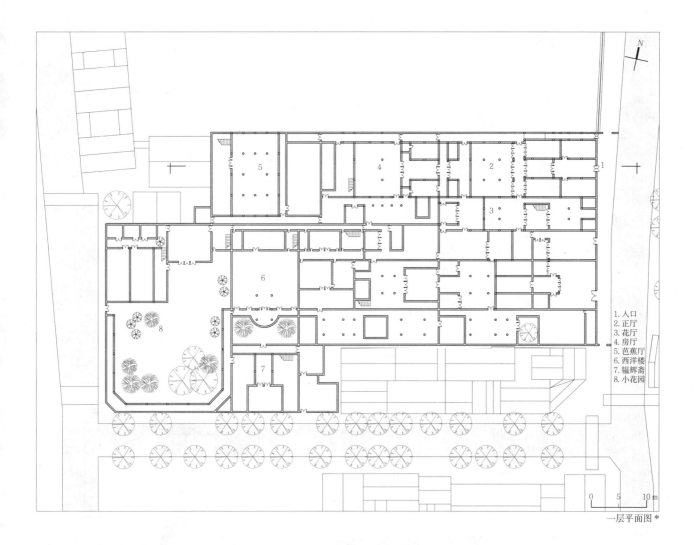

1. 入口　2. 正厅　3. 花厅　4. 房厅　5. 芭蕉厅　6. 西洋楼　7. 韫辉斋　8. 小花园

一层平面图*

1. 东南侧航拍　2. 西北侧河流　3. 北侧广场　4. 周边住宅

周边环境

建筑形态与空间体系

　　懿德堂由并列的 3 路东西向和 1 路南北向的建筑序列与西侧的后花园组成,形成"宅园结合,三纵一横"的格局。建筑组团东侧为中式传统建筑,沿纵向 3 路空间序列展开。北路为主要序列,分布有轿厅、砖雕门楼、正厅、花厅、房厅等。西侧组团为西洋式建筑,沿横向序列展开,紧临后花园。建筑组团间设有东西贯通的备弄和游廊,组织内部步行路径。

　　懿德堂的绿化景观呈现点、面结合的布局特点。后花园位于建筑组团的西侧,以面状空间形态展开,面积占比较大,通过游廊与周边建筑相连,花园内种植高大的树木。在建筑组团的院落和天井处,局部种植低矮的乔木或灌木进行点缀,其布局呈点状,自由灵活。

　　懿德堂分布有若干院落、天井、巷道、檐廊、游廊,共同形成多层次的开敞空间体系,实现建筑室内外的空间渗透。不同尺度的院落和天井有利于各进院落间的有机组织,体系化的开敞空间有助于建筑群整体的通风、除湿和日照、采光,连续的廊道空间也满足了人在建筑组团中行走时对遮阴避雨的需求。

　　懿德堂中的院落和天井具有高密度、多轴线、沿空间序列对称分布的特点,其中有多个小尺度的天井。主要院落和天井的高宽比在 1.5:1 到 1:1 之间。丰富的院落和天井结合巷道,形成良好的协同通风作用。局部院落设有灵活的隔墙,形成多个窄而高的天井,提高了整体建筑的热压通风效应,也有利于建筑内部的空气流通,实现建筑对通风、除湿的要求。

　　懿德堂各路建筑之间主要采用共用山墙的做法,进行组团间的联系与分隔,形成紧密组合的空间结构。共用山墙有利于降低建筑群的体形系数,并使相邻建筑之间互相遮蔽,减少建筑在夏季对太阳辐射热的吸收,提升建筑群的气候性能。建筑组团北侧与北路建筑采用了窄巷的做法,有助于夏季的通风、降温。

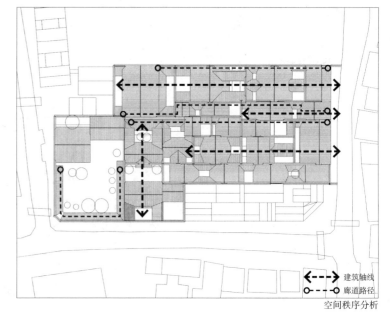

◀┅┄▶ 建筑轴线
○┅┄○ 廊道路径

空间秩序分析

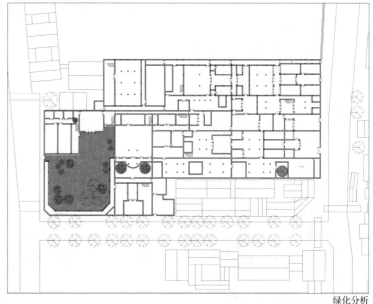

绿化分析

半开敞空间
全开敞空间

开敞空间分析

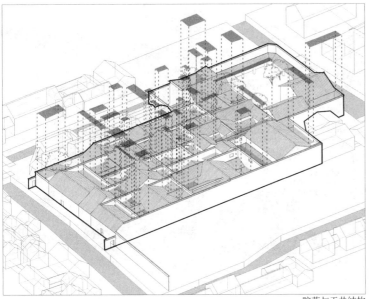

院落与天井结构

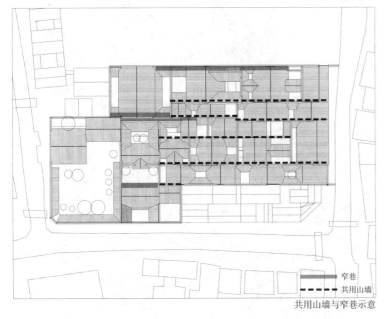

共用山墙与窄巷示意

窄巷
共用山墙

1.

2.

3.

4.

1. 连廊与山墙所夹天井 2. 厅堂庭院　　内部空间
3. 入口庭院　4. 居住用房庭院

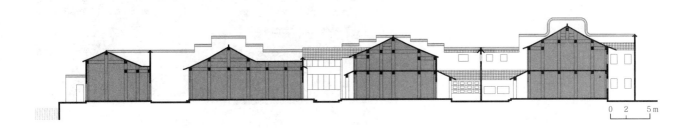

0　2　　5m

剖面示意图

界面与构造

懿德堂的外部院墙和山墙界面以连续、高大的实墙为主，较为封闭。山墙在局部处开窗，用以改善建筑室内通风。朝向院落的界面多采用木质门窗，并根据情况设置窗下墙，这一做法增强了建筑的通透性，也提高了建筑内部的采光率。门窗可以在不同季节根据需要灵活开启和闭合，结合建筑组团内的院落和天井，形成协同流通的气流，有助于室内空间的通风、除湿。

在材料选取和构造细节方面，懿德堂的西式建筑多采用厚重的砖墙砌筑，基座采用石材并设有通风口，加强了建筑的防潮、除湿作用。中式庭院处通过条石砌筑墙基，结合地坪抬升进行防潮处理。

懿德堂的院落多采用鹅卵石铺地，局部天井处采用石板铺地，结合地漏、明沟等形成有组织的排水系统。

1.山墙对花园开窗 2.花园游廊界面 3.外部入口界面   外部建筑界面

1.2.窄巷 3.蟹眼天井 4.房屋面向花园界面   内部建筑界面
5.房屋北侧天井 6.房屋面向庭院界面 7.居住厅堂及庭院

1.鹅卵石地面 2.洋楼立面 3.地漏 4.木门槛 5.室内外高差　　　　构造细部

1.分隔庭院的片墙上的花窗 2.洋楼拱窗 3.窗扇木雕　　　　装饰细节
4.5.砖雕门楼 6.洋楼门头

诸暨斯盛居航拍图

诸暨·斯盛居　　　　案例编号：57

建筑概况

建筑区位：浙东丘陵区
建筑位置：浙江省诸暨市斯宅乡螽斯畈村东首
建筑性质：民居（私人住宅）
现占地面积：约 6 850 m²
现建筑面积：约 13 700 m²
建筑层数：1—2 层
建筑结构：砖木结构
建筑年代：始建于清嘉庆年间

建筑区位

　　斯盛居位于浙江省诸暨市东南部会稽山西麓，始建于清嘉庆年间，由斯元儒太公出资建造。由于其有楼房 121 间，柱子 1 320 根，弄堂 32 条，又被称为"千柱屋"。
　　斯盛居是典型的清代江南大型宗族建筑群，也是浙东丘陵区民居建筑的典型案例。

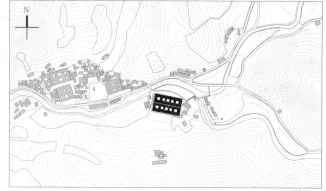

环境肌理

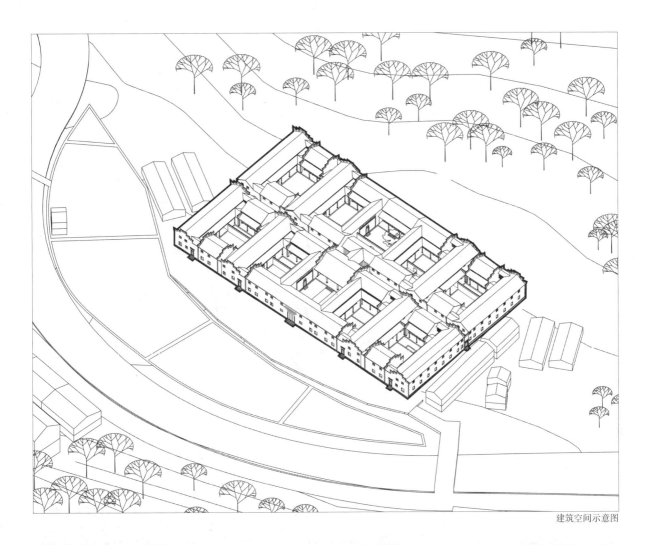

建筑空间示意图

1.东北侧航拍 2.北侧航拍 3.西北侧航拍 4.西侧航拍

总体布局航拍

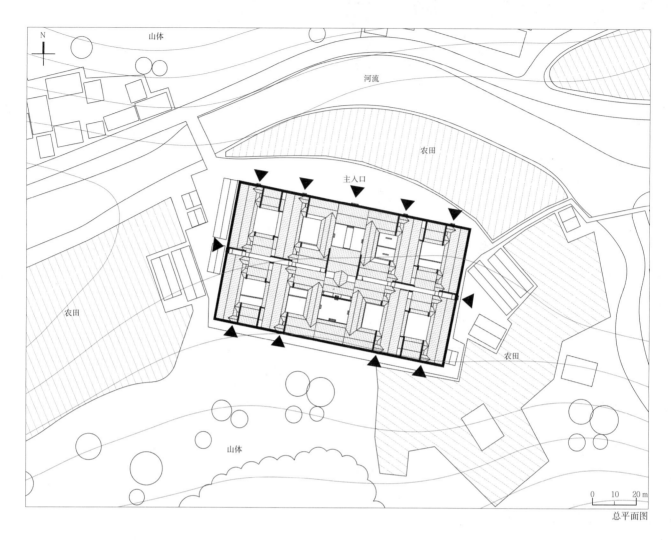

总平面图

整体布局

　　斯盛居整体上采用南北向布局，北偏东约 11.1°，建筑南部倚靠山体，北部面向自东向西的河流，所处的地势南高北低。建筑主入口位于建筑群的北侧，主入口前设有晒场。东、西、南侧另设有若干次入口，建筑四周皆可出入。

　　在整体格局上，斯盛居的平面呈方正矩形，外实内虚，四周由院墙相围，较为封闭，内部多设院落和天井。建筑组团呈单元性对称布局，体现出以家族为核心的严整空间秩序。目前，蟊斯畈村中还保留有与斯盛居空间布局类似但规模较小的住宅。

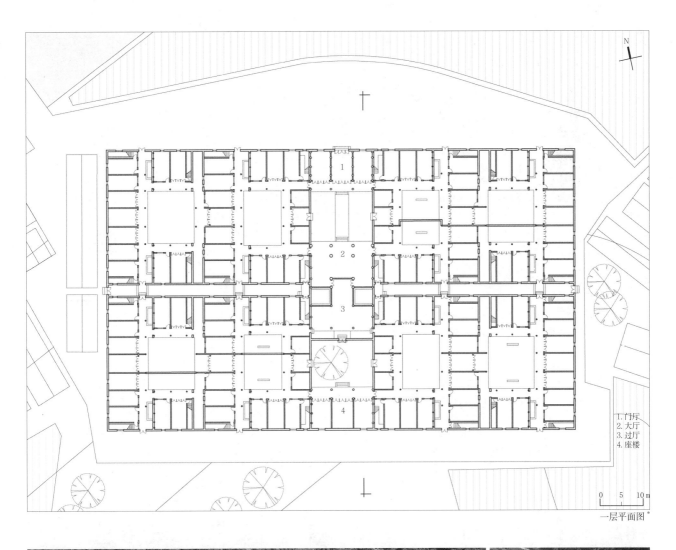

1.门厅
2.大厅
3.过厅
4.座楼

0　5　10 m

一层平面图

1.航拍 2.周边建筑环境 3.北侧河流 4.北侧立面

周边环境

建筑形态与空间体系

斯盛居建筑空间秩序严整，主轴线为南北向，次轴线为东西向。主轴线上依次为门厅、大厅、过厅和座楼，建筑对称布局。东西向设一条"通天弄"（东西窄巷），将院落单元分为南北两部分。在平面布局上，由主、次建筑组合形成若干院落单元，再由院落单元组合成院落群。通过院落单元和轴线的组合，体现出以家族为核心的明确秩序。

斯盛居整体处于山水环境当中，内部绿化景观主要依托院落和天井，呈散点布局的特征。院落和天井内多种植盆栽或灌木等低矮植物，仅在家庙前的院落内种植高大的树木。

斯盛居对称地分布着若干院落、天井、备弄、檐廊，它们共同构成了建筑组团的开敞空间体系。院落和天井沿空间序列展开，布局规整。局部尺度较大的院落通过置入隔墙形成若干小天井。南北向和东西向的巷道、檐廊联系着不同尺度的院落和天井。体系化的开敞空间有助于建筑群整体的通风、除湿和日照、采光，东西向的"通天弄"也起到南北院落单元间防火隔离的作用。

斯盛居的院落和天井具有大小尺度不一、多轴线、对称展开的分布特点。大尺度的院落高宽比在1:2左右，小尺度的天井高宽比多在2:1至1:1之间。纵、横分布的条形窄巷组织、联系起南、北两侧秩序性的院落和天井，从而形成协同通风效应，有助于建筑群内部的通风、排湿作用。

斯盛居各院落单元间设置的南北向和东西向贯通的窄巷，有利于夏季的通风、降温。在南北向主轴线的东西单元间局部采用了共用山墙，这有利于降低建筑群的体形系数，提升建筑群整体的气候性能。

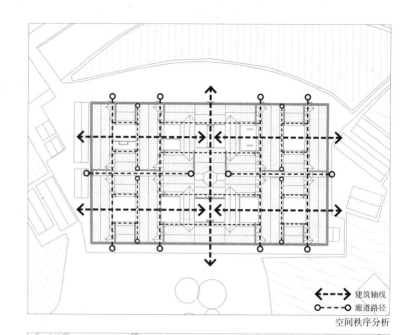

凸凸凸 建筑轴线
○----- 廊道路径

空间秩序分析

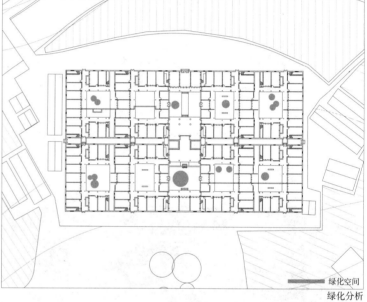

▬▬ 绿化空间

绿化分析

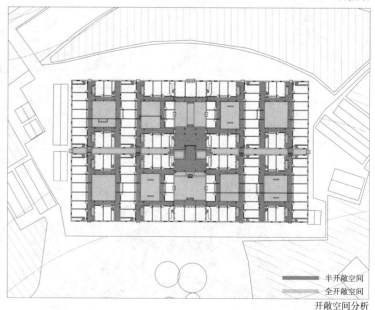

▬▬ 半开敞空间
▬▬ 全开敞空间

开敞空间分析

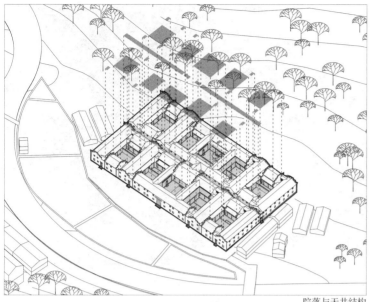

院落与天井结构

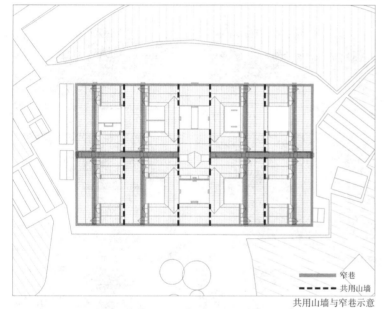

窄巷
共用山墙

共用山墙与窄巷示意

1.窄巷 2.贯穿南北的廊道　　　　　　内部空间
3.4.院落

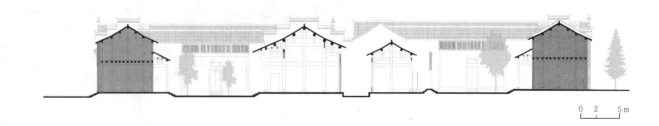

0　2　　5m

剖面示意图

界面与构造

　　斯盛居的外部界面是由高大、封闭的厚重砖墙组成，局部开设窗洞以满足室内通风需求。对内朝向院落的界面部分多采用通透的木质门窗和墙板，有利于增加内部空间的采光、通风。南北向空间序列上的大厅和过厅由三面围合，主墙面为全开敞界面，便于其作为家族的仪式性空间进行集会活动。其他居住院落单元设有面积较大的可开敞的门窗，有利于根据季节需要，灵活地调整空间的开敞程度。

　　在地面选材和做法上，室外地面大多采用三合土或青砖铺设。院落、天井及露天的窄巷以鹅卵石铺地为主，结合明沟排水，形成有组织的排水系统，以防雨季积水。

　　在构造细节上，斯盛居采用地坪抬升、台基局部设通风孔以及石块或条石砌筑墙基等构造做法，实现建筑的防潮除湿，这对于提升室内热环境的舒适度以及延长建筑结构寿命具有一定的积极意义。

1.北侧外部界面 2.院落界面 3.廊道界面　　　　　　　外部建筑界面

1.主入口内部院落 2.中轴线敞厅南部天井 3.天井　　　　内部建筑界面
4.廊道 5.北侧敞厅 6.南侧敞厅 7.祠堂 8.院落

1.2.地面构造 3.柱础 4.马头墙 5.外部排水沟　　　　　　　　构造细部

1.北侧主入口门头 2.门窗纹样 3.梁架木雕 4.南侧次入口砖雕　　　　装饰细节
5.窗洞砖雕纹样 6.梁架木雕

金华兰溪丞相祠堂航拍图

金华兰溪·丞相祠堂 案例编号：63

建筑概况

建筑区位：浙西山陵区
建筑位置：浙江省金华市兰溪市诸葛镇诸葛村八卦村
建筑性质：祠堂
现占地面积：约 1 900 m²
现建筑面积：约 1 400 m²
建筑层数：1 层
建筑结构：砖木结构
建筑年代：始建于明洪武年间

　　丞相祠堂位于浙江省兰溪市诸葛镇诸葛村。建筑群始建于明洪武年间，清光绪二十二年（1896）重建。
　　丞相祠堂是江南地区典型的宗祠建筑，也是浙西山陵区祠堂建筑的典型案例。

建筑区位

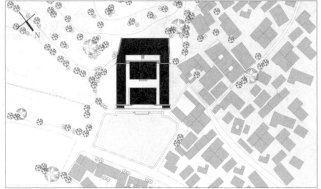

环境肌理

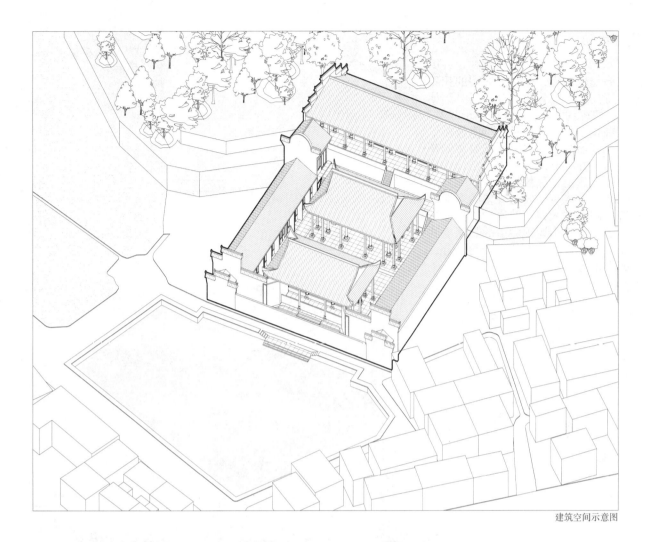

建筑空间示意图

1.村落整体航拍 2.祠堂入口 3.入口水塘 4.外部环境

周边环境

整体布局

丞相祠堂位于诸葛村的村口，周边地势起伏较大，呈现出典型的丘陵地貌特征。主体建筑结合地形坐南朝北，北偏东约30°，主入口位于北侧。

在整体格局上，丞相祠堂遵循了江南地区传统祠堂建筑严整对称的基本特征，并具有南高北低、结合地形由水到山逐层抬高的特点。祠堂外围由院墙围合成一个较为规整的矩形，只有北侧的主入口与外界相连。在祠堂内部，以硬山屋顶为主的封闭空间和以歇山屋顶为主的开敞空间结合，形成丰富灵活的建筑空间体系。

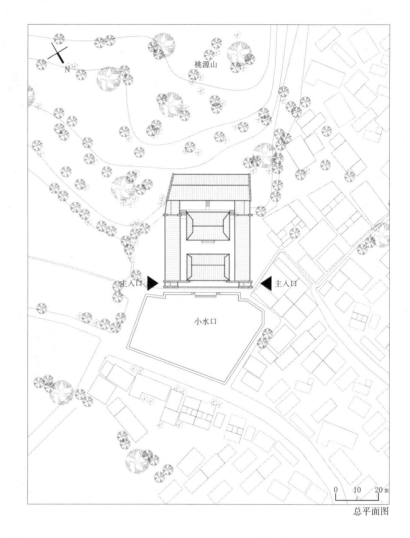

总平面图

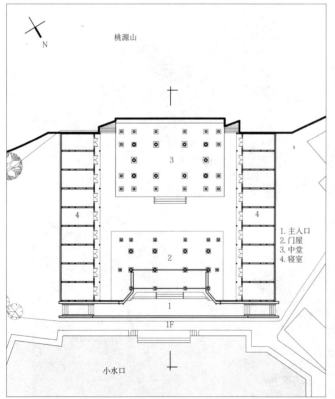

1.主入口
2.门屋
3.中堂
4.寝室

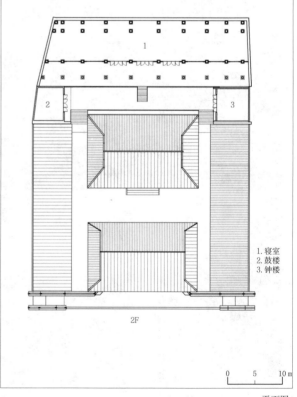

1.寝室
2.鼓楼
3.钟楼

平面图

建筑形态与空间体系

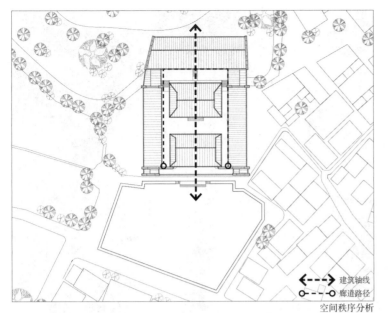

空间秩序分析

建筑轴线
廊道路径

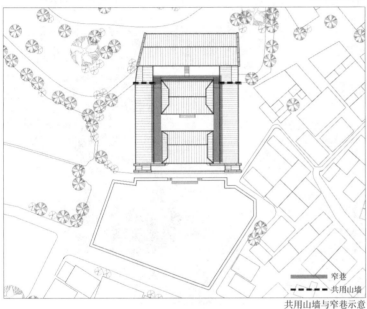

窄巷
共用山墙

共用山墙与窄巷示意

丞相祠堂沿 1 路南北向中轴线组织空间体系，依次为门屋—中堂—寝室，两侧以附属建筑相围合。空间序列上的建筑室内地坪标高结合山地地形依次抬升，形成了"南高北低"的布局特征。

丞相祠堂内部由院落、敞厅、巷道、檐廊构成有层次的开敞空间，建筑室内空间与室外空间相互渗透。整个建筑的开敞空间呈现出"前后连续、左右相接"的特征，有助于建筑群的通风、除湿和采光。连续的半开敞空间满足遮蔽风雨的功能需求。

丞相祠堂内部有三进大小不一、高窄各异的院落。高宽比在 2:1 到 1:1 之间。高而窄的院落有助于形成两侧建筑的热压通风效应，有效增强建筑群的空气交换。

丞相祠堂南侧的钟鼓楼与寝室之间采用共用山墙，布局紧密，有助于降低建筑组团的体形系数。沿中轴线的院落形成了三路窄巷，相互贯通，呈"U 字形"布局。窄巷的设置有助于提升建筑内部的通风效果，并在夏季提供阴凉，提升建筑整体的气候性能。

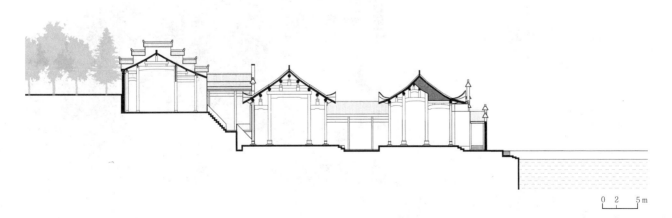

0 2 5m

剖面示意图

界面与构造

　　丞相祠堂的建筑界面具有对外封闭、对内通透的特征。建筑外围由连续、高大的院墙和山墙进行围合，所有围墙均不对外开窗，保证了建筑的私密性。建筑内部则以开敞空间为主，主要空间多为敞厅，仅最后一进寝室设置了可开启的门窗扇。廊道空间全部呈开敞的状态，在增强空间流动性的同时，也促进了室内空气流动，有利于改善夏季的通风效果。

　　丞相祠堂对建筑地坪做了抬升处理，并采用防水性能较好的石材砌筑建筑基座部分。建筑室内、檐廊和中轴线上的院落和天井均采用石板铺地，只有中轴线和两侧辅助用房之间的窄巷为覆土地面。这些构造方式起到很好的防潮、防水和排水的作用。

1.入口空间　2.三进院落　3.天井　4.明沟排水
5.梁架木雕　6.全开敞中堂

内部空间

1.廊道界面 2.入口界面 3.天井界面　　　　　　　　　　　　　建筑界面

1.敞厅构造 2.石质台阶 3.台阶与通风孔　　　　　　　　　　　构造细部

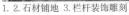

1.2.石材铺地 3.栏杆装饰雕刻　　　　　　　　　　　　　　　　装饰细节

黄山承志堂航拍图

黄山·承志堂

案例编号：71

建筑概况

建筑区位：徽州山陵区
建筑位置：安徽省黄山市黟县宏村镇宏村
建筑性质：院落式民居
现占地面积：约 2 100 m²
现建筑面积：约 3 000 m²
建筑层数：1—2 层
建筑结构：砖木结构
建筑年代：始建于清咸丰年间

　　承志堂位于安徽省黄山市黟县宏村上水
圳。建筑始建于清咸丰年间，为清末大盐商
汪定贵私宅。
　　承志堂建筑规模宏大，木雕精美，布局
严整紧凑，是徽州山陵区保存较好的代表性
民居建筑之一。

建筑区位

环境肌理

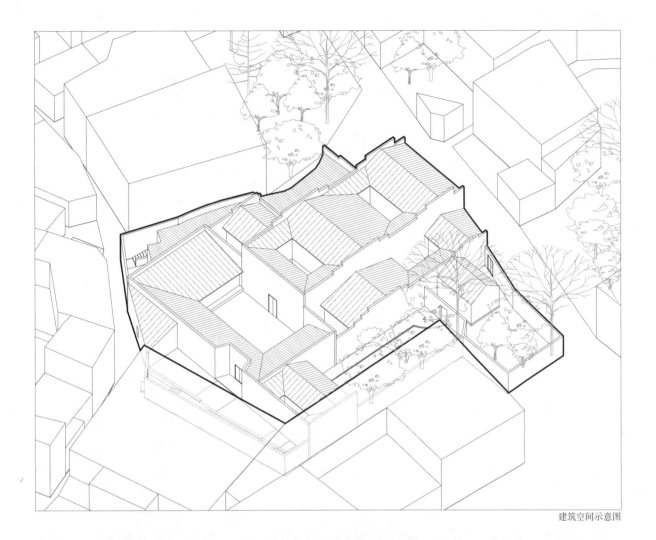

建筑空间示意图

1.南侧航拍 2.西侧航拍 3.东南侧航拍 4.东侧航拍

总体布局航拍

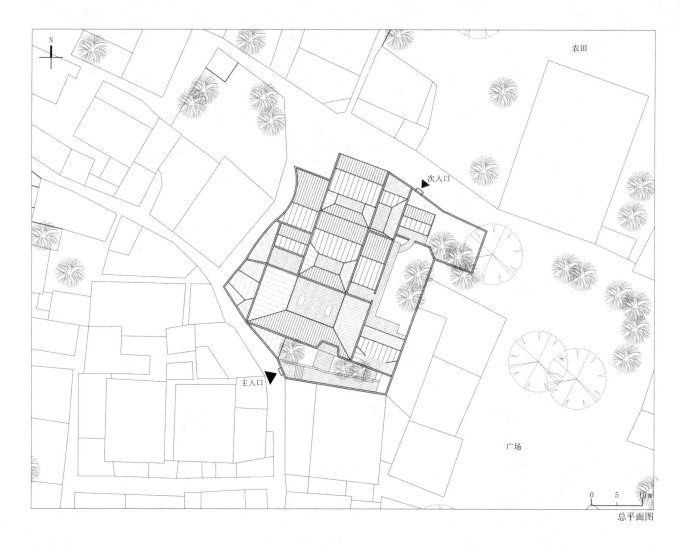

次入口

主入口

广场

0 5 10 m

总平面图

整体布局

　　承志堂整体采用坐北朝南的布局，南偏西约30°，北侧、西侧紧贴村内道路，南侧、东侧与周边建筑相接。建筑组团南侧设置主入口，东北侧另设次入口，西侧设置排水口与村内水圳连通。

　　在整体格局上，承志堂呈不规则形态，与周边建筑和道路相贴合。承志堂外实内虚，对外封闭，内部多院落、天井、敞厅、庭园。承志堂由规则的主体建筑群和东侧、南侧不规则形态的庭园组成。主体建筑部分规整，呈现出秩序性特征。庭园空间形态顺应周边环境。

1. 前院
2. 门厅
3. 门厅库房
4. 书房
5. 鱼塘厅
6. 管家库房
7. 丫头房
8. 前厅
9. 吞云轩
10. 花园
11. 厨房
12. 后堂
13. 花园
14. 排山间

0 2   5 m

一层平面图

1.航拍 2.东北侧航拍 3.北侧航拍 4.西北侧航拍

周边环境

建筑形态与空间体系

承志堂主体建筑部分以 1 路纵贯南北的主轴线为核心组织空间序列，主轴线上有多进厅堂和院落空间，秩序性强。两侧布置书房、吞云轩、鱼塘厅、厨房等建筑，空间组织具有灵活性。南侧和东侧的庭园形态较为自由，贴合建筑周边场地形态。

承志堂的绿化景观布置紧凑。其中东侧和南侧的庭园绿化以面状展开，景观面积较大。其余院落和天井之中点缀少量的低矮乔木。此外，主体建筑西侧的鱼塘厅中，以小尺度水面形成微缩水景，并与村落水系相连通。

承志堂内部的院落、天井、巷道、檐廊和敞厅等构成了体系化的开敞空间，使建筑室内与室外形成有效的空间渗透，有助于建筑群整体的通风、除湿和日照、采光。不同尺度的院落和天井交错拼接，结合园林景观，形成建筑与景观空间的交融，廊道等空间的组合则满足了人在建筑组团中行走时对于遮风避雨的需求。

承志堂的院落和天井共有十余处，其形态、平面尺度和高宽比随着周围建筑空间的改变而调整。这些院落和天井相互结合，形成协同通风的效果。

承志堂建筑组团的空间组织较为紧密，主轴线的建筑空间和周边并列的辅助用房之间共用山墙，有利于降低建筑组团的体形系数，提高建筑组团的气候性能。

◄ - - - ► 建筑轴线

空间秩序分析

▬▬▬ 绿化空间

绿化分析

▬▬▬ 全开敞空间
▬▬▬ 半开敞空间

开敞空间分析

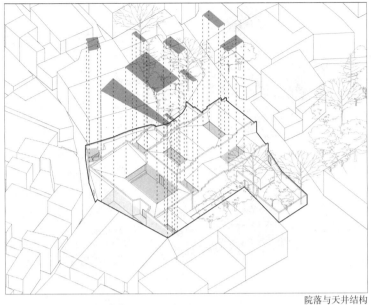

院落与天井结构

1.

– – – – – 共用山墙

共用山墙示意

2.

1.书房中庭 2.鱼塘厅处的鱼池　　　　　　内部空间

0　2　　5 m

剖面示意图

界面与构造

承志堂的外部界面为连续封闭的高大院墙，体现出徽州山陵区建筑普遍具有的较强的内向性。建筑组团内部东西向的建筑界面也为连续、高大的白色实墙，南北向和面向院落的建筑界面则大多采取可灵活开启的木质门扇，具有通透的特征，可根据季节需要灵活开闭。

在地面选材和做法上，承志堂建筑室内多采用方砖和石板地面，满足建筑室内防潮、隔湿的需求。庭院多以条石铺地，并设置明沟，实现建筑的有组织排水。主体建筑整体抬升地坪，部分地坪架空并设置通风孔。墙体以条石砌筑基座，再以砖墙砌筑、白灰抹面，达到有效防潮的效果。

1.2. 主入口 3.4. 外部围墙　　　　　　　外部建筑界面

1. 入口大门 2. 主堂屋 3. 檐廊 4. 天井院落
5. 排水 6. 木门扇　　　　　　　　　内部建筑界面

1.天井空间 2.鱼池 3.地基 4.水井
5.地基抬高 6.明沟

构造细部

1.漏窗 2.3.砖雕门楼

装饰细节

安庆世太史第航拍图

安庆·世太史第　　案例编号：88

建筑概况

建筑区位：江淮平原区
建筑位置：安徽省安庆市迎江区天台里街9号
建筑性质：院落式民居
占地面积：约4 400 m²
建筑面积：约2 700 m²
建筑层数：1—2层
建筑结构：砖木结构
建筑年代：始建于明万历年间

建筑区位

　　世太史第位于安徽省安庆市迎江区天台里街。建筑始建于明万历年间，初为刑部给事中刘尚志私宅。清同治三年（1864），翰林院主修赵畇辞官返乡购此宅并做修葺，始为赵氏府第。因赵氏族中自赵文楷始，赵畇、赵继元、赵曾重直系四代翰林，故称世太史第。

　　世太史第是安徽省保存较好、规模较大的一组明清古建筑群，也是江淮平原区的典型案例。

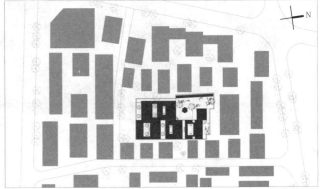

环境肌理

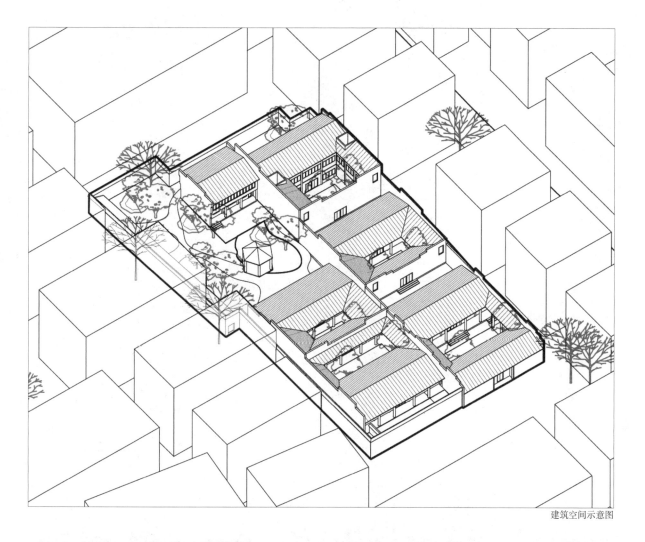

建筑空间示意图

1. 2. 西南侧航拍 3. 西侧航拍 4. 西北侧航拍

总体布局航拍

北

天台里街

次入口 ▶

主入口 ▶

锡麟街

0   5   10 m

总平面图

整体布局

　　世太史第整体采用坐北朝南布局，南偏西约10°。建筑组团南侧设置主入口，西侧设置次入口。

　　在整体格局上，世太史第外实内虚，建筑外围由高大的院墙围合成较为规整的矩形，内部有较多的院落和天井。世太史第由建筑和北侧的园林组成，形成"前宅后园"的格局。建筑部分具有很强的秩序性，园林空间则开敞舒展。

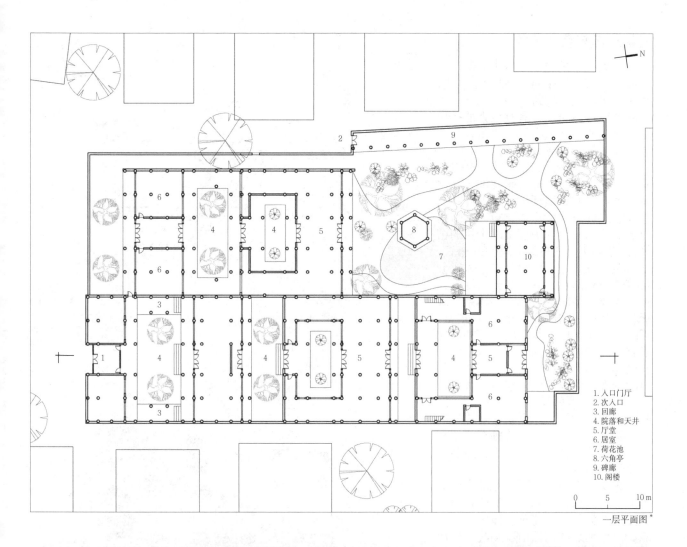

1.入口门厅
2.次入口
3.回廊
4.院落和天井
5.厅堂
6.居室
7.荷花池
8.六角亭
9.碑廊
10.阁楼

0　　5　　10 m

一层平面图

1.东南侧航拍 2.东侧航拍 3.4.西北侧航拍

周边环境

建筑形态与空间体系

世太史第的建筑部分由2路南北向轴线组织空间序列,东侧为主轴线,西侧为次轴线。建筑空间和院落、天井沿轴线对称布局,具有很强的秩序性。北侧的园林形态舒展自由,与严整的住宅部分形成对比。

世太史第的绿化景观具有点、面结合的特征。北侧的园林部分绿化面较大,呈面状地环绕建筑展开,与建筑空间形成交叉渗透。在建筑组团内部的院落和天井中点缀以少量的植物,院落和天井中的绿化呈点状布置。

世太史第内部沿轴线对称地分布着若干院落和天井,结合檐廊等共同构成建筑组团的开敞空间体系。院落和天井沿空间序列展开,布局规整。开敞空间体系使建筑室内与室外形成了有效的渗透,有助于建筑群整体的通风、除湿和日照、采光,也使组团内的景观与建筑形成了较强的联系。

世太史第的院落和天井空间沿两条南北向轴线呈序列状、对称地展开。院落呈长方形,东路轴线北部有两个小天井。整体呈现出严整、规则、有序的空间特征。

世太史第的两路轴线间采用共用山墙的做法,有利于降低建筑组团的体形系数,提高建筑整体的气候性能。西路轴线的西侧山墙与院墙形成窄巷,有助于建筑组团和院落的通风。

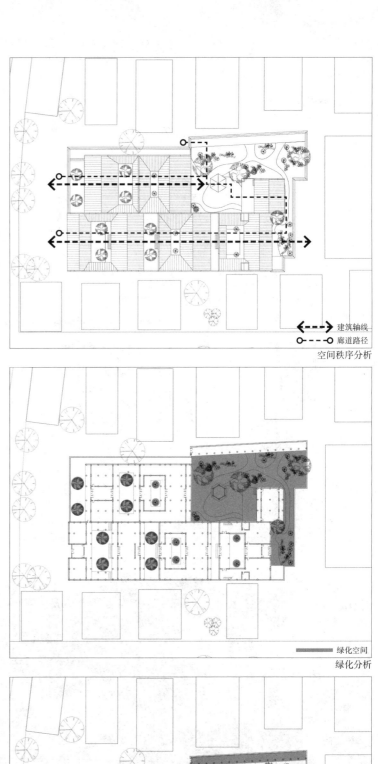

◄---► 建筑轴线
○---○ 廊道路径

空间秩序分析

▬▬ 绿化空间

绿化分析

▬▬ 半开敞空间
▬▬ 全开敞空间

开敞空间分析

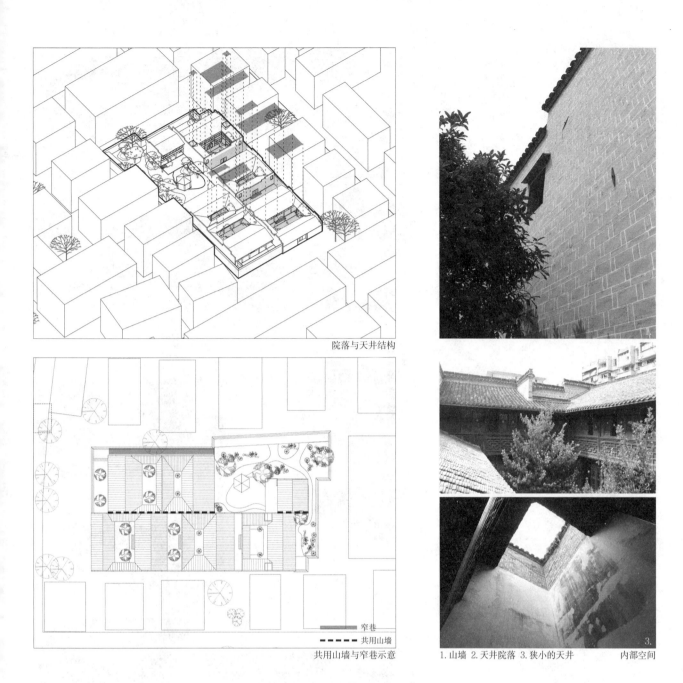

院落与天井结构

共用山墙与窄巷示意

窄巷
共用山墙

1.山墙 2.天井院落 3.狭小的天井　　　内部空间

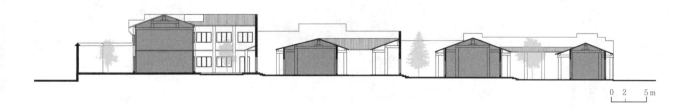

0 2   5m

剖面示意图

界面与构造

世太史第的外部界面是高大、连续而封闭的院墙，由青砖砌筑且不设窗洞，不仅确保了建筑内部的私密性，也有利于建筑冬季防风。

建筑内部的东西向界面采用封闭的马头墙。南北向界面在建筑开间的明间处采用通透的木质门窗，其余各间设窗下墙。木质门窗可灵活开启，适应不同季节的环境需求。

世太史第的院落和天井空间采用条石以及方砖铺地，结合明沟、暗沟和排水孔等多种做法，形成有组织的排水系统。建筑整体抬升了地坪，主要建筑形成较高的台基。室内和檐廊空间多采用方砖和石板地面，以满足除湿、防潮功能的需求。

1.主入口 2.次入口 3.东侧围墙 4.主入口　　　　　　　外部建筑界面

1.天井空间 2.3.堂屋立面 4.天井空间　　　　　　　内部建筑界面
5.堂屋立面 6.檐廊空间

1.檐廊屋架 2.石板地面 3.天井处地基 4.台阶
5.天井处排水 6.天井处立面

构造细部

1.门扇 2.窗扇 3.主入口砖雕

装饰细节

上海步高里航拍图

上海·步高里

案例编号：101

建筑概况

建筑区位：上海沿海平原区
建筑位置：上海市黄浦区陕西南路和建国西路交界处
建筑性质：民居（里弄住宅）
现占地面积：约 7 000 m²
现建筑面积：约 10 000 m²
建筑层数：2 层为主
建筑结构：砖木结构
建筑年代：始建于民国年间

　　步高里位于上海市黄浦区（原卢湾区）陕西南路和建国西路交界处，始建于1930年，属于后期石库门里弄住宅群。

　　步高里建筑群的主弄、支弄有序，路网结构清晰，整体布局紧凑。在建筑特征上，步高里建筑群既保留了部分传统民居的天井形式，又结合了现代住宅集约、联排的布置方式，是传统民居和现代住宅特征结合的初步尝试。

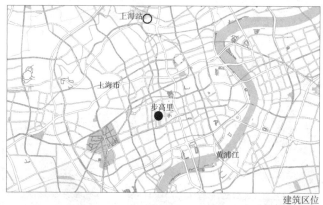

建筑区位

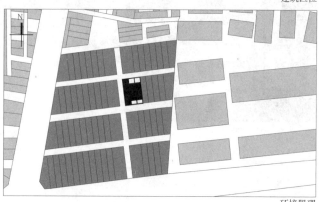

环境肌理

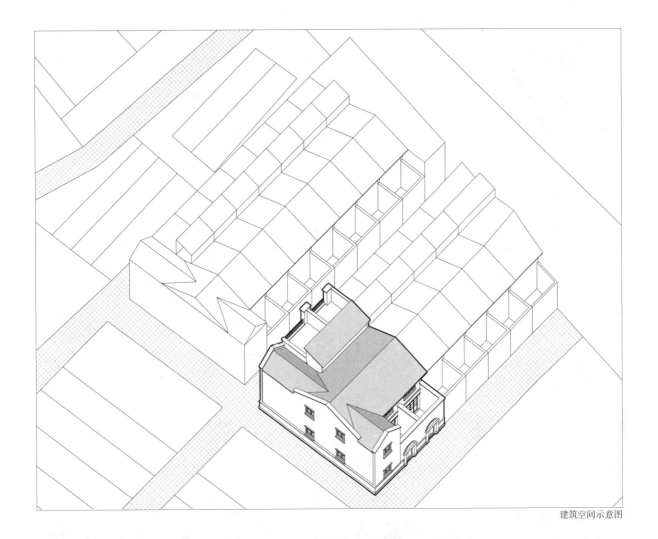

建筑空间示意图

1.西南侧航拍 2.南侧航拍 3.东南侧航拍 4.西侧航拍

总体布局航拍

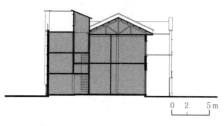

剖面示意图

整体布局

步高里整体采用联排式布局。共有 79 个门号，北部 3 幢 11 户（1—11 号）为东西向、单开间布局；南部 8 幢共 68 户，为南北向布局。每幢由 8—14 户构成，两端为带厢房的双开间，中间为单开间，单开间户均面积约 97 m²。

从整体格局来看，步高里从城市街道到住宅内部，形成街面—主弄—支弄—天井—室内的空间序列。其主弄、支弄分工有序，内部弄道横平竖直，为典型的"丰"字形结构。3.5 m 宽的主弄和 3 m 宽的支弄形成了清晰的路网结构，构成了步高里紧凑、完整的里弄街坊格局。

建筑形态与空间体系

步高里建筑单体沿一路轴线展开，形成了"天井—厅堂—附房"的空间序列。一层设客堂和开有服务性入口的厨房，客堂与厨房之间设楼梯间。二层布局与一层相似，南侧为前楼，北侧为亭子间，亭子间上部为晒台。住宅布局紧凑，以实用功能为主，整体建筑的容积率较高。

单元建筑之间采用共用外墙的方式，具有集约化的布局特征，在提高组团容积率的同时，也降低了建筑的体形系数，有助于冬季的防寒。

狭窄的前天井空间保留了传统民居的特征，改善了里弄住宅南北进深较长所造成的室内采光不足的问题，同时结合东、西两侧墙体的开窗，形成良好的通风效果。

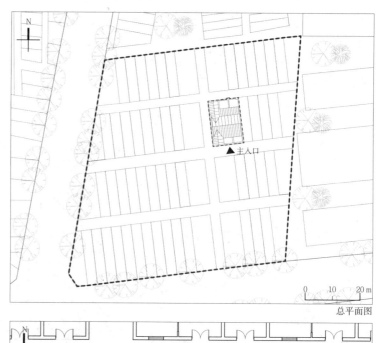

总平面图

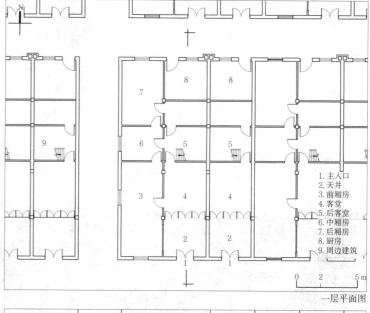

1. 主入口
2. 天井
3. 前厢房
4. 客堂
5. 后客堂
6. 中厢房
7. 后厢房
8. 厨房
9. 周边建筑

一层平面图

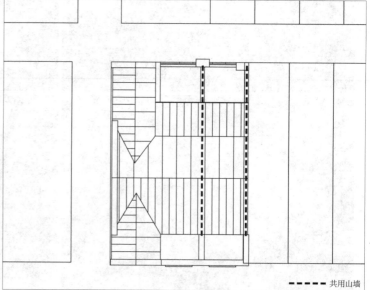

▬ ▬ ▬ 共用山墙

共用山墙示意

界面与构造

步高里的建筑界面具有现代住宅建筑的特征。建筑整体的外围护结构采用砖墙，对外开有窗洞口，以保证内部房间的自然采光和整体的通风效果。

在材料选取和构造细节方面，步高里的建筑外墙主体采用红砖砌筑的方式，基座处采用水泥仿石砌墙裙，并设明沟组织排水，可以有效地应对多雨潮湿的天气。天井和弄堂铺装采用水泥饰面、方砖铺地和条石铺地等做法，有助于室外排水。

1.内部建筑立面 2.沿街界面 3.里弄主入口　　　　建筑界面

1.基座石材 2.砖砌墙体与窗洞 3.基座石材　　　　构造细部

1.门头拱券 2.西侧墙体窗洞拱券 3.南侧入口门头　　　　装饰细节

2.2 典型案例

苏州·先蚕祠

苏州陆巷·惠和堂

苏州周庄·沈厅

镇江·赵伯先故居

扬州·汪氏小苑

徐州·余家大院

杭州·郭庄

宁波·王守仁故居

杭州建德·双美堂

金华·俞源村裕后堂

台州温岭·石塘陈宅

黄山·南湖书院

黄山·棠樾祠堂群

黄山·桃李园

宣城·馀庆堂

阜阳·程文炳宅院

上海·洪德里

上海·黄炎培故居

苏州先蚕祠航拍图

建筑区位

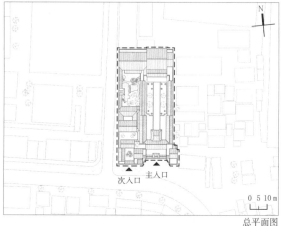

总平面图

苏州·先蚕祠

案例编号：05

建筑区位：环太湖水网区

　　先蚕祠位于江苏省苏州市吴江区盛泽镇五龙路口，现存建筑占地面积约 2 700 m²，是第七批全国重点文物保护单位。建筑始建于清道光年间，为祠堂建筑，以二层为主，局部一层。

　　建筑整体布局坐北朝南，南偏西约 5°，主入口位于南侧，平面呈规则矩形，由院墙围合。

　　先蚕祠采用宅、祠分置的格局，分东、西两路，沿南北向纵深布局。东路的建筑、天井、院落对称布局，秩序性强，西路由住宅、园林、附殿组成，空间组织自由灵活，具有秩序性与灵动性相结合的特征。每进院落和天井尺度各不相同，局部设置敞厅，结合廊道等形成开敞空间体系，具有协同通风的效果。绿化以园林内的水体、乔木、灌木为主，与建筑和廊道空间交错渗透布置。

　　建筑外部界面以实墙为主，内部界面采用木质门窗，通透性强，可根据季节灵活开闭。院落和天井多采用青石板和卵石铺地，结合明沟、地漏，进行有组织排水。

一层平面图

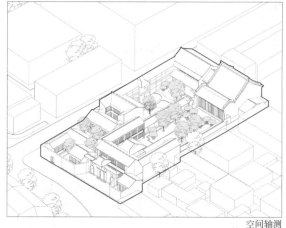

空间轴测

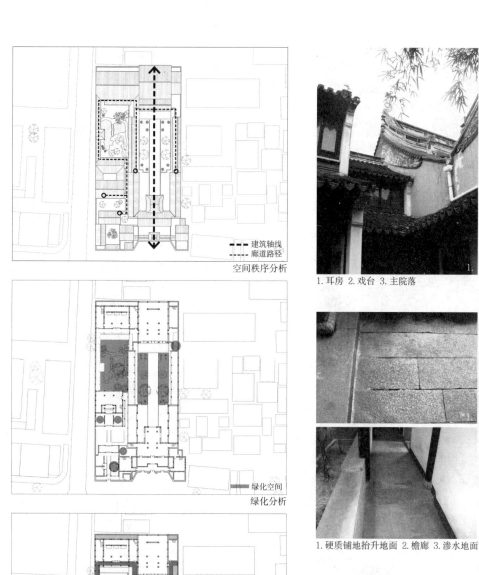

空间秩序分析

- - - 建筑轴线
- - - 廊道路径

绿化分析

绿化空间

开敞空间分析

全开敞空间
半开敞空间

1.耳房 2.戏台 3.主院落　　建筑界面

1.硬质铺地抬升地面 2.檐廊 3.渗水地面　　构造细部

1.戏台下门洞 2.石雕门楼　　装饰细部

剖面示意图

0 2 5m

苏州陆巷惠和堂航拍图

建筑区位

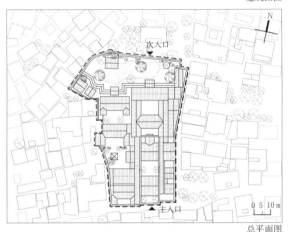

总平面图

一层平面图

苏州陆巷·惠和堂　　　案例编号：08

建筑区位：环太湖水网区

　　惠和堂位于江苏省苏州市吴中区东山镇陆巷村，是第六批全国重点文物保护单位。建筑群为民居建筑，整体以一层为主，局部二层。

　　建筑采用坐北朝南的布局方式，南偏东约12°，建筑南侧为村内街道，主入口位于南侧，与街道形成转折关系，北侧为主要园林，宅园结合。建筑肌理与周边环境协调统一，平面受街巷与周边建筑的影响，呈不规则形态。

　　惠和堂沿南北向纵深布局，主要沿两路轴线呈序列式展开。主要轴线上分布有门厅、轿厅、大厅、前楼、后楼及花园，秩序性较强。东侧为附属用房，与主轴线之间通过窄巷进行分隔与联系。两路轴线形成的院落和天井组织有序、交错排列，中部院落扩大形成园林。院落和天井结合廊道、巷道，形成开敞空间体系，具有协同通风的效果。园林部分由北侧主要园林和中部院落园林组成，与建筑空间交互融合。

　　建筑外部界面以封闭实墙为主，内部界面灵活通透，面向院落的界面大多采用可灵活开启的木质门窗，可根据季节灵活开闭。院落和天井内多采用条石和方砖铺地，结合地漏和明沟，进行有组织排水。

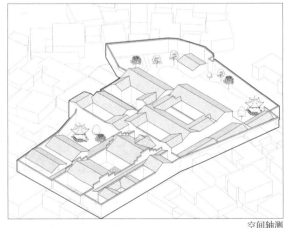

空间轴测

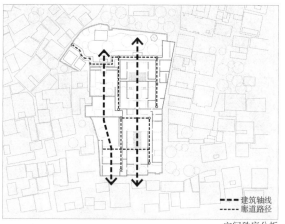

1.连廊与山墙所夹天井　2.连廊　3.建筑立面　　　　　建筑界面

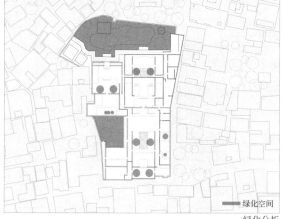

空间秩序分析

—·— 建筑轴线
----- 廊道路径

1.地漏　2.架空地板　3.抬高地基　　　　　　　　　　构造细部

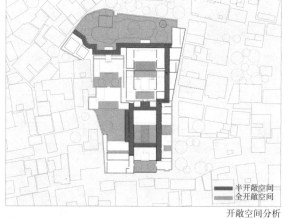

绿化分析

■ 绿化空间

1.屋檐　　　　　　　　　　　　　　　　　　　　　装饰细部

开敞空间分析

■ 半开敞空间
■ 全开敞空间

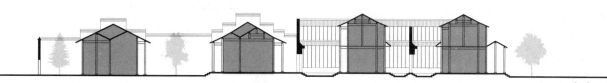

0 2　5m

剖面示意图

苏州周庄沈厅航拍图

建筑区位

沈厅

总平面图

苏州周庄·沈厅　案例编号：10

建筑区位：环太湖水网区

　　沈厅位于江苏省苏州市昆山市周庄南市街96号，现存建筑占地面积约2 000 m²，是第七批全国重点文物保护单位。建筑始建于清乾隆年间，为民居建筑，整体以二层为主，局部一层。

　　建筑采用面向河道的整体布局方式，坐东朝西,西偏南约15°,主入口位于西侧。河岸处设置埠头，方便水路交通。建筑肌理与周边环境相融合，平面基本呈矩形，由院墙围合。

　　沈厅沿东西向纵深布局，由多进院落组成空间序列，建筑、院落、天井对称布置，秩序性强。每进院落和天井尺度不同，形成纵向的序列，结合两侧的廊道，具有协同通风的效果。建筑组团内部绿化以院落内盆栽为主，与两边廊道空间结合形成景观效果。

　　建筑外部界面以实墙为主，较为封闭，而内部界面以木质门窗为主，结合镂空雕花的做法，通透性强，可根据季节灵活开闭。院落和天井内多采用鹅卵石、小块石砖铺地，结合地漏、暗沟进行有组织排水。

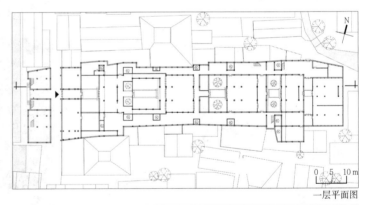

一层平面图

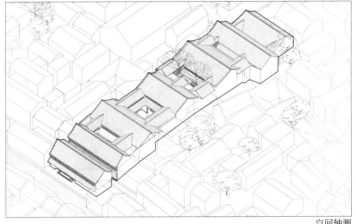

空间轴测

空间秩序分析
建筑轴线

绿化分析
绿化空间

开敞空间分析
全开敞空间
半开敞空间

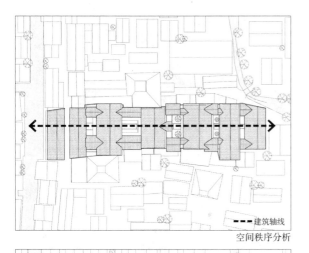

1.砖雕门楼 2.立面 3.雕花窗　　　　建筑界面

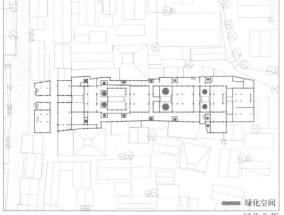

1.蟹眼天井 2.渗水地面 3.天井　　　　构造细部

1.天井屋檐交接构造　　　　装饰细部

0 2 5m

剖面示意图

镇江赵伯先故居航拍图

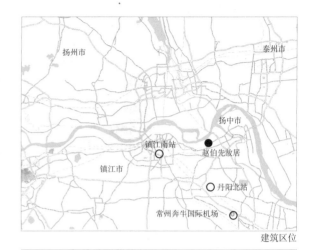

建筑区位

总平面图

镇江·赵伯先故居

案例编号：21

建筑区位：宁镇丘陵区

　　赵伯先故居位于江苏省镇江市丹徒区大港镇，是江苏省第七批文物保护单位。建筑群始建于清代晚期，现占地面积约 920 m²，现建筑面积约 730 m²，为民居建筑，整体以一层为主，局部二层。

　　建筑整体采用坐北朝南的布局，南偏东约 8°，主入口位于建筑南侧，东北侧设有庭园。平面为方正的矩形。

　　建筑采用 1 路南北向轴线组织空间序列，秩序性强，空间形态规矩、严整。主轴线东侧为辅助用房，朝向西侧开设门窗，辅助用房与主轴线组织的空间之间通过露天窄巷进行分隔。组团内绿化较少，仅有少量点状绿植出现在院落和东北侧的庭园内。

　　建筑外部界面封闭，由高大、连续的墙体围合，仅在局部设置漏窗。建筑内部的界面为木质门窗结合窗下墙。建筑室内多采用石板铺地，院落内以条石结合斜砌的方砖作为铺地，设置地漏进行有组织排水。

一层平面图

空间轴测

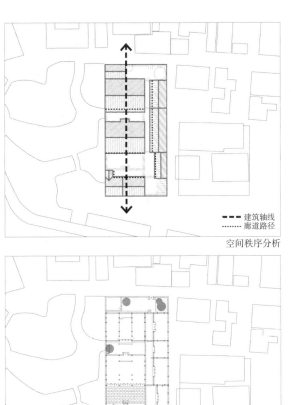

空间秩序分析

绿化空间

绿化分析

1.门扇 2.漏窗 3.堂屋立面　　　　　　建筑界面

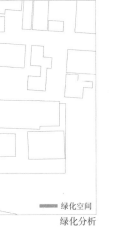

1.走廊 2.入口抱鼓石 3.明沟　　　　　构造细部

1.砖雕门楼　　　　　　　　　　　　　装饰细部

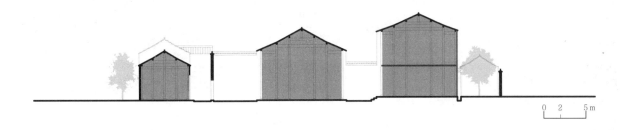

0　2　5m

剖面示意图

扬州汪氏小苑航拍图

扬州·汪氏小苑

案例编号：25

建筑区位

总平面图

建筑区位：淮扬苏中平原区

　　汪氏小苑位于江苏省扬州市广陵区东圈门历史街区地官第14号，是第七批全国重点文物保护单位。建筑始建于清末民初，为民居建筑，现存建筑占地面积约3 000 m²，整体以一层为主。

　　建筑整体布局坐北朝南，南偏东约4°，主入口位于南侧。园林由北侧主园林和南侧两个小园林组成，宅园结合。建筑肌理与周边环境相融合。

　　汪氏小苑沿3路南北向轴线组织空间序列。形态尺度各异的院落和天井沿各路轴线布置，形成纵向的序列，具有协同通风的效果。建筑组团内部绿化以园林为主，结合院落天井中的乔木，形成点、面结合的绿化系统。

　　建筑外部界面以实墙为主，由院墙围合，而面向院落和天井的界面采用木质门窗、镂空雕花等方式，通透性强，可根据季节灵活开闭。院落和天井的地面铺装采用青石板、卵石、条石等做法，结合明沟、地漏进行有组织排水。

一层平面图

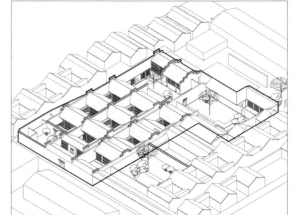

空间轴测

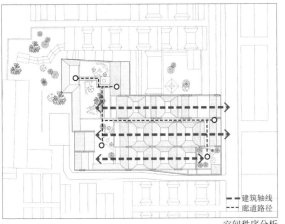

空间秩序分析

—— 建筑轴线
---- 廊道路径

1.门厅 2.入口界面 3.一进天井内部　　　　建筑界面

绿化分析

■ 绿化空间

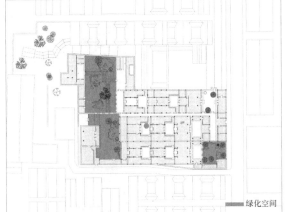

1.石础木柱 2.渗水地面与明沟 3.庭院立面　　　构造细部

开敞空间分析

■ 半开敞空间
■ 全开敞空间

1.圆形门洞 2.八边形门洞　　　　装饰细部

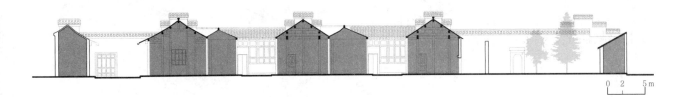

0　2　　5m

剖面示意图

徐州余家大院航拍图

徐州·余家大院

案例编号：33

建筑区位：徐宿淮北平原区

　　余家大院位于江苏省徐州市云龙区户部山崔家巷，现存建筑占地面积约 1 800 m²，是第六批全国重点文物保护单位。建筑原为户部分司旧衙署，于清康熙年间改造为民居建筑，以一层建筑为主。

　　建筑为正南北向，主入口位于南侧，呈纵横交错的格局，结合地形布置，建筑肌理与周边较为一致。

　　建筑组团以多路纵向序列性空间为主，结合横向序列，形成形态尺度不同的多个院落和天井。院院相通，布局灵活，形成开敞空间体系，具有协同通风的效果。绿化以灌木、乔木为主，呈散点状布置在院落和天井中。

　　外部界面以实墙为主，内部界面多为实墙，配小面积门窗。在墙体构筑上，外墙为青砖砌筑，内墙为土坯夯筑。院落和天井地面铺装采用青石板、砖石等做法，结合明沟进行有组织排水。

建筑区位

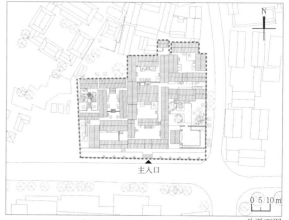

主入口

0 5 10m

总平面图

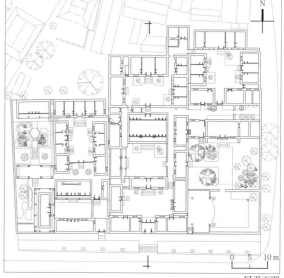

0 5 10 m

一层平面图

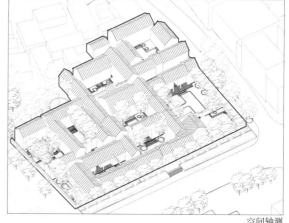

空间轴测

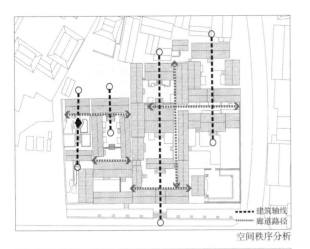

空间秩序分析

建筑轴线
廊道路径

1.过道 2.3.堂屋立面　　　　　　　　　　建筑界面

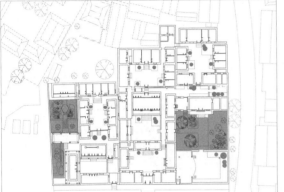

绿化空间

绿化分析

1.漏窗 2.檐廊 3.门扇　　　　　　　　　构造细部

半开敞空间
全开敞空间

开敞空间分析

1.檐口　　　　　　　　　　　　　　　　装饰细部

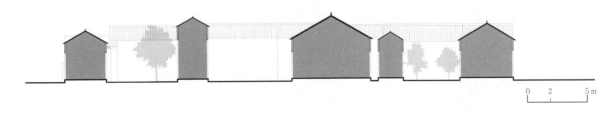

0　2　　5m

剖面示意图

杭州郭庄航拍图

建筑区位

总平面图

杭州·郭庄   案例编号：44

建筑区位：浙北沿海平原区

　　郭庄位于浙江省杭州市西湖区杨公堤 28 号卧龙桥畔，现存建筑占地面积约 9 700 m²，是省级文物保护单位。建筑始建于清咸丰年间，为私家园林，整体以一层为主，局部二层。

　　建筑东临杭州西湖，西面杨公堤，主入口位于西侧，北侧另设有次入口。总体可分为建筑与园林两部分，水体面积占比较大，约占全园面积的1/3。主体建筑坐北朝南，南偏西约5°，位于园林南侧，形成"宅园结合"的空间格局。

　　园林建筑围绕中心水景展开，通过形态自由的游廊相互连接。中心水体通过假山叠石及外接平台等做法，与东侧西湖直接相连，园林与西湖环境相融合。主体建筑纵深两进，其余建筑分散布局，通过形态灵活的游廊连接。

　　外部界面以院墙为主，局部设有雕花漏窗。朝向院落和天井处的墙体界面多为木质门窗，通透性强，可根据季节灵活开闭。建筑采用地坪抬升等措施，达到室内防潮的效果。

一层平面图

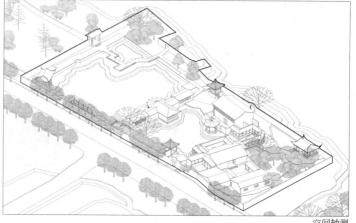

空间轴测

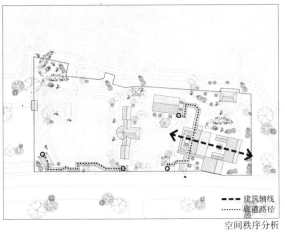

空间秩序分析

- - - 建筑轴线
········ 廊道路径

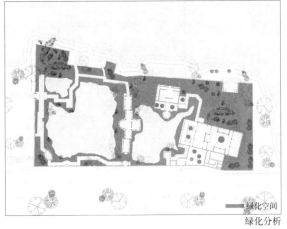

绿化分析

■ 绿化空间

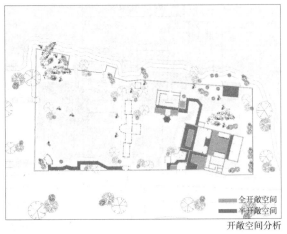

开敞空间分析

■ 全开敞空间
■ 半开敞空间

1.园林入口 2.沿湖外部界面 3.湖内水榭 4.临水游廊　　建筑界面

1.窗洞 2.连通内外的水系 3.天井　　构造细部

0　2　　5m

剖面示意图

宁波王守仁故居航拍图

宁波·王守仁故居

案例编号：55

建筑区位：浙东沿海平原区

　　王守仁故居位于浙江省宁波市余姚市阳明西路36号，现存建筑面积为 3 500 m²，是第六批全国重点文物保护单位。建筑始建于明代，为民居建筑，整体以一层为主，局部二层。

　　主体建筑坐北朝南，南偏东约12°，主入口位于建筑南侧，东、西两侧设有多个次入口。建筑平面呈较为规则的矩形，四周由院墙相围。

　　建筑组团由1路纵贯南北的轴线组织空间序列，轴线上有多进院落，前厅后宅，主次有序，整体秩序性较强。组团内部的绿化空间散落布局于各进院落和天井处，零星地种植高大的乔木。建筑组团内分布若干尺度不同的院落和天井，整体沿轴线序列对称展开，结合廊道，形成开敞空间体系，具有协同通风的效果。

　　外部界面和山墙以实墙为主，局部设有镂空高窗。南、北墙体多采用木质门窗，通透性强，可以根据季节灵活开闭。院落和天井处的地面采用方砖错缝砌筑，结合地漏、暗沟等做法进行有组织排水。建筑内部多采用抬升地坪的做法，以砖石砌筑墙基，有助于建筑室内防潮。

建筑区位

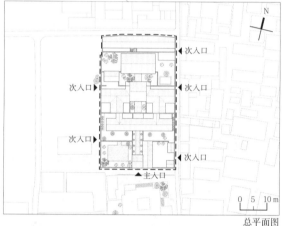

总平面图

一层平面图

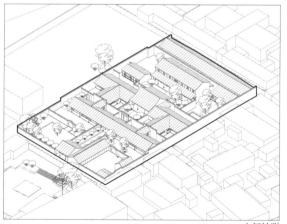

空间轴测

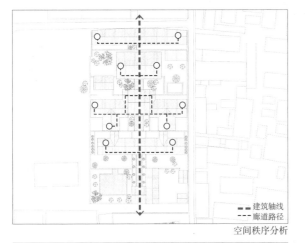

建筑轴线
廊道路径
空间秩序分析

1.内部天井 2.侧院建筑西立面 3.外部墙体　　建筑界面

绿化空间
绿化分析

1.地面抬升 2.石材铺地 3.下水孔　　构造细部

半开敞空间
全开敞空间
开敞空间分析

1.门窗木雕纹样 2.石雕纹样　　装饰细部

0　2　　5m

剖面示意图

杭州建德双美堂航拍图

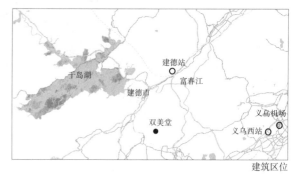

建筑区位

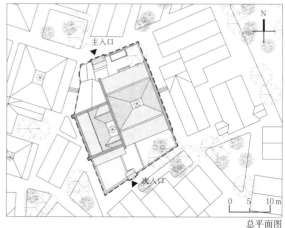

总平面图

杭州建德·双美堂

案例编号：60

建筑区位：浙西山陵区

　　双美堂位于浙江省杭州市建德市大慈岩镇新叶古村，现存建筑占地面积约 700 m²，是第五批全国重点文物保护单位。建筑始建于民国初年，为民居建筑，整体以二层为主，局部一层。

　　建筑依据地势和周边环境采用坐南面北的布局方式，北偏西约 18°，主入口在北侧，南侧院落有通向外部的小门。后花园位于建筑东南侧，宅园结合。建筑肌理与周边环境相融合，四周由院墙相围。

　　主体建筑的空间序列由 1 路纵贯南北的轴线组成，有合式、三间搭两厢和三开间厢房 3 种空间格局。主院沿轴线对称布局，通过檐廊、山墙与侧院进行联系与分隔，序列感较强。组团内部绿化空间分为前院、后院 2 部分，前院位于北侧，种植花卉和藤本植物，后院位于南侧，有水塘、高大乔木等。建筑组团共用 2 处院落和天井，有助于建筑通风。

　　外部界面以实墙为主，封闭性较强。内部院落天井处的界面以木质门窗为主，结合敞厅，通透性强。庭院和天井采用明沟，结合泄水孔进行有组织排水。

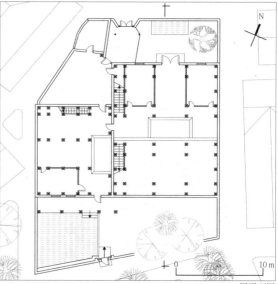

一层平面图

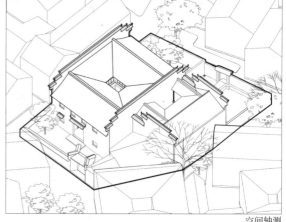

空间轴测

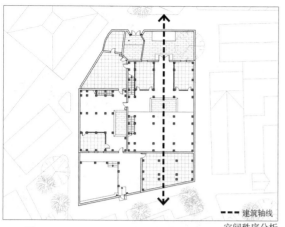

建筑轴线
空间秩序分析

1.北侧入口门头 2.南侧入口门头 3.天井　　　　　建筑界面

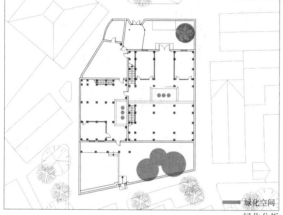

绿化空间
绿化分析

1.明沟 2.下水孔 3.排水孔　　　　　构造细部

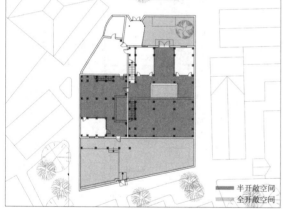

半开敞空间
全开敞空间
开敞空间分析

1.内部天井　　　　　装饰细部

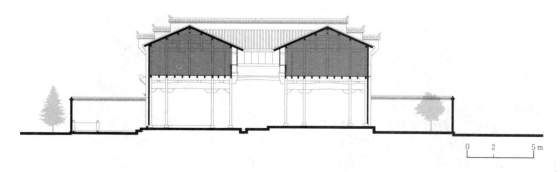

0　2　5m

剖面示意图

金华俞源村裕后堂航拍图

建筑区位

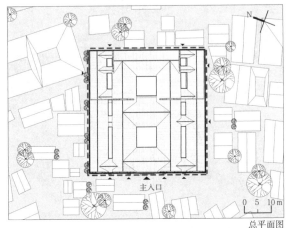

总平面图

一层平面图

金华·俞源村裕后堂

案例编号：64

建筑区位：浙西山陵区

　　裕后堂位于浙江省金华市武义县俞源村，现存建筑占地面积约2 600 m²，是第五批全国重点文物保护单位。建筑始建于清乾隆年间，为祠堂建筑，整体以一层砖木结构为主，局部二层。

　　建筑依据地形走势采用坐东朝西的布局方式，西偏南约18°，主入口位于西侧。建筑平面呈方正矩形，四周由院墙相围。

　　建筑以1条东西向的轴线组织主要空间序列，进深2进，以合院形式布局，依次有门厅、大厅、堂楼，南北为厢房及附属用房。建筑组团沿空间序列对称展开，秩序严整。建筑组团内部绿化主要以院落内的盆栽为主，与四周院落廊道结合形成景观效果。组团内部分布有2处院落和8处天井，大小尺度不一，沿轴线对称展开，结合廊道形成开敞空间体系，具有协同通风的效果。

　　外部界面以实墙为主，较为封闭。内部界面多采用木质门窗，通透性强。院落和天井处大多采用明沟，结合泄水孔进行有组织排水。建筑内部采用石块砌筑墙基，结合抬升地坪等做法，有助于室内防潮。

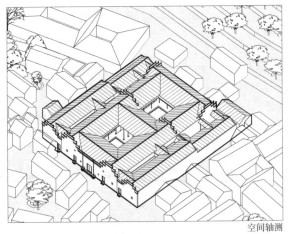

空间轴测

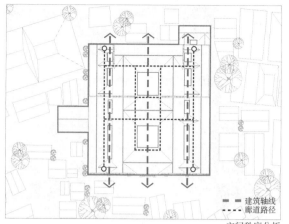

空间秩序分析

- - - 建筑轴线
····· 廊道路径

1.入口立面 2.第二进庭院 3.堂屋立面　　　　　建筑界面

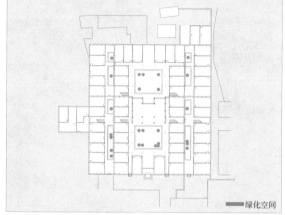

绿化分析

■■■ 绿化空间

1.雕花斗拱 2.雕花窗扇 3.月梁　　　　　构造细部

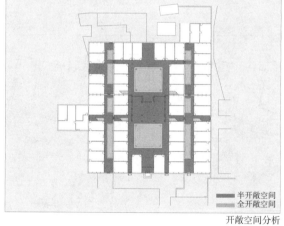

开敞空间分析

■■■ 半开敞空间
■■■ 全开敞空间

1.雕花窗扇　　　　　装饰细部

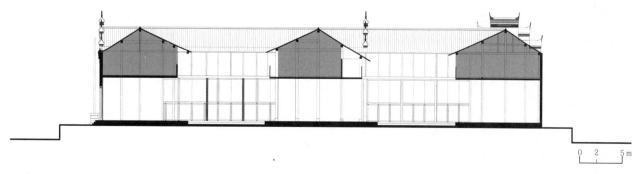

0　2　　5m

剖面示意图

台州温岭石塘陈宅航拍图

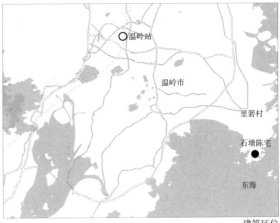

建筑区位

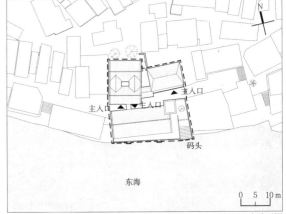

总平面图

台州温岭·石塘陈宅 编号：70

建筑区位：浙南滨海岛屿区

　　石塘陈宅位于浙江省台州市温岭市石塘镇里箬村金涯尾路 39 号西侧，现存建筑占地面积约 1 100 m²，是省级文物保护单位。建筑始建于清代，为民居建筑，整体以二层为主，局部三层。

　　主体建筑坐北朝南，面向海洋，南偏西约 13°，临近海岸。组团内部有街道穿过，每个建筑单体各设有出入口，临海处设有码头。建筑依据地形，呈阶梯状布局，东侧设有一处花园，占地面积较小。

　　建筑分散布局，由南、北两部分建筑组团构成。南部为碉楼和主楼，北部为住宅组团，北部西侧二层为合院建筑形式，设有一天井空间。建筑组团之间通过天桥和过廊相连接。

　　外部界面采用条石错缝砌筑，拼贴整齐，局部设有门窗。建筑依据地形，逐步抬升地坪，结合室内架空地板，提升建筑的防潮、除湿效果。

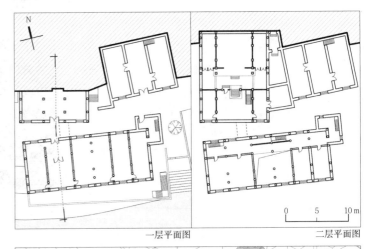

一层平面图　　　　二层平面图

空间轴测

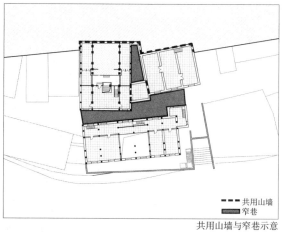

共用山墙
窄巷

共用山墙与窄巷示意

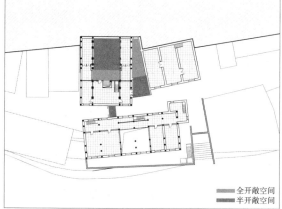

全开敞空间
半开敞空间

开敞空间分析

1.主楼北侧三层阳台 2.主副楼夹巷 3.主楼南立面 4.南侧入口　　建筑界面

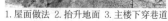

1.屋面做法 2.抬升地面 3.主楼下穿巷道　　构造细部

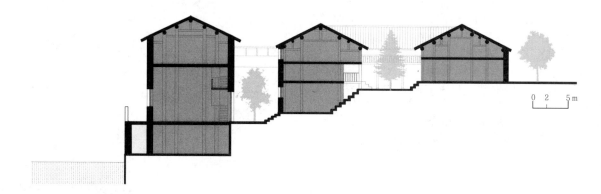

0　2　　5 m

剖面示意图

黄山南湖书院航拍图

黄山·南湖书院

案例编号：78

建筑区位：徽州山陵区

　　南湖书院位于安徽省黄山市黟县宏村镇宏村的南侧入口附近，是第五批全国重点文物保护单位。建筑群始建于清嘉庆年间，为书院建筑，整体一层。

　　建筑整体布局坐北朝南，面向南湖，南偏西约18°，主入口位于南侧。建筑组团与周边环境融合，肌理较为一致。建筑平面呈较为规则的矩形，外围由连续、高大的院墙围合。

　　南湖书院以2路南北向的轴线组织空间序列，形态严整、方正，具有较强的秩序性。尺度不同的4个方形院落沿2路轴线布置，对称分布。建筑组团整体处于山水环境之中，内部绿化以院落内盆栽为主。

　　建筑外部界面以封闭实墙为主，仅入口处采用面积较大的门板，内部则灵活通透，面向院落的界面大多全部开敞，仅少量辅助用房设置木质门窗扇围合出室内空间。院落内部地面多采用条石、方砖铺地，结合地漏和明沟的做法进行有组织排水。

建筑区位

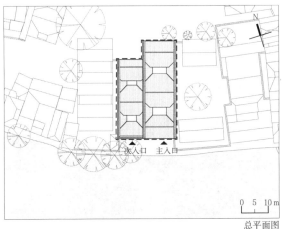

总平面图

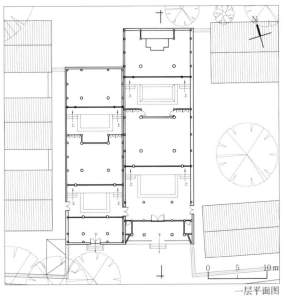

一层平面图

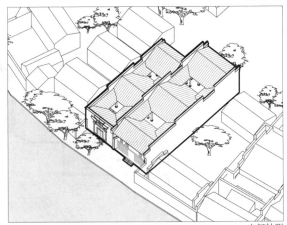

空间轴测

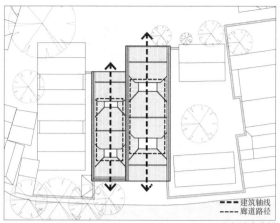

空间秩序分析

- - - 建筑轴线
---- 廊道路径

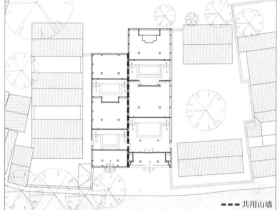

- - - 共用山墙

共用山墙示意

1.东侧窄巷 2.北立面 3.南立面　　　　建筑界面

1.天井铺地与泄水孔 2.敞厅屋架　　　构造细部

1.梁架构造与装饰　　　　　　　　　装饰细部

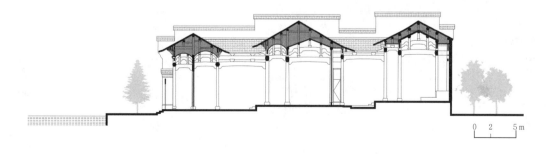

0 2 5m

剖面示意图

黄山棠樾祠堂群航拍图

黄山·棠樾祠堂群

案例编号：81

建筑区位：徽州山陵区

　　棠樾祠堂群位于安徽省黄山市歙县郑村镇棠樾村村口，是第四批全国重点文物保护单位。建筑群始建于明嘉靖年间，为祠堂建筑，以一层为主。

　　建筑群采用南北向布局，南偏西约9°。建筑群包含3栋祠堂，通过广场和道路相互连接，主入口位于临街一侧。每一栋祠堂平面均为规则的矩形，建筑群通过东侧的牌坊向东侧延伸，并与农、田、山、林相互交融，布局独特。

　　建筑群结合东侧牌坊形成村口的空间序列，整体呈现出很强的秩序性和序列感。每一栋祠堂采用"单轴两进"的纵向格局，空间形态规矩严整。建筑群结合聚落东侧的林田，形成礼制空间与自然空间的交互融合。单栋建筑内的绿化景观较少。

　　3栋祠堂的外部界面均以封闭的墙面为主，在面向道路一侧设置门楼，内部空间通透灵活，除少量辅助用房设置门扇以外，其余界面全部开敞。院落内的地面多采用条石、方砖铺地，并结合较深的明沟进行有组织排水。

建筑区位

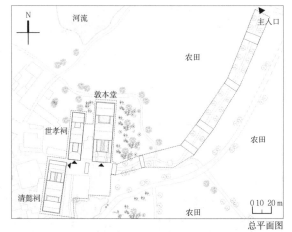

总平面图

一层平面图

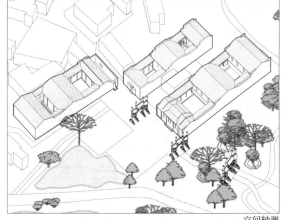

空间轴测

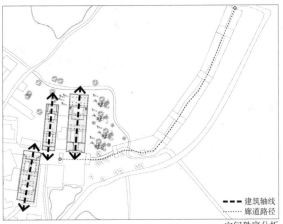

建筑轴线
廊道路径
空间秩序分析

绿化分布

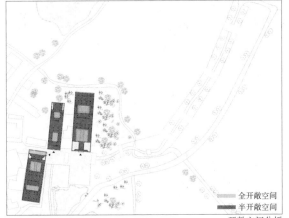

全开敞空间
半开敞空间
开敞空间分析

1.世孝祠砖雕门楼 2.敦本堂天井 3.清懿堂漏窗　　　　　建筑界面

1.明沟 2.漏水孔 3.门扇细部　　　　　　　　　　　构造细部

1.敦本堂门楼式样　　　　　　　　　　　　　　　　装饰细部

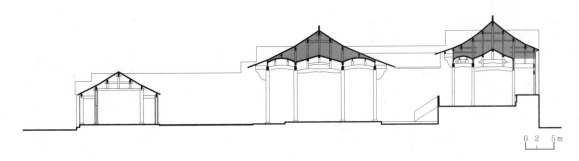

0　2　5m

剖面示意图

黄山桃李园航拍图

建筑区位

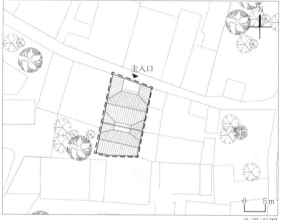

总平面图

黄山·桃李园

案例编号：82

建筑区位：徽州山陵区

　　桃李园位于安徽省黄山市黟县西递镇西递村，是第五批全国重点文物保护单位。建筑始建于清咸丰年间，现占地面积约 300 m²，为民居建筑，二层建筑。

　　建筑位于西递村中心位置，坐南朝北，北偏东约 14°，主入口位于北侧。平面形态近似为梯形，与周边肌理融合。

　　建筑沿 1 路南北轴线展开，形成序列式的空间，具有较强的秩序性。轴线上分布的天井具有尺度较小、布局紧凑的特点。

　　建筑外部界面由高大、连续的院墙进行围合，内部界面灵活、通透，多为可灵活开启的木质门窗扇。建筑整体抬升地坪，主要室内空间采用架空地面结合通风孔的做法，以促进排湿，墙面采用条石基座和砖砌墙身的做法。天井内以条石结合方砖铺地，并结合地漏和明沟进行有组织排水。

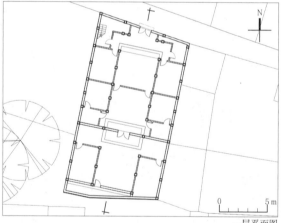

一层平面图

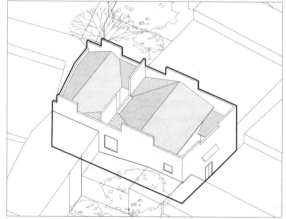

空间轴测

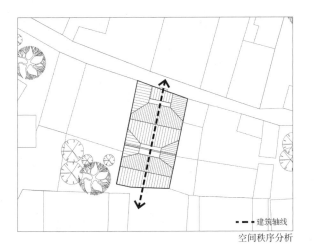

1.内部门楼 2.天井 3.天井侧屋立面　　　　　　　　　建筑界面

空间秩序分析

- - - 建筑轴线

开敞空间分析

全开敞空间
半开敞空间

1.排水孔 2."楼上井"构造 3.雕花门扇　　　　　　　　构造细部

1.砖雕门楼　　　　　　　　　　　　　　　　　　　　　装饰细部

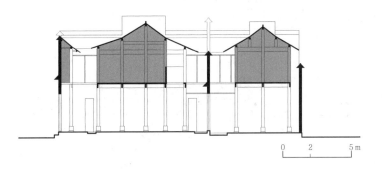

0　2　　　5m

剖面示意图

宣城馀庆堂航拍图

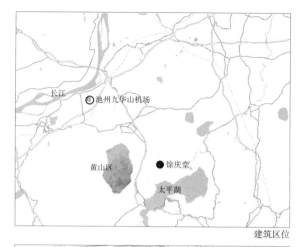

建筑区位

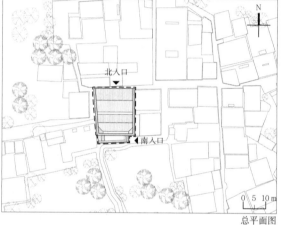

总平面图

宣城·馀庆堂

案例编号：87

建筑区位：徽州山陵区

　　馀庆堂位于安徽省宣城市泾县桃花潭镇查济村，是第五批全国重点文物保护单位。建筑始建于清代，为一层民居建筑。

　　建筑位于查济村西侧，与周边环境紧密交融，主入口位于北侧，南侧设置次入口。建筑采用南北向布局，平面形态为较为规整的梯形。

　　建筑沿1路南北向轴线纵向展开，形成序列式的空间，具有较强的秩序性。轴线的两侧各有1路两开间辅助用房，其空间格局与主轴线对应，在院落和天井处开设门洞进行联系。建筑内部仅在天井处布置少量盆栽进行点缀，建筑组团南侧设有庭院，庭院内点缀少量绿化，其与南侧农田等周边景观联系。

　　建筑外部界面为连续、封闭的院墙，内部主轴线为开敞界面，辅助用房的南侧为可开启木质门扇，北侧为实墙。建筑室内多采用砖石铺地，院落和天井内以条石和方砖铺地为主，通过较深的明沟和地漏进行有组织排水。

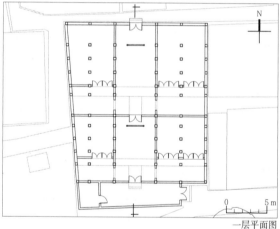

一层平面图

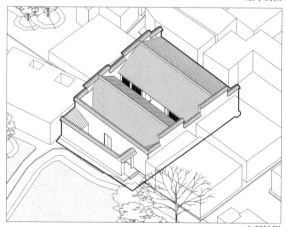

空间轴测

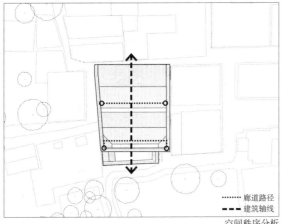

空间秩序分析

········ 廊道路径
------ 建筑轴线

1.外部围墙 2.后院围墙 3.堂屋　　建筑界面

绿化分析

▬ 绿化空间

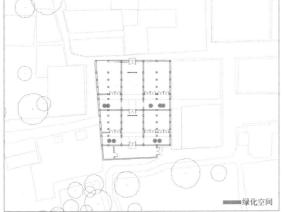

1.入口地基 2.3.明沟　　构造细部

开敞空间分析

▬ 全开敞空间
▬ 半开敞空间

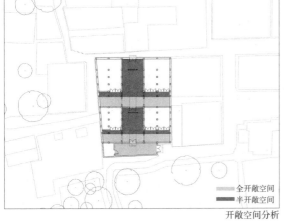

1.入口门楼装饰　　装饰细部

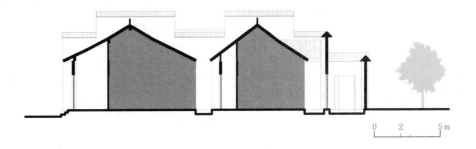

0　2　5 m

剖面示意图

阜阳程文炳宅院航拍图

阜阳·程文炳宅院

案例编号：97

建筑区位：中原平原区

　　程文炳宅院位于安徽省阜阳市颍东区袁寨镇，是省级文物保护单位。建筑始建于清光绪年间，现存建筑占地面积约 6 700 m²，为一层建筑。

　　建筑整体布局坐北朝南，南偏西约 10°，主入口位于南侧，平面呈规则的矩形。

　　建筑组团分为东、中、西 3 个部分。中部为主体建筑，沿 1 路南北向轴线序列展开，对称布置，形成三进尺度不一的院落；东、西两侧园林与建筑结合，布局灵活，其中东侧北部为方正的合院式布局。建筑组团内的院落、廊道等形成开敞空间体系，具有协同通风的效果。绿化以园林为主，结合院落中的植栽组成，形成点、面结合的绿化系统。

　　建筑外部界面以实墙为主，由院墙围合，面向院落、天井的界面采用木质门窗、镂空雕花等方式，通透性强，可根据季节灵活开闭。院落和天井的地面铺装采用青石板、砖石等做法，结合明沟、地漏进行有组织排水。

建筑区位

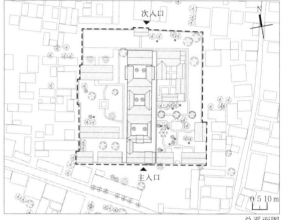

总平面图

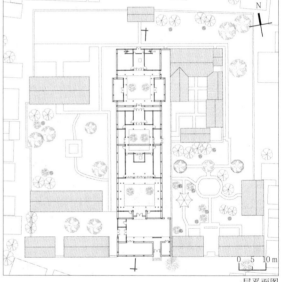

一层平面图

空间轴测

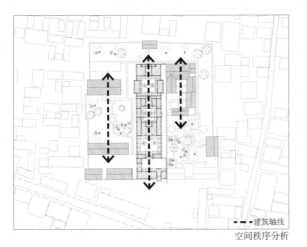

建筑轴线
空间秩序分析

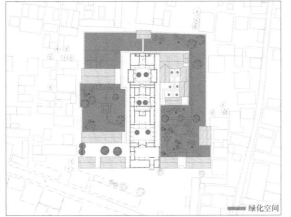

绿化空间
绿化分析

全开敞空间
半开敞空间
开敞空间分析

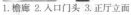

1.檐廊 2.入口门头 3.正厅立面 建筑界面

1.排水系统 2.地基抬升 3.石板地面 构造细部

1.砖雕门楼 装饰细部

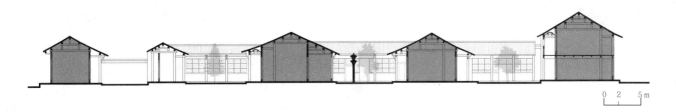

0 2 5m

剖面示意图

上海洪德里航拍图

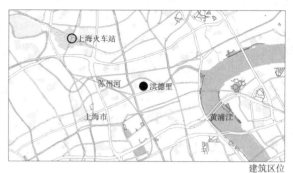

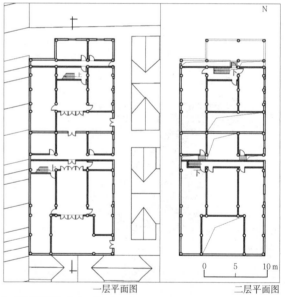

总平面图

上海·洪德里

案例编号：102

建筑区位：上海沿海平原区

　　洪德里位于上海市黄浦区厦门路 137 弄，是市级文物保护单位。建筑始建于清末民初，为石库门建筑，以二层为主。

　　洪德里整体呈行列式布局，坐北朝南，南偏东约15°。东、西、北三侧为城市道路，南侧与保康里相接，与周边肌理协调。

　　小区整体用地紧凑，规则严整，具有近现代联排住宅的特征。每个单元建筑沿 1 路南北向轴线组织空间序列，保留了传统民居中天井的形式。

　　建筑外部界面以红砖为主，开设门窗洞口。面向天井的界面则在墙上开设面积较大的木质门窗，通透性较强。天井地面以水泥饰面为主，结合明沟的做法进行有组织排水。

一层平面图　　　　　　二层平面图

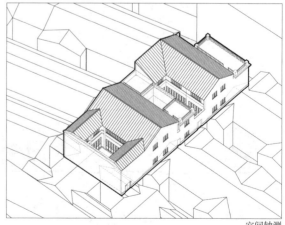

空间轴测

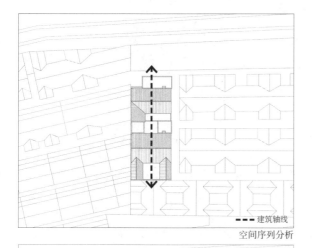

1.内部天井 2.窄巷界面 3.屋顶出檐　　　　　建筑界面

空间序列分析

- - - 建筑轴线

1.屋顶晒台 2.东立面 3.天井内部　　　　　构造细部

共用山墙与窄巷示意

- - - 共用山墙
■ 窄巷

1.内部道路 2.入口门头　　　　　装饰细部

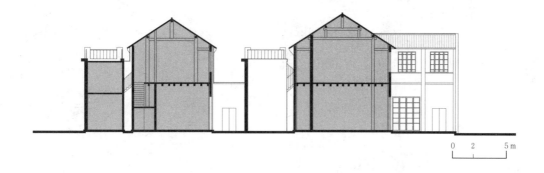

0 2 5m

剖面示意图

上海黄炎培故居航拍图

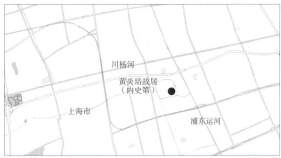
建筑区位

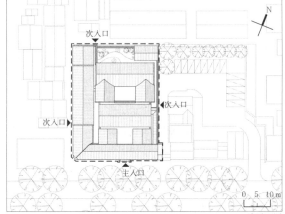
总平面图

一层平面图

上海·黄炎培故居　　案例编号：104

建筑区位：上海沿海平原区

　　黄炎培故居位于上海市浦东新区川沙新镇新川路218号，是市级文物保护单位。建筑始建于清咸丰年间，现存建筑占地面积约730 m²，主体二层。建筑整体为坐北朝南布局，南偏东约14°，主入口位于南侧，呈两院、两厢的特征。

　　两进院落沿1路南北向轴线展开，形成纵向序列；西侧为厢房，在南侧以及第二进院落处与主体建筑相接。厢房与主体建筑限定出窄巷，与院落结合形成开敞空间体系，具有协同通风的效果。绿化以北侧园林为主，院落和天井内有部分盆栽植物。

　　建筑外部界面以实墙为主，较为封闭，面向院落的界面采用木质门窗，较为通透，可以根据季节灵活开闭。院落采用青石板铺地，结合明沟、地漏进行有组织排水。

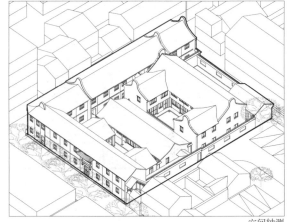
空间轴测

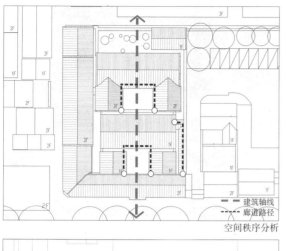

建筑轴线
廊道路径

空间秩序分析

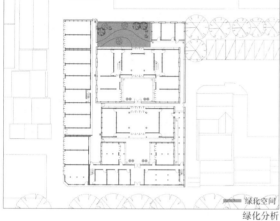

绿化空间

绿化分析

半开敞空间
全开敞空间

开敞空间分析

1.一进天井 2.一进天井北侧立面 3.二进天井厢房立面　　　　建筑界面

1.梁架 2.卷棚 3.檐下门窗纹样细部　　　　构造细部

1.檐下装饰木雕　　　　装饰细部

剖面示意图

0　2　5m

2.3 建筑调研案例资料汇总

苏州·环秀山庄 编号：01

地理位置	环太湖水网区 江苏省苏州市姑苏区景德路 272 号
建筑概况	全国重点文物保护单位，私家园林。现占地面积约 2 180 m²，以一层建筑为主，局部二层
整体布局	建筑组团中主体建筑坐北朝南，南偏东约 8°。主入口位于南侧，园林位于主体建筑北侧，宅园结合
建筑形态 空间体系	建筑部分由多路轴线构成，呈现出一定的秩序性。各轴线之间分布尺度各异的院落和天井。 园林通过假山分为南、北两园，北园以水面为核心，南园以景观建筑为核心，建筑与景观互相融合
界面与构造	建筑组团南北向界面大多采用可灵活开启的木质门窗扇。 建筑室内与廊道中多用方砖铺地，起到较好的防潮效果，室外庭院多采用青石板铺地，有利于排水

1. 庭院 2. 问泉亭 3.t 卫星图

苏州·留园 编号：02

地理位置	环太湖水网区 江苏省苏州市姑苏区留园路 338 号
建筑概况	首批全国重点文物保护单位，为私家园林。始建于明代，清代时称"寒碧山庄"。现占地面积 23 300 m²，以一层建筑为主，局部二层
整体布局	主体建筑坐北朝南，南偏东约 15°。主入口位于南侧，建筑位于园林东南侧，宅园结合
建筑形态 空间体系	园林由北、中、西 3 部分组成，其中中部为主要部分，以山水为核心展开园林景观空间，边列建筑错落有致，与景观互相交融。 东南侧建筑组团由多路轴线呈纵向序列式展开，各路之间共用山墙或通过窄巷联系
界面与构造	南北向的建筑界面采取可灵活开启的门扇，东西向的山墙高大而封闭。 建筑室内与廊道部分多为方砖铺地，起到较好的防潮效果

1. 航拍 2. 曲溪楼 3. 明瑟楼

苏州·耦园 ** 编号：03

地理位置	环太湖水网区 江苏省苏州市姑苏区内仓街小新巷 6 号
建筑概况	全国重点文物保护单位，私家园林，现占地面积约 7 900 m²。以一层建筑为主，局部二层
整体布局	主体建筑坐北朝南，南偏西约 8°，周边地势平坦，水道纵横，三面环水。主入口位于南侧，北部有埠头
建筑形态 空间体系	耦园由并列的东、中、西 3 部分组成，分别为东部花园、中部住宅和西部花园，形成"一宅两园"的格局。中部住宅空间序列清晰，秩序严整。景观绿化方面，耦园建筑空间在整体上与景观绿化呈现出 参差交融、宅园结合的状态
界面与构造	建筑组团外部界面封闭，仅东侧院墙局部 设漏窗。内部界面南北通透，采用可全部开启的木质门窗扇进行围合。 园中的主要建筑有台基，室外庭院多以条石和青砖铺地

1. 砖雕门楼 2. 庭院 3. 航拍

代表性案例标示 **
典型案例标示 *

1. 室内卷棚 2. 航拍 3. 看松读画轩内景 4. 五峰书屋庭院

苏州·网师园	编号：04
地理位置	环太湖水网区 苏州市姑苏区阔家头巷 11 号
建筑概况	全国重点文物保护单位，私家园林，始建于南宋时期。现占地面积约 6 670 m²
整体布局	主体建筑坐北朝南，南偏西约 4°。主入口位于建筑南侧，并在建筑东北侧设置次入口，园林位于中部和西部，宅园结合
建筑形态空间体系	东侧住宅部分沿 1 路轴线组织序列性空间，轴线两侧对称布置天井。 园林部分有大园、小园之分，中部的大园以水面为核心，景观建筑依水面延展，进退有致，西部的小园通过围墙与大园进行分隔
界面与构造	主体建筑的南北向界面采用通透的木质门窗扇，内部院墙局部开设漏窗。 主体建筑的室内和廊道部分多采用方砖铺地，室外庭院中部分采用青石板铺装

1. 航拍 2. 戏台 3. 庭院假山

苏州·先蚕祠 *	编号：05
地理位置	环太湖水网区 江苏省苏州市吴江区盛泽镇五龙路口
建筑概况	全国重点文物保护单位，祠堂建筑。始建于清道光年间。现占地面积约 2 700 m²，以一层建筑为主，局部二层
整体布局	建筑坐北朝南，南偏西约 5°，主入口位于南侧，四周由高墙相围。采用宅祠分置的格局，祠堂部分包含东路轴线和西侧北部建筑，住宅部分位于西南侧
建筑形态空间体系	分东、西 2 路沿南北向纵深布局。东路的建筑、天井、院落对称布局，秩序性强，西路由住宅、园林、附属组成。 绿化以水体、乔木、灌木为主，园林东、西两侧设廊道。建筑组团内部沿两路轴线分布多个不同尺度的院落和天井
界面与构造	外部界面以实墙为主，内部界面较为通透，多采用木质门窗、镂空雕花等方式。部分建筑采用架空地面的做法。庭院铺装材料多为青石板和卵石

1. 剑池 2. 云岩寺塔 3. 虎丘塔北侧台阶 4. 卫星图

苏州·云岩寺	编号：06
地理位置	环太湖水网区 江苏省苏州市虎丘区山门内 8 号
建筑概况	全国重点文物保护单位，寺庙建筑，其中云岩寺塔始建于五代末年。整体以一层建筑为主，云岩寺塔七层
整体布局	主体建筑坐北朝南，南偏西约 9°，依山而建，山林景观包裹建筑主体
建筑形态空间体系	建筑序列根据山势灵活组织，蜿蜒曲折，自下而上依次为头山门、二山门、大殿，云岩寺塔位于序列末端。 虎丘海拔约 35 m，山势较平缓，绿化丰富。建筑空间结合山景布局，融入山体景观
界面与构造	建筑山墙多为实墙，南北向墙面以木质门窗为主，较为通透。 建筑室内以砖石铺地为主，室外铺地多为青石板或青砖，结合山势地形形成缓坡或台阶

苏州·拙政园　　　　　　　　　编号：07

地理位置	环太湖水网区 江苏省苏州市姑苏区东北街 178 号
建筑概况	全国重点文物保护单位，私家园林，始建于明正德年间。以一层建筑为主，局部二层，现占地面积约 52 000 m²
整体布局	主体建筑坐北朝南，南偏东约 15°，采用前宅后院的布局模式，主入口位于南侧。园林分东、中、西 3 个部分
建筑形态空间体系	东园景观开阔舒朗，由山池亭榭、松林草坪构成；中园以水为中心，建筑多临水而建，错落有致；西园布局紧凑，水面迂回，建筑结合叠山理景建造，建筑与景观相互交融。 南侧住宅部分由多组建筑组团组成，灵活布置不同尺度的院落和天井。其中，西侧部分由多个院落和天井形成序列
界面与构造	外部界面以实墙为主，内部界面较通透，多采用木质门窗、镂空雕花等方式。 建筑室内与廊道部分多采用方砖铺地，庭院内铺装材料多为卵石，设明沟排水

1. 荷风四面亭　2. 卫星图　3. 梧桐幽居

苏州陆巷·惠和堂 *　　　　　　编号：08

地理位置	环太湖水网区 江苏省苏州市吴中区东山镇陆巷村
建筑概况	全国重点文物保护单位，民居建筑。现占地面积约 5 000 m²，现建筑面积约 3 000 m²。以一层建筑为主，局部二层
整体布局	主体建筑坐北朝南，南偏东约 12°，主入口位于南侧，北侧为园林，宅园结合。建筑肌理与周边环境协调统一
建筑形态空间体系	建筑组团中主要建筑沿 2 路南北向轴线组织空间序列，主轴线上排布门厅、轿厅、大厅、前楼、后楼等主要建筑，秩序性较强。主要建筑东侧为附属用房，两者之间通过窄巷进行分隔与联系。 园林部分由北侧园林和中部庭院组成，与建筑空间交互融合。两路轴线上有多进院落和天井，组织有序，交错排列
界面与构造	外部界面和山墙以实墙为主，面向院落的界面大多采用可灵活开启的木质门窗。院落和天井部分铺地多采用条石和方砖，并结合地漏和明沟进行有组织排水

1. 航拍　2. 庭院铺地　3. 后花园

苏州同里·耕乐堂　　　　　　　编号：09

地理位置	环太湖水网区 苏州市吴江区同里镇上元街 127 号
建筑概况	全国重点文物保护单位，民居建筑。现占地面积约 3 800 m²，以一层建筑为主，局部二层
整体布局	位于同里古镇内，整体布局与环境协调，前宅后园，主入口位于东侧。 建筑组团坐西朝东，东偏南约 17°，居于园林东侧，宅园结合
建筑形态空间体系	主体建筑分南、北两路，沿东西向纵深布局，现存建筑共 3 进 41 间。其中，南路依次为门厅、堂楼、绣楼。 园林以水体为核心，建筑环绕水体布置，景观与建筑相互融合。 建筑组团内部沿两路轴线布置多个不同尺度的院落和天井
界面与构造	外部界面以实墙为主，内部界面较为通透，多采用木质门窗、镂空雕花等方式。 建筑室内与廊道部分多采用方砖铺地，庭院中的铺装材料多为石板或方砖

1. 三友亭　2. 环秀阁　3. 卫星图　4. 砖雕门楼

1. 砖雕门楼 2. 航拍 3. 后厅屋庭院 4. 蟹眼天井

苏州周庄·沈厅 *	编号：10
地理位置	环太湖水网区 江苏省苏州市昆山市周庄南市街 96 号
建筑概况	全国重点文物保护单位，民居建筑，始建于清乾隆年间。现占地面积约 2 000 m²，以二层建筑为主，局部一层
整体布局	采用面向河道的布局方式，建筑组团坐东朝西，西偏南约 15°，主入口位于西侧。沿河岸设置埠头，方便水路交通。建筑肌理与周边环境相融合，平面基本呈矩形，由院墙围合
建筑形态空间体系	建筑组团由 1 路东西向轴线组织空间，多进院落沿轴线对称展开，秩序性强。每进院落和天井的尺度不同，形成纵向的序列，结合两侧的廊道，具有协同通风的效果。建筑组团内部绿化以院落内盆栽为主
界面与构造	外部界面以实墙为主，较为封闭，内部界面多采用通透的木质门窗扇。院落和天井中多采用鹅卵石、小块石砖铺地，结合地漏、暗沟进行有组织排水

1. 航拍 2. 庭院 3. 园林 4. 牌坊

无锡·东林书院	编号：11
地理位置	环太湖水网区 江苏省无锡市梁溪区解放东路 867 号
建筑概况	全国重点文物保护单位，书院建筑，始建于北宋政和元年，占地面积约 1.5 万 m²，现存建筑面积约 3 100 m²
整体布局	主体建筑坐北朝南，主入口位于建筑组团南侧，四周院墙围绕，东侧临河。园林主要位于东南侧和西侧，东南侧园林面积较大，并沿弓河组织景观带与外界相隔，西侧以水体为核心形成园林景观
建筑形态空间体系	主体建筑由一条南北向轴线组织空间，沿轴线依次布置大门、牌坊门、仪门、丽泽堂、依庸堂、燕居庙等，整体布局规整，秩序性强。主体建筑东西两侧建有长廊，贯通前后，来复斋、心鉴斋等附属建筑沿长廊另一侧布置彼此联系。书院临水而建，建筑掩映于苍松、翠柏之中，环境清幽
界面与构造	外部界面以实墙为主，东侧以河道与外界相隔。内部建筑界面多采用实墙与木质门窗结合的做法。庭院多以方砖铺地，局部采用青砖侧铺

1. 园林 2. 庭院铺地 3. 航拍 4. 围墙

无锡·寄畅园	编号：12
地理位置	环太湖水网区 江苏省无锡市梁溪区惠河路 2 号
建筑概况	全国重点文物保护单位，私家园林，占地约 10 000 m²。始建于明嘉靖六年（1527），万历年间经秦耀改筑扩建，奠定现存园林的规模和格局
整体布局	寄畅园位于惠山东麓，为山地园林。整体格局南宅北园，主体建筑位于南侧，北部以园林为主。主入口位于南侧，并在东侧园林部分设次入口
建筑形态空间体系	南部建筑较多，以日常生活起居功能为主，建筑依池、竹布置，总体布局自由，庭院相对规整。北部以一山一池为主体形成园林景观，少量建筑分散在景观之中。南北之间以院墙相隔，通过门连通
界面与构造	外部界面以实墙为主，内部多以连廊或云墙分隔，墙上设镂空花窗。主体建筑朝向景观的界面多采用通透的木质门窗扇，引入外部景观。主体建筑的室内以及连廊部分多采用方砖铺地，部分连廊使用了青砖侧铺的做法。室外铺装多为卵石、青砖或青石等材料

南京·朝天宫   编号：13

地理位置	沿江平原区 南京市秦淮区王府大街朝天宫4号
建筑概况	全国重点文物保护单位，文庙建筑。现占地面积约70 000 m²，现建筑面积约35 000 m²，以一层建筑为主，局部二层
整体布局	采用面向河流的整体布局方式，建筑组团坐北朝南，南偏西约30°，主入口位于南侧。园林位于建筑东、西、北三面
建筑形态空间体系	主体建筑沿1路南北向的轴线组织空间，轴线上依次排列照壁、泮池、大成殿、崇圣殿等。建筑逐级抬升，中轴对称，秩序严整，等级分明。建筑组团内部绿化多沿轴线布置，有助于强化建筑组团的秩序性。园林部从三向环绕建筑，空间占比较大，与建筑组团内部绿化结合，使建筑融入景观之中
界面与构造	外部界面以实墙为主，内部界面中南北墙体多为通透的木质门窗。利用暗沟排水，建筑采用砖石砌筑墙脚，建筑室内和檐廊部分多为方砖铺地

1. 八角亭 2. 屋顶吻兽 3. 航拍 4. 檐廊

南京·甘熙故居 **   编号：14

地理位置	沿江平原区 江苏省南京市秦淮区中山南路
建筑概况	全国重点文物保护单位，民居建筑，始建于清嘉庆年间。现占地面积约9 500 m²，现建筑面积约8 000 m²
整体布局	主体建筑采用南北向布局方式，南偏西约17°，主入口位于建筑的北侧，建筑的南侧设置次入口。四周由院墙相围，呈方正矩形。园林置于东南侧，宅园结合
建筑形态空间体系	建筑组团由4路并列的南北向轴线和1路东西向轴线组织空间，序列性强。建筑群内部绿化采用了点、面结合的布局方式，形成建筑空间与景观绿化相互交织、相互渗透的形态特征
界面与构造	部分建筑采用架空地面，结合地下水井或埋酒坛的做法，调节室内微环境

1. 航拍 2. 北侧入口 3. 后花园方亭

南京·杨厅   编号：15

地理位置	沿江平原区 南京市高淳区高淳老街中山大街106号
建筑概况	省级文物保护单位，民居建筑，始建于民国初年。现占地面积约500 m²，为二层建筑
整体布局	主体建筑坐北朝南，南偏西约36°，主入口位于建筑南侧。位于淳溪古镇重要的中心街区，建筑肌理与周边环境相融合
建筑形态空间体系	外部界面多为实墙，并以白灰抹面。内部界面大多采用通透的可开启门扇，结合窗下墙的做法。建筑室内多采用方砖铺地，室外庭院中的铺装材料多为青石板
界面与构造	外部界面以实墙为主，内部界面较为通透，多采用木质门窗、镂空雕花等方式。建筑室内与廊道部分多采用方砖铺地，庭院中的铺装材料多为石板或方砖

1. 正堂 2. 门头细节 3. 航拍 4. 天井

1. 卫星图　2. 贴壁游廊　3. 逐月楼

南京·瞻园	编号：16
地理位置	沿江平原区 江苏省南京市秦淮区瞻园路 128 号
建筑概况	全国重点文物保护单位，私家园林，始建于明朝初年。现占地面积约 15 600 m²，现建筑面积约 4 260 m²
整体布局	瞻园主入口位于建筑南侧，总体可分为建筑与园林两部分，园林位于西侧，空间形态自由，宅园结合。 主体建筑布局坐北朝南，南偏西约 15°
建筑形态空间体系	西侧园林以水面为核心展开，景观空间沿水岸错落布置，曲折的游廊环绕其中，建筑与景观相互交融。 东侧建筑组团由 3 路并列的南北向建筑序列组成，秩序性强。轴线上对称布置若干不同尺度的院落、天井，其结合两侧的廊道，具有协同通风的效果
界面与构造	外部界面以实墙为主，局部设有漏窗。南北墙体多采用通透的木质门窗。建筑多采用抬升地坪的方式，实现室内防潮

1. 航拍　2. 走道　3. 水井　4. 庭院

南京·朱家大院	编号：17
地理位置	宁镇丘陵区 江苏省南京市江宁区沿山大道 25 号
建筑概况	省级文物保护单位，民居建筑。现存建筑主要建于清康熙年间，以一层建筑为主，局部二层
整体布局	建筑组团坐北朝南，南偏东 34°，北侧为马场山，南侧临近杨柳湖，主入口位于建筑南侧
建筑形态空间体系	建筑组团沿东、中、西 3 路轴线呈纵向序列式展开，3 路空间序列形制严整，秩序性强。 在每一路轴线两侧对称布置天井和院落。各路建筑之间以窄巷分隔、连通。北侧景观空间与山体相连
界面与构造	建筑南北向采用可开启门窗扇和窗下墙结合的界面，东西向山墙高大而封闭。庭院中采用暗沟排水

1. 砖雕斗拱　2. 石基台阶　3. 航拍　4. 明沟排水

镇江·隆昌寺	编号：18
地理位置	宁镇丘陵区 浙江省镇江市句容市宝华镇宝华山
建筑概况	汉族地区佛教全国重点寺院，始建于公元 502 年。现存建筑面积约 7 240 m²，以一层建筑为主，局部二层
整体布局	建筑组团位于句容市境内宝华镇的宝华山上。其中，主体建筑坐南朝北，北偏西约 36°，主入口位于建筑群东北侧
建筑形态空间体系	隆昌寺山门朝北，庙大门小。内部采用四合院的围合模式，形成较大的中心广场，布局秩序严整，具有明显的向心性，不同大殿群之间由窄巷分隔、联系。 南侧景观空间与山体相连，组团内部绿化较少
界面与构造	建筑组团外部界面较为封闭，内部界面大多采用可开启的木质门窗扇与窗下墙结合的构造做法。 庭院内部设有明沟，进行有组织排水

镇江·陆小波故居　　　　　　　　　编号：19

地理位置	宁镇丘陵区 浙江省镇江市润州区中华路打索街68号
建筑概况	省级文物保护单位，民居建筑，始建于清代。现占地面积约720 m²，现建筑面积约640 m²
整体布局	建筑组团坐东朝西，西偏南约41°。主入口位于建筑西南侧，东侧设庭园，与建筑结合
建筑形态空间体系	主要建筑沿1路轴线、呈纵向序列式展开，并在入口处结合户门和照壁形成转折的空间序列。 入口照壁处设有小尺度的天井。 东侧的后花园与主要建筑之间以院墙进行分隔，设门洞连通，院落内绿化以点状为主
界面与构造	建筑组团中位于主要空间序列的建筑明间部分采取可开启的木质门扇，其余各间结合窗下墙开设木窗扇。 主要建筑的室内铺装以方砖为主，外部庭院铺装多为青砖和条石

1. 木雕门扇　2. 天井　3. 航拍

镇江·五柳堂　　　　　　　　　编号：20

地理位置	宁镇丘陵区 江苏省镇江市京口区演军巷16号
建筑概况	省级文物保护单位，民居建筑，始建于清代
整体布局	建筑组团坐北朝南，南偏东约14°。主入口位于建筑南侧，东侧设庭园，与建筑结合
建筑形态空间体系	西侧主要建筑沿1路轴线组织序列性空间，轴线形态受场地限制呈折线状。 东侧以庭园为核心，其南北两侧各有一栋建筑，围合庭园。庭园西侧开辟小径与主要建筑连通，两者之间共用山墙
界面与构造	建筑纵向采用连续、封闭的高大山墙进行限定与分隔。内部建筑界面多采用全部可开启的木质门窗扇。 建筑室内与檐廊部分多为方砖铺地，室外庭院多采用条石和青砖铺地

1. 航拍　2. 入口庭院　3. 山墙

镇江·赵伯先故居 *　　　　　　　　编号：21

地理位置	宁镇丘陵区 江苏省镇江市丹徒区大港镇
建筑概况	省级文物保护单位，民居建筑，始建于清代晚期。现占地面积约920 m²，现建筑面积约730 m²，以一层建筑为主，局部二层
整体布局	建筑布局坐北朝南，南偏东约8°，主入口位于建筑南侧，东北侧有庭园
建筑形态空间体系	建筑组团中的主体建筑采用1路南北向轴线组织空间，秩序性强，空间形态规矩、严整。 主轴线东侧为辅助用房，朝向西侧开设门窗，辅助用房与主轴线组织的空间之间通过窄巷进行分隔。 绿化依托院落和东北侧庭园呈点状布置
界面与构造	建筑外部的院墙整体高大且封闭，在局部设置漏窗。 建筑室内多采用石板铺地，室外庭院部分以条石结合斜砌的方砖作为铺地

1. 航拍　2. 漏窗　3. 渗水地面

扬州·大明寺　　　　编号：22

地理位置	淮扬苏中平原区 江苏省扬州市邗江区平山堂东路8号
建筑概况	全国重点文物保护单位，始建于南朝。现占地面积约8.4万 m²，现建筑面积约7 000 m²
整体布局	位于江苏省扬州市市区西北郊，建筑群中主体建筑坐北朝南，南侧为瘦西湖风景区，西侧为蜀冈西峰生态公园。建筑组团分为寺院、园林两部分
建筑形态空间体系	寺院区域形态方正，建筑组团内设有多处园林景观，建筑与景观绿化相互交织。建筑由多组团构成，组团内部分布不同尺度的院落和天井。 建筑组团西侧为园林部分，以水面为核心展开景观空间
界面与构造	建筑部分的外部界面以高大的明黄色墙体为主，根据功能需要，内部墙体存在可开启门扇、窗下墙、实墙等不同做法，园林部分界面较为灵活、通透

1. 入口牌坊　2. 围墙入口　3. 庭院　4. 栖灵塔俯瞰

扬州·个园　　　　编号：23

地理位置	淮扬苏中平原区 江苏省扬州市广陵区盐阜东路10号
建筑概况	全国重点文物保护单位，私家园林，始建于清嘉庆年间。占地面积约23 000 m²，以一层建筑为主，局部二层
整体布局	主体建筑坐北朝南，主入口位于南侧，园林位于北侧，宅园结合
建筑形态空间体系	北部园林分别以两组水池和小型假山为核心展开，形成两个小园，每个小园以水面为核心，种植景观树木，建筑散落其间，与景观空间相互渗透、交融。园林部分与南部建筑通过形态自由的游廊联系。 南部建筑以多轴线、呈纵向序列展开，具有一定的秩序性。各路建筑之间共用山墙，或通过窄巷联系
界面与构造	建筑部分采取可开启门扇和窗下墙结合的做法，园林部分的界面灵活、通透

1. 巷道　2. 航拍　3. 清漪亭　4. 木质门窗界面

扬州·何园　　　　编号：24

地理位置	淮扬苏中平原区 江苏省扬州市广陵区徐凝门大街66号
建筑概况	全国重点文物保护单位，私家园林。现占地面积约14 000 m²，现建筑面积约7 000 m²，以一层建筑为主，局部二层
整体布局	主体建筑坐北朝南。园林主入口位于南侧，宅园结合
建筑形态空间体系	园林部分分为东、西两园，分别以水面、假山结合观景空间展开，通过廊道将园中的观景空间进行串联，并形成与景观的相互交融。 建筑部分由多个序列性展开的建筑组团构成，组团以廊道相互串联，形成形态、尺度各异的院落和天井
界面与构造	建筑的山墙面以实墙为主，南向墙面多设可灵活开启的木质门扇。园中复道回廊多在一侧设置花墙、漏窗。 庭院中部分采用青石板铺地，并设有暗沟排水

1. 贴壁假山　2. 复道回廊　3. 航拍　4. 天井

扬州·汪氏小苑 *　　　　　　　　编号：25

地理位置	淮扬苏中平原区 江苏省扬州市广陵区地官第 14 号
建筑概况	全国重点文物保护单位，私人民居。建于清末民初。现占地面积约 3 000 m²，建筑面积约 1 700 m²
整体布局	主体建筑坐北朝南，南偏东约 4°。主入口位于南侧，四角均设园林，住宅部分包裹其中，宅园结合
建筑形态空间体系	主体建筑沿 3 路轴线、呈纵向序列式展开，具有很强的秩序性。每一路轴线分布形态、尺度各异的院落和天井。各路轴线之间共用山墙或以窄巷进行分隔和联系。 园林部分造景手法丰富，与建筑之间形成较好的融合
界面与构造	建筑的山墙面以实墙为主，南向墙面多设 可灵活开启的木质门扇。 庭院多用青石板铺地，并设有明沟排水

1. 航拍 2. 小苑春深 3. 福祠砖雕

扬州·吴氏宅第　　　　　　　　编号：26

地理位置	淮扬苏中平原区 江苏省扬州市广陵区泰州路 45 号
建筑概况	全国重点文物保护单位，民居建筑。始建于清末。现占地面积约 7 930 m²，现建筑面积约 5 600 m²，以一层建筑为主，局部二层
整体布局	建筑组团坐北朝南，南偏东约 5°，主入口位于东侧
建筑形态空间体系	主体建筑由多路轴线、呈纵向序列式展开，主体建筑空间规矩、严整，秩序性强。各路建筑之间或共用山墙，或通过窄巷进行分隔与联系。 形态不同、尺度各异的院落和天井沿各路轴线对称布置。建筑群东侧有 2 处小规模的园林景观
界面与构造	建筑组团的外部界面以实墙为主，其中主体建筑部分多为砖木结构，西式楼为青砖夹砌。 部分建筑采用架空地面的做法，并设置通风口作为建筑防潮措施

1. 轿厅 2. 洋楼 3. 航拍 4. 入口

扬州·小盘谷　　　　　　　　编号：27

地理位置	淮扬苏中平原区 江苏省扬州市广陵区丁家湾大树巷 58 号
建筑概况	全国重点文物保护单位，私家园林，始建于光绪三十年（1904）。现占地面积约 5 530 m²，现建筑面积约 1 400 m²，以一层建筑为主，局部二层
整体布局	主体建筑坐北朝南。主入口位于北侧，园林位于住宅东侧，宅园结合
建筑形态空间体系	主体建筑沿 2 路南北向轴线组织空间序列，呈现出一定的秩序性。两路建筑之间通过窄巷进行分隔与联系。 东侧园林分为东、西两部分，西侧以水面为核心，东侧以曲折的游廊结合假山树木为主。园林中的景观建筑自由散布，融入园林景观之中
界面与构造	建筑外部界面封闭，内部的南北向界面多为可灵活开启的木质门窗扇。 主体建筑的室内与廊道部分多采用方砖铺地

1. 航拍 2. 渗水地面 3. 正堂 4. 水榭

1. 双层界面 2. 庭院界面 3. 航拍 4. 内部天井

扬州·朱自清故居	编号：28
地理位置	淮扬苏中平原区 江苏省扬州市广陵区安乐巷 27 号
建筑概况	全国重点文物保护单位，私人民居，始建于清代。现占地面积约 600 m²
整体布局	建筑组团坐北朝南，南偏东约 5°，与周边肌理协调，主入口位于东侧
建筑形态空间体系	建筑组团由 3 个组团单元共同组成，整体形态较为方正。每个单元以院落为核心形成"三间两厢"的空间格局，呈现出较强的向心性和围合感。 组团内的院落中点缀了少量绿化
界面与构造	建筑外部界面为连续、高大的青砖院墙，不做抹灰。内部建筑朝向院落界面多采用门扇结合窗下墙的做法。 建筑室内多采用方砖铺地，室外庭院部分多采用青砖或条石铺地

1. 航拍 2. 前广场 3. 东侧花园

淮安·淮安府衙	编号：29
地理位置	徐宿淮北平原区 江苏省淮安市淮安区东门大街 38 号
建筑概况	全国重点文物保护单位，官式建筑，始建于明洪武三年（1370）。现占地面积约 20 000 m²
整体布局	建筑组团坐北朝南，南偏西约 13°，主入口位于建筑南侧，北侧有园林
建筑形态空间体系	建筑组团沿东、中、西 3 路轴线呈纵向序列式展开。中路为行政用房，西路为捕厅署，东路为居所。 其中，中路为最主要的秩序性空间，由入口、牌坊、广场和后续的厅堂空间共同构成，气势宏大，规模严整，庭院尺度大，侧房设连廊。 北侧的园林以水体为核心，尺度较大，院落内点缀少量绿化
界面与构造	建筑界面主要采用可开启门扇和窗下墙结合的构造方法。 各路轴线上的院落均设有明沟排水

1. 入口 2. 庭院 3. 航拍 4. 铺地

淮安·周恩来童年读书处旧址	编号：30
地理位置	徐宿淮北平原区 江苏省淮安市清江浦区漕运西路 174 号
建筑概况	省级文物保护单位，民居建筑，始建于清咸丰年间。现占地面积约 2 000 m²
整体布局	建筑组团坐北朝南，南偏东约 20°，整体采取方正的合院式布局，主入口位于南侧，四周高墙相围
建筑形态空间体系	建筑组团分 3 个小组团，各小组团中的偏房跨院相通。建筑和院墙围合形成 5 个尺度不一的院落。 西北角的院落设假山水池，绿化以乔木、灌木为主
界面与构造	外部界面以实墙为主，内部界面采用可开启门窗扇、窗下墙、实墙等做法。建筑室内多采用方砖铺地，庭院中多采用石板铺地，并设有明沟排水

宿迁·龙王庙行宫 　　　　　　　　　　编号：31

地理位置	徐宿淮北平原区 江苏省宿迁市宿豫区通圣街 10 号
建筑概况	全国重点文物保护单位，官式建筑，始建于清乾隆年间。现占地面积约 24 000 m²，以一层建筑为主，局部二层
整体布局	主体建筑坐北朝南，南偏东约 17°，采用"前朝后寝、中轴对称"的布局形式，四周由高墙相围。花园位于建筑组团的东、西两侧，呈对称布置
建筑形态空间体系	主体建筑为 4 个三进封闭式合院，沿 1 路轴线纵向排列。 建筑组团内部沿南北向轴线形成 4 个大尺度院落。 绿化景观以灌木、乔木为主，沿中轴线对称布置于建筑组团中
界面与构造	外部界面以实墙为主，内部界面存在可开启门窗扇、窗下墙、实墙等做法。建筑采用砖石砌筑墙角，室内多采用方砖铺地。院落铺装材料有青石板、砖石等，并设明沟排水

1. 大殿　2. 庭院　3. 航拍

徐州·山西会馆 　　　　　　　　　　编号：32

地理位置	徐宿淮北平原区 江苏省徐州市新沂市西大街 49 号
建筑概况	省级文物保护单位，商会建筑。始建于清乾隆年间。以一层建筑为主，局部二层
整体布局	位于窑湾古镇内，主体建筑坐北朝南，南偏西约 25°，主入口位于南侧，采用主从并置的格局，四周由高墙相围
建筑形态空间体系	建筑组团分为东、西两路，东路为主轴线，沿轴线依次排列戏楼、大殿和后殿，西路为附属用房，通过檐廊围合出两进天井，南侧天井中央设水池
界面与构造	外部界面以实墙为主，内部界面存在可开启门窗扇、窗下墙、实墙等做法。建筑以砖石砌筑墙角，其室内与廊道部分多采用方砖铺地。庭院部分多为砖石铺地，结合明沟排水

1. 戏楼　2. 附属用房处天井　3. 航拍

徐州·余家大院 * 　　　　　　　　　编号：33

地理位置	徐宿淮北平原区 江苏省徐州市云龙区户部山崔家巷 2 号
建筑概况	全国重点文物保护单位。原为户部分司旧衙署，清康熙年间改造为民居建筑。现占地面积约 1 800 m²
整体布局	建筑组团为正南北向，主入口位于南侧，整体呈纵横交错的格局
建筑形态空间体系	建筑组团以多路纵向序列空间为主，结合横向序列，形成多个院落和天井，院院相通，布局灵活。主体建筑位于中路轴线，为三进院落。 景观绿化呈散点状布置在各个院落和天井中
界面与构造	外部界面以实墙为主，内部界面多为实墙配以小面积门窗。在墙体构筑上采取里生外熟的方法（表层用青砖砌筑，内部用土坯做材料）。 院落中的铺地以砖石为主，并设有明沟排水

1. 檐廊　2. 堂屋立面　3. 航拍

1.3 巷道 2. 航拍 4. 侧门

徐州·翟家大院	编号：34
地理位置	徐宿淮北平原区 江苏省徐州市云龙区户部山崔家巷 2 号
建筑概况	全国重点文物保护单位，私人民居。现占地面积约 1 000 m²，以一层建筑为主，局部二层
整体布局	位于户部山古建筑群内，主体建筑坐西朝东，东偏南约 4°。依山势而建，整体呈两路三进院的布局模式
建筑形态空间体系	主体建筑分为南、北两路，包含客屋院、中院、二进院、四进院和后花园等。部分单体建筑采用鸳鸯楼的形式合理地应对地形高差。 建筑组团内部由建筑围合形成多个不同尺度的天井和院落。绿化以灌木、乔木为主，呈散点状布置在院落和天井中
界面与构造	外部界面以实墙为主，内部界面多为实墙，配以小面积门窗。 建筑采用砖石砌筑墙角。院落部分以砖石铺地为主，并设有明沟排水

1. 航拍 2. 院落 3. 侧门

徐州·郑家大院	编号：35
地理位置	徐宿淮北平原区 江苏省徐州市云龙区户部山项王路 1 号
建筑概况	全国重点文物保护单位，私人民居，始建于明末清初，现占地面积约 1 600 m²
整体布局	位于户部山古建筑群，主体建筑坐西朝东，东偏北约 14°，主入口位于东侧。因山就势，形成三进五院的格局
建筑形态空间体系	建筑组团分南、北两院，北院为上、下二进院子，南院为二进四院，南院的南小院、西小院均为独立的四合院，通过天井与入口庭院相联系
界面与构造	外部界面以实墙为主，内部墙面以木质门窗扇为主。在墙体构筑上采取里生外熟的方法（表层用青砖砌筑，内部用土坯做材料）。 建筑室内多采用方砖铺地，庭院部分的铺地以砖石为主，并设有明沟排水

1. 航拍 2. 院落 3. 屋脊

泰州·丁文江故居	编号：36
地理位置	通盐连沿海平原区 江苏省泰州市泰兴市黄桥镇米巷 10 号
建筑概况	全国重点文物保护单位，私人民居，始建于清道光年间，占地面积约 2 800 m²
整体布局	建筑组团坐北朝南，南偏东约 28°，主入口位于南侧，整体呈方形布局，四周由高墙相围。园林位于东北侧
建筑形态空间体系	建筑组团分为东、中、西 3 路，东、西路各 3 进，中路 4 进。中、西路现为纪念馆。东路保存完好，依次为门厅、厢房、客厅，为"明三暗九"的格局。 各路建筑序列均分布不同尺度的院落和天井，其中点缀乔木或灌木作为景观绿化，各路间以砖雕门楼和月洞门相通
界面与构造	外部界面以实墙为主，内部界面存在可开启门窗扇、窗下墙、实墙等做法。建筑室内多采用方砖铺地。院落部分以青石板铺地为主

泰州·学政试院　　　　　编号：37

地理位置	通盐连沿海平原区 江苏省泰州市海陵区府前路 2 号
建筑概况	全国重点文物保护单位，官式建筑，始建于明朝，原为凤抚军使衙门，清康熙年间改建
整体布局	建筑布局为正南北向，主入口位于南侧。四周由高墙相围
建筑形态 空间体系	建筑纵深 4 进，沿 1 路南北向轴线布置，轴线两侧设厢房，形态对称、严整，显示出极强的秩序性。 沿轴线组织的院落方正规矩，尺度较大，组织较为严谨。绿化以乔木、盆栽为主，呈点状分布在院落和天井中
界面与构造	建筑外部界面为青砖院墙，不做抹灰，主轴线上的建筑界面多为通透的木质门窗扇，厢房界面多采用门窗扇结合窗下墙的做法。 主轴线上的建筑一般坐落在基座上。建筑室外部分的铺装材料多为条石或青砖

1. 主院落　2. 建筑立面　3. 航拍

泰州·周氏住宅 **　　　　编号：38

地理位置	通盐连沿海平原区 江苏省泰州市海陵区涵西街 17 号
建筑概况	省级文物保护单位，民居建筑，始建于清咸丰年间，现占地面积约 3 000 m²
整体布局	主入口位于建筑东侧，设有照壁，建筑西南侧设有小庭园。 建筑坐北朝南，南偏西约 4°
建筑形态 空间体系	建筑组团沿 3 路南北向轴线组织空间，布局严整。 沿各路轴线布置形态尺度各异的院落和天井，各路建筑中贯穿有折线形廊道。 各路轴线之间共用山墙，局部以窄巷进行联系和分隔。 建筑组团的西南侧设有小园林，其余绿化呈点状布置在院落和天井中
界面与构造	外部界面以连续、高大的青砖院墙围合，内部界面多采用通透的木质门窗扇。主要建筑的室内和廊道部分主要使用方砖铺地。其中，部分建筑在铺设地面时利用陶盆做架空处理，以有效防潮

1. 南侧天井　2. 响厅架空层　3. 航拍

盐城·鲍氏大楼　　　　　编号：39

地理位置	通盐连沿海平原区 江苏省盐城市东台市安丰镇王家巷 1 号
建筑概况	省级文物保护单位，私人民居。始建于清道光年间。现建筑面积约 400 m²。一层建筑
整体布局	位于安丰古镇内，主体建筑坐北朝南，南偏东约 30°
建筑形态 空间体系	建筑组图纵深 2 进，沿 1 路南北向轴线组织空间序列，轴线上依次排布正门、第一进大厅、第二进楼厅等。在第二进西侧上、下厢房砖墙处，辟有暗门通向隔壁花厅。建筑与院墙围合，形成狭长的天井
界面与构造	外部界面以实墙为主，内部界面多为通透的木质门扇。 建筑采用砖石砌筑墙脚，其室内多为方砖铺地。庭院部分多采用方砖铺地，并设有暗沟排水

1. 航拍　2. 天井内景　3. 建筑界面

盐城·郝氏宗祠	编号：40
地理位置	通盐连沿海平原区 江苏省盐城市盐都区郝荣村
建筑概况	省级文物保护单位，宗祠建筑。现占地面积约 260 m²，现建筑面积约 170 m²
整体布局	建筑组团主入口位于南侧。内部中心有一处庭院，建筑与庭院结合。 建筑部分坐北朝南，南偏西约 16°
建筑形态空间体系	以四方合院式展开，形态规矩、严整，秩序性强，空间形态呈向心性。 内部建筑多为分立的单体，相互之间通过山墙结合室外庭院进行分隔。 组团内部绿化依托中心庭院展开，并以少量乔木进行点缀
界面与构造	建筑外部界面为封闭院墙，局部设置漏窗。内部界面主要为门窗扇结合窗下墙。庭院部分的铺装多为方砖

1. 航拍 2. 建筑立面 3. 双层界面

盐城·陆公祠	编号：41
地理位置	通盐连沿海平原区 江苏省盐城市亭湖区儒学街 15 号
建筑概况	省级文物保护单位，宗祠建筑，始建于明初。现占地面积约 1 500 m²，现建筑面积约 550 m²
整体布局	主体建筑坐北朝南，南偏东约 12°，主入口位于南侧，入口处设广场
建筑形态空间体系	主体建筑沿 1 路纵向轴线展开，两侧分立厢房，建筑对称布置。 组团内建筑单体分立设置，通过山墙进行分隔。 院落尺度较大，形态严整，其中点缀乔木和灌木作为景观绿化
界面与构造	外部界面为连续、高大的院墙，内部界面采用木质门窗扇，较为通透。 主轴线上的建筑有较高的石筑台基，其室内铺地以方砖为主，室外部分铺地以青砖和条石为主

1. 院落内景 2. 屋架 3. 卫星图

盐城·宋曹故居	编号：42
地理位置	通盐连沿海平原区 江苏省盐城市亭湖区儒学街 29 号
建筑概况	省级文物保护单位，民居建筑，始建于明代，现建筑面积约 120 m²
整体布局	主体建筑坐北朝南，南偏东约 15°，主入口位于东侧。 四周由院墙相围合，呈规则矩形。 园林位于建筑南侧，宅园结合
建筑形态空间体系	主体建筑位于北侧，布局规整，单体建筑间多采用共用山墙。 建筑组团内绿化以流觞池水景观为核心，周边置以假山绿植，与周边廊道空间结合形成景观效果
界面与构造	外部界面以实墙为主，以青砖砌筑。内部南侧墙体多为通透的朱漆木质门窗。院落和天井处多采用鹅卵石铺地

1. 入口庭院 2. 桐引楼 3. 卫星图

南通·广教禅寺 编号：43

地理位置	通盐连沿海丘陵区 江苏省南通市崇川区狼山
建筑概况	全国重点文物保护单位，寺庙建筑。 始建于唐总章年间
整体布局	主体建筑坐北朝南，南偏东约35°，依 山而建，山林景观包裹建筑
建筑形态 空间体系	建筑组团依据山势灵活组织，自下而上 形成一列南北向主序列，寺塔位于序列 末端，附属建筑垂直于主序列展开。现 存三大明清建筑群，分别为山脚紫琅禅 院、山腰葵竹山房、山顶支云塔院。 狼山海拔百余米，景观条件优越。建筑 空间结合山景布局，融入山体景观之中
界面与构造	外部界面以实墙为主，内部界面多为通 透的可开启木质门窗扇。 建筑室内与廊道多采用方砖铺地。庭院 部分主要采用青石板铺地，结合山势地 形形成缓坡或台阶

1. 大殿 2. 屋脊 3. 航拍

杭州·郭庄 * 编号：44

地理位置	浙北沿海平原区 浙江省杭州市西湖区杨公堤28号
建筑概况	省级文物保护单位，私家园林，始建于 清咸丰年间。现占地面积约9 700 m²， 现建筑面积约1 630 m²
整体布局	东临杭州西湖，西面杨公堤，主入口位 于西侧，北侧另设有次入口。总体可分 为建筑与园林两部分，水体面积占比较 大，约占全园面积的1/3。 主体建筑坐北朝南，南偏西约5°，位 于园林南侧，宅园结合
建筑形态 空间体系	园林建筑围绕中心水景展开，通过形态 自由的游廊相互连接。中心水体通过假 山叠石及外接平台等做法，与东侧西湖 直接相连，园林与西湖环境相融合。 主体建筑纵深两进，其余建筑分散布局， 通过形态灵活的游廊连接
界面与构造	外部界面以实墙为主，局部设有漏窗。 内部界面多为通透的木质门窗

1. 湖内水榭 2. 郭庄北门 3. 航拍 4. 园林入口

杭州·胡庆余堂 编号：45

地理位置	浙北沿海平原区 浙江省杭州市上城区大井巷95号
建筑概况	全国重点文物保护单位，商业建筑，始建 于清同治年间。现占地面积约2 700 m²， 现建筑面积约4 000 m²，为二层建筑
整体布局	主体建筑坐北朝南，南偏东约4°，主 入口位于建筑东侧。 建筑以高大的院墙围合而成，较为封闭
建筑形态 空间体系	建筑组团沿3路轴线组织空间序列，其 中的院落和天井沿轴线对称布局，建筑 组团序列性强。 由东向西前两路建筑均以2进房屋和4 间厢房构成，第三路建筑现存几间厢房。 其中，第一路建筑用于商业经营，主入 口向东。第二路建筑与第三路建筑之间 以通道相隔
界面与构造	外部界面以实墙为主，朝向院落和天井 处的界面大多采用通透的木质门窗。 部分建筑采用架空地面，并在墙基处设 通风孔，有助于室内防潮、除湿

1. 航拍 2. 侧天井 3. 通风孔 4. 二层出檐

1. 地坪抬升 2. 庭院水池 3. 航拍 4. 明沟

杭州·文澜阁　　　　　　　　　　编号：46

地理位置	浙北沿海平原区 浙江省杭州市西湖区孤山路 26 号
建筑概况	全国重点文物保护单位，公共建筑，始建于清乾隆年间。现占地面积约 1 200 m²，以一层建筑为主，局部二层
整体布局	主体建筑坐北朝南，南偏东约 11°，主入口位于建筑南侧，南临西湖，北依孤山。四周由院墙相围，呈方正矩形。园林位于庭院内部，与周边环境相融
建筑形态空间体系	建筑组团进深 3 进，沿 1 路南北向的轴线组织空间序列，由南向北依次为垂花门、门厅、文澜阁，秩序性较强。中部与北部庭园互相贯通，形成连续的花园景观，高大的绿植、假山结合水景布局。景观与建筑间通过游廊相连，互相渗透
界面与构造	墙基采用石板砌筑，并加设通风孔，实现室内防潮除湿。庭院多采用鹅卵石铺地，部分庭院设有明沟形成有组织排水

1. 内部走廊 2. 航拍 3. 首进庭院 4. 入口

杭州·梁宅　　　　　　　　　　编号：47

地理位置	浙北山陵区 浙江省杭州市拱墅区双眼井巷 2 号
建筑概况	市级文物保护单位，民居建筑，始建于清乾隆年间。现占地面积约 2 500 m²，现建筑面积约 1 630 m²，以一层建筑为主，局部二层
整体布局	主体建筑坐北朝南，正南北布局，主入口位于建筑南侧。四周以高大的院墙相围，呈方正矩形
建筑形态空间体系	建筑组团由并列的 2 路南北向轴线组织空间序列，东路进深 4 进，西路进深 3 进，整体序列性强。不同尺度的院落和天井沿东、西两路建筑序列纵向展开。两路建筑间通过共用封火山墙相隔。建筑组团内部绿化以低矮盆栽为主，散布于院落和天井之中
界面与构造	外部界面以实墙为主，南北墙体多为通透的木质门窗。院落和天井部分多采用青石板铺地，局部结合地漏、明沟进行有组织排水

1. 内部天井 2. 航拍 3. 残存二厅后部走廊 4. 尾进天井

湖州南浔·崇德堂　　　　　　　编号：48

地理位置	浙北水网区 浙江省湖州市南浔区南浔古镇南东街
建筑概况	全国重点文物保护单位，民居建筑，始建于清末民初。现占地面积约 3 000 m²，以二层建筑为主，局部一层
整体布局	建筑组团采用面向河道的整体布局形式，坐东朝西，西偏南约 10°，主入口位于建筑西侧。四周由院墙相围，平面呈规则矩形。园林位于建筑东侧，宅园结合
建筑形态空间体系	建筑组团沿并列的 2 路东、西向轴线组织空间序列，建筑单体沿轴线对称布置，秩序性较强。建筑组团内部的景观以东侧园林为主，通过游廊空间与建筑结合。不同尺度的院落和天井呈序列性展开，组织有序
界面与构造	外部界面以实墙为主，内部墙体多设木质门窗，局部融合西洋建筑风格。院落和天井内大多采用暗沟进行有组织排水

湖州南浔·小莲庄

编号：49

地理位置	浙北水网区 浙江省湖州市南浔区南浔古镇鹧鸪溪畔
建筑概况	全国重点文物保护单位，私家园林。始建于清光绪年间。现占地面积约18 000 m²
整体布局	位于南浔古镇西南万古桥西，紧临鹧鸪溪，总体分为建筑与园林两部分，园林与周边景观相连。 主体建筑坐北朝南，南偏东约21°。园林位于主体建筑东侧，宅园结合
建筑形态空间体系	建筑组团由并列的2路南北向轴线组织空间序列，建筑、院落、天井沿轴线排布，秩序性强。不同尺度的院落和天井结合两侧的廊道，具有协同通风的效果。园林通过院墙分隔形成内、外两园。内园以山为景观核心，外园以荷花池为景观核心，内、外园以院墙相隔，又以漏窗相通。建筑与园林之间通过形态自由的游廊相连，互相交织，自然渗透
界面与构造	外部界面以实墙为主，内部墙体多设通透的木质门窗。庭院内铺设青石板地面，采用暗沟排水

1. 荷塘　2. 家庙　3. 航拍　4. 花园围墙

湖州南浔·懿德堂 **

编号：50

地理位置	浙北水网区 浙江省湖州市南浔区南浔古镇南西街
建筑概况	全国重点文物保护单位，民居建筑，始建于清光绪年间。现占地面积约6 500 m²，现建筑面积约7 000 m²
整体布局	建筑组团采用面向河道的整体布局方式，坐西朝东，东偏北约12°。主入口位于建筑东侧，四面环水。 园林位于建筑西侧，宅园结合
建筑形态空间体系	建筑组团沿3路并列的东西向轴线和1路南北向轴线组织空间，形成"三横一纵"的格局，序列性强。不同尺度的天井、院落沿轴线布置，并在局部点缀绿化景观。 西侧园林面积占比较大，以硬质铺地为主，散布乔木或灌木作为景观
界面与构造	外部界面以实墙为主，内部墙体多为木质门窗，通透性强。 以砖石砌筑墙基，结合设置通风孔，有助于室内防潮、除湿。庭院内多设有地漏进行有组织排水

1. 砖雕门楼　2. 航拍　3. 厅堂庭院　4. 庭院地漏

宁波·保国寺

编号：51

地理位置	浙东沿海平原区 浙江省宁波市江北区洪塘街道鞍山村安东49号
建筑概况	全国重点文物保护单位，寺庙建筑。现占地面积约13 000 m²，现建筑面积约6 000 m²
整体布局	位于宁波市郊区的灵山山腰处，依山而建，主入口位于建筑南侧。可分为寺院、园林两部分。 主体建筑坐北朝南，南偏东约39°
建筑形态空间体系	寺院与园林按照山势地形呈序列式展开。寺院区域位于序列末端，布局严整。园林多设于序列前端，与灵山互相融合，建筑与园林间互相渗透。 主体建筑由并列的3路南北向轴线组织空间，中路依次有天王殿、大雄宝殿、观音殿等，东、西两路为附属建筑，整体序列性强。各路建筑之间共用山墙
界面与构造	外部界面和山墙以实墙为主，南北墙面多设通透的敞厅、木质门窗等

1. 航拍　2. 鼓楼　3. 大殿

1. 天井内景 2. 屋架 3. 航拍

宁波·范宅	编号：52
地理位置	浙东沿海平原区 浙江省宁波市海曙区中山西路 85 号
建筑概况	全国重点文物保护单位，民居建筑，始建于明代。现占地面积 1 840 m²，现建筑面积约 2 100 m²，以二层建筑为主，局部一层
整体布局	建筑组团坐北朝南，南偏西约 12°，主入口位于建筑南侧，西侧另设一次入口。四周由院墙相围，呈方正矩形
建筑形态空间体系	建筑组团为多进院落，由 1 路南北向轴线组织空间序列，建筑整体前低后高，左右对称，明暗相间，呈"日"字形布局，秩序性强。 不同尺度的院落和天井沿轴线序列对称展开，结合两侧的檐廊空间，形成开敞空间
界面与构造	朝向院落的建筑界面以通透的木质门窗为主，部分结合窗下墙。 部分院落和天井中设有明沟，有助于排水

1. 亭 2. 主入口天井内景 3. 航拍 4. 园林内景

宁波·天一阁	编号：53
地理位置	浙东沿海平原区 浙江省宁波市海曙区天一街 10 号
建筑概况	全国重点文物保护单位，公共建筑，始建于明嘉靖年间。现占地面积约 31 000 m²，以一层建筑为主，局部二层
整体布局	分为建筑、院落两部分，园林集中布局于建筑东侧。主入口位于建筑南侧，南临马衔湖。 主体建筑坐北朝南，南偏西约 20°
建筑形态空间体系	园林位于东侧，以水景为核心，将建筑组团分为南、北两部分。园林与建筑间通过游廊相连，与周边环境相融。 南侧建筑组团由多路南北向轴线组织空间序列，分布有 2 阁、3 祠，序列性强。不同尺度的院落和天井沿轴线序列对称布置。每路建筑之间共用山墙
界面与构造	外部界面以实墙为主，局部设有漏窗。建筑室内与廊道部分多以方砖铺地为主

1. 航拍 2. 廊轩 3. 西洋式庭院内景

宁波·虞氏旧宅	编号：54
地理位置	浙东沿海平原区 浙江省慈溪市龙山镇山下村
建筑概况	全国重点文物保护单位，民居建筑。始建于民国。现占地面积约 5 500 m²，现建筑面积约 5 600 m²
整体布局	主体建筑坐北朝南，南偏东约 22°，主入口位于南侧，面向河道
建筑形态空间体系	建筑组团进深 5 进，由 1 路南北向的轴线组织空间序列，序列性强。前三进为传统砖木结构建筑，后两进为西洋式建筑，两者之间以一条宽约 3.5 m 的通道相隔，整体呈"吕"字形。 建筑群西侧有窄巷贯通前后。第二进院落通过二层连廊分为东、中、西 3 个部分。内部绿化主要分布于分隔前、后两部分建筑的通道中
界面与构造	外部界面和内部山墙以实墙为主，局部设有高窗。部分建筑设有台基并设置通风孔，庭院与建筑室内地坪之间多存在明显的高差

宁波·王守仁故居 * 编号：55

地理位置	浙东沿海平原区 浙江省宁波市余姚市阳明西路 36 号
建筑概况	全国重点文物保护单位，民居建筑，始建于明代。现建筑面积约 3 500 m²，以一层建筑为主，局部二层
整体布局	建筑组团坐北朝南，南偏东约 12°，主入口位于建筑南侧，东、西两侧设有多个次入口。 四周由院墙相围，呈较为规则的矩形
建筑形态空间体系	建筑组团为多进院落，沿 1 路南北向的轴线组织空间序列，前厅后宅，主次有序，整体秩序性较强。 建筑组团分布有若干尺度不同的院落和天井，整体沿轴线序列对称展开。 各进院落和天井中零星地种植了高大的乔木作为景观绿化
界面与构造	外部界面和山墙以实墙为主，其中南、北墙体多采用通透的木质门窗。 院落和天井地面采用方砖错缝砌筑，结合地漏、暗沟等做法进行有组织排水

1. 檐廊 2. 航拍 3. 入口院落 4. 小天井

绍兴·周家老台门 编号：56

地理位置	浙东丘陵区 浙江省绍兴市越城区鲁迅中路 237 号
建筑概况	全国重点文物保护单位，民居建筑，始建于清乾隆年间。现占地面积约 2 600 m²，现建筑面积约 2 400 m²，以一层建筑为主，局部二层
整体布局	主体建筑坐北朝南，南偏西约 8°，主入口位于南侧。建筑由院墙相围，呈矩形布局
建筑形态空间体系	主体建筑进深 4 进，沿 1 路南北向轴线组织空间序列，从南到北依次为台门斗、大厅、香火堂和座楼，东、西两侧为厢楼。主体建筑中轴对称，秩序性强。 建筑组团之间通过檐廊相连，形成若干不同尺度的院落和天井，沿轴线对称布置，部分种植高大乔木作为景观绿化
界面与构造	外部界面以实墙为主，局部设有漏窗。内部界面多采用木质门窗、窗下墙等。建筑局部采用砖石砌筑墙基，有助于室内防潮。院落和天井中设有地漏，采用有组织排水

1. 航拍 2. 门头 3. 院落内景

诸暨·斯盛居 ** 编号：57

地理位置	浙东丘陵区 浙江省诸暨市斯宅乡螽斯畈村东首
建筑概况	全国重点文物保护单位，民居建筑，始建于清嘉庆年间。现占地面积约 6 850 m²，现建筑面积约 13 700 m²，以二层建筑为主，局部一层
整体布局	主体建筑结合地形坐南朝北，北偏东约 11.1°，主入口位于北侧，东、西、南侧另设若干次入口，四周皆可出入。南倚山体，北面河流，所处地势南高北低
建筑形态空间体系	建筑组团由 1 路南北向的主轴线和 2 路东西向的次轴线组成。主轴进深 3 进，若干建筑单元通过主、次轴线对称布置，体现出以家族为核心的明确秩序。 建筑群整体处于山水环境之中，建筑群内部分布有尺度不一、对称展开的院落和天井，其中布置绿化树木
界面与构造	外部界面以实墙为主，局部开设窗洞。内部界面多采用通透的木质门窗。 院落和天井设有明沟，形成有组织排水

1. 院落内景 2. 外部立面 3. 航拍 4. 次入口

1. 封火墙 2. 内部立面 3. 航拍 4. 檐廊

舟山·柴家老宅   编号：58

地理位置	浙东滨海岛屿区 浙江省舟山市普陀区展茅镇柴家村
建筑概况	市级文物保护单位，民居建筑。始建于清乾隆年间。现占地面积约 1 800 m²，现建筑面积约 2 200 m²。二层建筑
整体布局	主体建筑坐西朝东，东偏北 8°，主入口位于东侧。 四周由院墙相围，平面呈方正矩形
建筑形态空间体系	建筑组团四向围合，环绕中心院落，具有较强的向心性和围合感。其沿东西向轴线依次排布遮楼、穿堂楼、台门和祖堂楼，两侧为厢房。 台门和封火墙作为建筑横轴将院落分为东、西两部分，其大小、尺度相同
界面与构造	外部界面以实墙为主，设有门窗。内部界面大多采用木质门窗、窗下墙等。院落内设有地漏

1. 航拍 2. 二层檐廊 3. 天井 4. 院落内景

舟山·王家老宅   编号：59

地理位置	浙东滨海岛屿区 浙江省舟山市定海区东管庙弄 51 号
建筑概况	市级文物保护单位，民居建筑，始建于清代。现占地面积约 800 m²，现建筑面积约 1 100 m²，为二层建筑
整体布局	主体建筑坐西朝东，东偏北约 34°，主入口位于东侧。 四周由院墙相围，平面呈方正矩形
建筑形态空间体系	主体建筑为一进院落，沿东西向依次设有门楼、前屋、正屋，两侧为厢房，建筑呈中轴对称布局，秩序性强。 其中，正屋与左右厢房之间设 2 处天井，其尺度略有差异，沿中轴线对称布置
界面与构造	外部界面以实墙为主，朝向院落和天井的界面以通透的木质门窗为主。 局部以砖石砌筑墙角并设置通风孔，以达到室内防潮、除湿的目的

1. 航拍 2. 天井内景 3. 天井地面

杭州建德·双美堂 *   编号：60

地理位置	浙西山陵区 浙江省杭州市建德市大慈岩镇新叶古村
建筑概况	全国重点文物保护单位，民居建筑，始建于民国初年。现占地面积约 700 m²，以二层建筑为主，局部一层
整体布局	建筑依据地势和周边环境采用坐南朝北的布局方式，北偏西约 18°，主入口在北侧，南侧院落有通向外部的小门。园林位于建筑西南侧，宅园结合
建筑形态空间体系	建筑组团中主体建筑沿 1 路南北向的轴线组织空间序列，序列感较强。建筑组团内部有 2 处院落和天井，其中主院沿轴线对称布置，并通过檐廊、山墙与侧院进行联系与分隔，并在局部布置景观绿化
界面与构造	外部界面以实墙为主，封闭性较强。内部院落和天井处的界面以通透的木质门窗为主，结合敞厅布置。 庭院和天井中设有明沟，结合泄水孔进行有组织排水

杭州建德 · 西山祠堂　　　　　　　编号：61

地理位置	浙西山陵区 浙江省杭州市建德市大慈岩镇新叶古村
建筑概况	全国重点文物保护单位，祠堂建筑，始建于元代。现占地面积约 1 700 m²，现建筑面积约 1 500 m²
整体布局	主体建筑坐南朝北，北偏东 35°，主入口位于北侧，与周边山体环境相融。四周由院墙相围，呈方正矩形
建筑形态空间体系	主体建筑进深 4 进，由 1 路南北向轴线组织空间序列，形态规矩、严整，秩序性较强。 建筑组团中不同尺度的院落和天井沿轴线布置，并且局部种植高大的乔木作为建筑内的景观绿化
界面与构造	外部界面以实墙为主，较封闭。朝向院落和天井处的界面以通透的敞厅为主。庭院和天井中设有明沟，结合泄水孔进行有组织排水

1. 航拍　2. 月梁　3. 中庭东侧院落

杭州建德 · 有序堂　　　　　　　编号：62

地理位置	浙西山陵区 浙江省杭州市建德市大慈岩镇新叶古村
建筑概况	全国重点文物保护单位，祠堂建筑，始建于元代，现占地面积约 800 m²
整体布局	主体建筑坐南朝北，北偏东约 8°，主入口位于北侧，东、西两侧设有偏门。祠前有半月形南塘，北枕玉华山，建筑肌理与周边环境相融。四周由院墙相围，呈规则矩形
建筑形态空间体系	主体建筑由 1 路南北向的轴线组织空间序列，沿轴线依次排布门厅、中厅和寝室，两侧对称布置廊庑、厢房和钟鼓楼，秩序性强。 建筑布局结合地形，院落沿建筑台基分为两级，两者之间有较大的高差
界面与构造	外部界面以实墙为主，较封闭。朝向院落和天井处的界面以通透的敞厅为主。院落和天井中设有明沟，结合泄水孔进行有组织排水

1. 月梁　2. 建筑内景　3. 航拍　4. 梁架木雕

金华兰溪 · 丞相祠堂　**　　　　编号：63

地理位置	浙西山陵区 浙江省金华市兰溪市诸葛镇诸葛八卦村
建筑概况	全国重点文物保护单位，祠堂建筑。始建于明洪武年间。现占地面积约 1 900 m²，现建筑面积约 1 400 m²。一层建筑
整体布局	建筑组团位于村口西侧，北临小水口，南依桃源山，周边地势起伏较大。主体建筑结合地形坐南朝北，北偏东约 30°，主入口位于北侧。四周由院墙相围，呈方正矩形
建筑形态空间体系	主体建筑为多进院落，由 1 路南北向的轴线组织空间序列，沿轴线依次排布门屋、中堂和寝室，两侧对称布置廊庑、厢房、钟楼和鼓楼，秩序性强。 建筑组团内部的两个院落和天井大小不一、高窄各异
界面与构造	外部界面以实墙为主，较为封闭。内部界面大多通透开敞。 室外部分的铺地以砖石为主

1. 入口　2. 航拍　3. 廊道　4. 院落内景

1. 航拍 2. 堂屋立面 3. 月梁

金华·俞源村裕后堂 *	编号：64
地理位置	浙西山陵区 浙江省金华市武义县俞源村
建筑概况	全国重点文物保护单位，祠堂建筑，始建于清乾隆年间。现占地面积约2 600 m²，以一层建筑为主，局部二层
整体布局	建筑组团依据地形走势布局，整体朝向坐东朝西，西偏南约18°，主入口位于西侧。四周由院墙相围，呈方正矩形
建筑形态空间体系	建筑组团中的主体建筑进深2进，由1路东西向的轴线组织空间序列，为合院形式布局。两侧为附属建筑，沿中轴对称布局，通过连廊与主体建筑连通。建筑组团整体秩序严整。组团内部有2处院落、8处天井，其尺度不一，整体沿轴线对称布置，组织有序。院落内点缀盆栽植物作为景观绿化
界面与构造	外部界面以实墙为主，较为封闭。内部界面多采用通透的木质门窗。建筑以石块砌筑墙基，有助于室内防潮。院落和天井中大多设有明沟，结合泄水孔进行有组织排水

1. 天井内景 2. 月梁 3. 航拍 4. 后天井内景

金华·七家厅	编号：65
地理位置	浙西盆地区 浙江省金华市婺城区雅畈镇雅畈二村
建筑概况	全国重点文物保护单位，私人民居，始建于明代。以二层建筑为主，局部一层
整体布局	主体建筑坐北朝南，南偏东约20°，主入口位于南侧。 四周由院墙相围，平面呈规则矩形
建筑形态空间体系	建筑组团分为主体建筑和附属建筑两部分。主体建筑进深2进，由1路南北向的轴线组织空间序列，秩序规整。西侧为附属用房，其通过檐廊与主体建筑相连。建筑组团中有3个尺度不同的院落和天井，其中局部种植景观植被
界面与构造	外部界面以实墙为主，朝向院落和天井的界面多采用通透的木质门窗，结合设置敞厅。建筑室内主要采用青石砖铺地，设有台基，并设置通风孔，有助于室内防潮、除湿。庭院和天井部分设有明沟，结合泄水孔进行有组织排水

1. 航拍 2. 院落内景 3. 月梁

义乌·容安堂	编号：66
地理位置	浙西盆地区 浙江省金华市义乌市赤岸镇雅端村
建筑概况	省级文物保护单位，民居建筑，始建于清乾隆年间。现占地面积约1 000 m²，以一层建筑为主，局部二层
整体布局	主体建筑结合地形坐西朝东，东偏北约5°，主入口位于东侧。 四周由高墙相围，呈方正矩形
建筑形态空间体系	主体建筑进深2进，由1路东西向轴线组织空间序列，整体呈"日"字形布局，秩序严整。 建筑组团有2个尺度相似的院落天井，其中点缀低矮的植被作为景观绿化
界面与构造	外部界面以实墙为主，局部设有门窗。院落内部界面多采用通透的木质门窗、窗下墙等

丽水·独峰书院

编号：67

地理位置	浙南山陵区 浙江省丽水市缙云县倪翁洞景区
建筑概况	全国重点文物保护单位，公共建筑，现占地面积1 200 m²；现建筑面积1 000 m²
整体布局	主体建筑布局结合地形，朝向坐西朝东，东偏南约13°，主入口位于东侧。四周由院墙相围，呈规则矩形。花园位于建筑东侧，宅园结合
建筑形态空间体系	入口大门位于建筑组团的东北侧，向北可达到北侧厢房，向南转可进入南侧建筑的前院。南侧建筑沿1路东西向轴线依次布置前院、门厅、讲堂和祭殿，秩序性强。北侧厢房为孔祠，坐北朝南。建筑组团中的院落和天井沿轴线布置，形态方正。东侧为园林，占地面积较大，二者共同构成书院的绿化景观
界面与构造	外部界面以实墙为主，局部设有漏窗。院落和天井处的界面多通透开敞。院落和天井内多设明沟，用卵石铺地

1. 讲堂 2. 天井地面 3. 航拍 4. 窄巷

台州·临海桃渚郎家里

编号：68

地理位置	浙南滨海岛屿区 浙江省台州市临海市桃渚镇城里村
建筑概况	全国重点文物保护单位，民居建筑，始建于清道光年间。现占地面积约2 500 m²，以二层建筑为主，局部一层
整体布局	主体建筑坐北朝南，南偏西约8°，主入口位于南侧，北依山脉，建筑肌理与周边环境相融。四周由院墙相围，呈规则矩形
建筑形态空间体系	建筑组团中主体建筑以中心矩形庭院为核心，建筑部分四向围合，空间具有明显的向心性和围合感。北侧庭院为建筑组团的主要景观，较为开阔，核心庭院中在局部点缀景观绿化
界面与构造	外部界面以实墙为主，较为封闭。内部界面多采用通透的木质门窗。庭院内设有暗沟排水

1. 通风孔 2. 航拍 3. 院落内景 4. 主入口前景

台州·戚继光祠

编号：69

地理位置	浙南滨海岛屿区 浙江省台州市椒江区戚继光路100号
建筑概况	省级文物保护单位，祠堂建筑，始建于明代。现占地面积约1 700 m²，现建筑面积约800 m²
整体布局	主体建筑坐北朝南，南偏东约5°，主入口位于建筑的南侧，建筑肌理与周边环境融合
建筑形态空间体系	主体建筑进深3进，由1路南北向的轴线对称布局，秩序性强。多个尺度不同的院落和天井沿轴线布置。建筑组团的主要景观位于第二进院落，景观绿化呈对称布局，强化轴线
界面与构造	外部界面以实墙为主，局部设有高窗。朝向院落的界面大多采用通透的木质门窗。院落和天井内多采用青石板铺地，结合泄水孔进行有组织排水

1. 天井地面 2. 航拍 3. 看楼 4. 檐下内景

1. 碉楼 2. 过廊 3. 航拍

台州温岭·石塘陈宅 *	编号：70
地理位置	浙南滨海岛屿区 浙江省台州市温岭市石塘镇里箬村
建筑概况	省级文物保护单位，民居建筑，始建于清代。现占地面积约 1 100 m²，以二层建筑为主，局部三层
整体布局	主体建筑坐北朝南，面向海洋，南偏西约 13°。组团内部有街道穿过，每个建筑单体都设有出入口，临海处设有码头。建筑依据地形，呈阶梯状布局。花园位于东侧，宅园结合
建筑形态 空间体系	建筑分散布局，由前、后两部分建筑组团构成，南部为碉楼和主楼，北部为住宅组团，北部西侧二层为合院建筑形式，设有一天井空间。建筑组团之间通过天桥和过廊相连接。 东侧花园占地面积较小，呈面状布局
界面与构造	外部界面采用条石错缝砌筑，拼贴整齐，局部设有门窗。建筑依据地形，逐步抬升地坪，局部结合架空地面的做法，提升建筑的防潮除湿效果

1. 檐口构造 2. 地基构造 3. 航拍 4. 砖雕门楼

黄山·承志堂 **	编号：71
地理位置	徽州山陵区 安徽省黄山市黟县宏村镇宏村
建筑概况	全国重点文物保护单位，民居建筑，始建于清咸丰年间。现占地面积约 2 100 m²，现建筑面积约 3 000 m²，一层建筑
整体布局	建筑组团坐北朝南，南偏西约 30°。主入口位于建筑西侧，庭园位于组团南部和东部
建筑形态 空间体系	建筑组团由 1 路南北向轴线组织空间，呈序列状展开，具有序列性。沿轴线两侧对称分布院落和天井。 主要空间序列两侧布置辅助用房，与主轴线间以共用山墙进行分隔。 南侧宅园结合入口设置，东侧宅园融入周边环境，园中点缀少量绿化
界面与构造	外部界面连续封闭，内部界面采用可灵活开启的木质门窗扇。建筑室内多采用方砖铺地，局部院墙的墙基由条石砌筑，墙身做法主要为砖砌、白灰抹面

1. 主入口立面 2. 堂屋立面 3. 航拍

黄山·存爱堂	编号：72
地理位置	徽州山陵区 安徽省黄山市歙县郑村镇棠樾村
建筑概况	全国重点文物保护单位，民居建筑。二层建筑
整体布局	建筑组团位于棠樾村内，坐北朝南，南侧为村落巷道，北、东、西三侧紧临村落建筑，主入口位于建筑南侧
建筑形态 空间体系	建筑组团沿 1 路南北向轴线纵向展开，具有很强的秩序性。沿轴线布置多个院落和天井，院落和天井均为方正矩形，形态严整。院落和天井结合檐廊空间对称布置在轴线两侧，其中点缀少量盆栽作为内部 景观绿化
界面与构造	建筑外部界面为连续、高大的墙体，内部面向院落和天井的界面采取可灵活开启的木质门窗扇。 建筑室内和檐廊部分多采用方砖铺地，室外局部采用条石铺地，并设置明沟和排水孔进行有组织排水

黄山·存养山房 　　　　　编号：73

地理位置	徽州山陵区 安徽省黄山市歙县郑村镇棠樾村
建筑概况	全国重点文物保护单位，私人民居，始建于清嘉庆年间，以二层建筑为主
整体布局	建筑组团坐北朝南，南偏东约14°，主入口位于建筑南侧，建筑肌理与周边环境协调
建筑形态空间体系	建筑组团沿南北向序列展开，其中庭园位于西侧，由隔墙分为南、北两部分，分别形成以院落为核心的南侧书斋和北侧书房。 庭园内种植芭蕉等绿植，形成组团内景观绿化
界面与构造	外部界面为封闭、连续、高大的墙体，内部界面灵活、通透，多采用可全部开启的木质门扇。 建筑室内多采用青石板铺地，室外铺地以条石铺地为主，并设有明沟

1. 檐廊 2. 航拍 3. 天井院落 4. 木雕门扇

黄山·大夫第 　　　　　编号：74

地理位置	徽州山陵区 安徽省黄山市黟县西递镇西递村
建筑概况	全国重点文物保护单位，民居建筑，始建于清康熙年间。现占地面积约120 m²，现建筑面积约400 m²，为二层砖木结构建筑
整体布局	建筑组图采用南北向布局，南偏西约28°，主入口位于建筑南侧。地处西递村内的中心位置，与周边环境协调
建筑形态空间体系	建筑组团内部由山墙分隔为两个建筑单元。每一单元建筑以院落和天井为核心展开，呈现出"三间两厢"的基本格局，具有一定的秩序性和向心性
界面与构造	外部界面以封闭、高大的实墙为主，内部面向院落和天井的界面为可灵活开启的木质门窗扇。 室内铺装部分采用青石板结合条石的做法，室外设有明沟

1. 航拍 2. 木雕门扇 3. 天井

黄山·敬爱堂 　　　　　编号：75

地理位置	徽州山陵区 安徽省黄山市黟县西递镇西递村
建筑概况	全国重点文物保护单位，祠堂建筑，始建于明万历年间。现占地面积约1 800 m²，以一层建筑为主，局部二层
整体布局	建筑组团采用东西向布局，东偏南约27°，主入口位于西北侧。地处西递村中心位置，西北侧为村内广场与河流
建筑形态空间体系	建筑组团沿轴线纵向展开，具有很强的秩序性，院落和天井为方正矩形，形态严整，对称分布在轴线两侧。 檐廊空间沿轴线对称分布于两侧
界面与构造	外部界面为高大、封闭、连续的墙体，内部除少量辅助用房采用可开启木质门窗扇以外，其余均不设封闭的建筑界面。 轴线尽端的祠堂地坪抬升接近1.5 m，室外铺地以青石板和条石为主，并设明沟排水

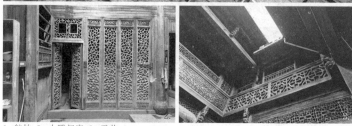

1. 敞厅 2. 铺地 3. 航拍

1. 航拍 2. 三进主天井 3. 侧天井

黄山·罗东舒祠 编号：76

地理位置	徽州山陵区 安徽省黄山市徽州区呈坎镇呈坎村
建筑概况	全国重点文物保护单位，祠堂建筑，始建于明嘉靖年间。现占地面积约3 300 m²
整体布局	主体建筑坐西朝东，西偏南约7°，主入口位于建筑东部。建筑位于徽州呈坎村入口，东侧紧临河流
建筑形态空间体系	建筑组团沿1路轴线序列式展开，形态严整、规矩，轴线两侧对称分布辅助用房。院落和天井沿轴线对称分布，形态方正，尺度较大。 院落内点缀高大的乔木，结合片状种植的灌木，形成绿化景观
界面与构造	外部界面为封闭、连续、高大的墙体，内部界面除少量辅助用房设可开启门扇外，其余均为开敞界面。 建筑的地坪随轴线逐进抬升，室内铺装以方砖为主，室外铺装以条石结合方砖为主

1. 天井格栅窗 2. 四水归堂 3. 航拍

黄山·罗润坤宅 编号：77

地理位置	徽州山陵区 安徽省黄山市徽州区呈坎镇呈坎村
建筑概况	全国重点文物保护单位，民居建筑，始建于明正德年间，为二层建筑
整体布局	建筑坐东朝西，主入口位于建筑东部。地处呈坎村前街，建筑肌理与周边环境协调
建筑形态空间体系	建筑组团沿1路轴线序列性展开，具有较强的秩序性。 院落和天井沿主轴线对称布置，布局紧凑，尺度较小。庭院中点缀绿植作为景观绿化
界面与构造	外部界面为连续的院墙，内部均采用可灵活开启的木质门扇。 建筑抬升地基并设有通气孔，内部铺装部分采用方砖。室外铺装采用条石结合方砖的做法，并设有明沟和排水孔

1. 航拍 2. 天井 3. 敞厅

黄山·南湖书院 * 编号：78

地理位置	徽州山陵区 安徽省黄山市黟县宏村镇宏村
建筑概况	全国重点文物保护单位，书院建筑，始建于清嘉庆年间
整体布局	建筑组团坐北朝南，南偏西约18°，主入口位于建筑南侧。地处宏村村口，南侧为宏村南湖
建筑形态空间体系	建筑组团沿2路轴线呈序列式布局，空间形态严整、方正，具有很强的秩序性。在两路轴线上院落和天井错落布置，院落两侧设有檐廊。 两路建筑共用山墙
界面与构造	外部界面除临湖一侧外，均为高大的墙体。外部临湖界面采用可拆卸的木质门板，内部界面除少量辅助用房采用可开启的木质门扇外，其余全部开敞。 建筑部分多采用砖石铺装，院落和天井铺装以条石和方砖为主，并设有明沟和排水孔

黄山·屏山舒氏祠堂　　编号：79

地理位置	徽州山陵区 安徽省黄山市黟县宏村镇屏山村
建筑概况	全国重点文物保护单位，祠堂建筑，始建于明万历年间。占地面积约 480 m²
整体布局	建筑组团坐北朝南，南偏西约3°。 位于屏山村中心，与周边环境协调，主入口位于建筑南侧
建筑形态 空间体系	建筑组团沿1路轴线呈序列式展开，形态规整，秩序井然。 院落和天井沿主轴线两侧对称分布，其形态方正，尺度各异，其中布置少量盆栽作为内部绿化。 建筑组团与周边建筑共用山墙，山墙形态顺应周边环境
界面与构造	外部界面以封闭实墙为主，面向院落的界面大多开敞，局部设置木质门窗。院落内多采用条石、方砖铺地，结合地漏和明沟的做法，进行有组织排水

1. 航拍　2. 砖雕门楼　3. 敞厅

黄山·树人堂　　编号：80

地理位置	徽州山陵区 安徽省黄山市黟县宏村镇宏村
建筑概况	全国重点文物保护单位，民居建筑。二层建筑
整体布局	建筑组团坐东朝西，西偏南约13°。建筑组团与周边环境协调，主入口位于建筑西南侧
建筑形态 空间体系	建筑组团以前院为中心组织建筑空间，具有一定的向心性。建筑空间布局灵活，顺应周边道路和建筑的形态。 建筑组团有东、西两院。其中，西院内部点缀少量的灌木和盆栽形成内部绿化，并在南侧设置小水口与外部水圳连接，东院设条状天井与西院呼应
界面与构造	外部界面为连续的封闭院墙，局部设置漏窗。内部界面为可灵活开启的木质门窗扇。 建筑室内和廊道部分多采用方砖铺地，室外铺装多采用条石和青砖结合的做法，并设有暗沟

1. 入口门楼　2. 航拍　3. 侧天井　4. 堂屋

黄山·棠樾祠堂群 *　　编号：81

地理位置	徽州山陵区 安徽省黄山市歙县郑村镇棠樾村
建筑概况	全国重点文物保护单位，祠堂建筑群，始建于明嘉靖年间。总占地面积约 2 400 m²
整体布局	建筑群采用南北向布局，位于歙县棠樾村，背靠龙山，南面惠州盆地，主入口位于临街一侧
建筑形态 空间体系	建筑群结合7座牌坊，融入村落自然环境中，形成完整的空间序列，强调宗法礼仪。3座祠堂以广场为中心，构成一个整体。祠堂沿各路轴线布局，空间形态规矩严整，秩序性强
界面与构造	外部界面为高大、连续的院墙，面向院落的界面大多开敞，局部设木质门窗。建筑室内和廊道部分多采用方砖铺地，院落、天井和广场的铺地以条石和方砖为主

1. 敦本堂门楼立面　2. 敦本堂天井　3. 航拍

1. 天井 2. 砖雕门楼 3. 航拍

黄山·桃李园 *	编号：82
地理位置	徽州山陵区 安徽省黄山市黟县西递镇西递村
建筑概况	全国重点文物保护单位，民居建筑，始建于清咸丰年间。现占地面积约300 m²，为二层建筑
整体布局	建筑组团坐南朝北，北偏东约14°，与周边环境相互协调，主入口位于北侧
建筑形态空间体系	建筑组团沿1路轴线组织空间序列，其形态较为严整，具有一定的秩序性。轴线两侧对称布置形态细长的天井，尺度较小，分布紧凑。 组团内部依托天井点缀少量的盆栽作为内部的绿化景观
界面与构造	外部界面为高大、连续的院墙，墙基为条石，墙身由青砖砌筑，以白灰抹面。内部界面灵活、通透，多采用可灵活开启的木质门窗扇。 建筑室内和廊道部分多采用青石铺地，室外铺装多采用条石结合方砖的做法

1. 航拍 2. 厅堂 3. 天井

黄山·燕翼堂	编号：83
地理位置	徽州山陵区 安徽省黄山市徽州区呈坎镇呈坎村
建筑概况	全国重点文物保护单位，民居建筑，始建于明洪武年间，为三层建筑
整体布局	建筑组团坐西朝东，与周边环境相互协调，肌理统一，主入口位于建筑东侧
建筑形态空间体系	建筑组团沿1路东西向轴线组织空间，其形态严整、方正，具有较强的秩序性。沿主轴线对称分布两进矩形的细长天井，天井内部点缀少量的盆栽作为景观绿化
界面与构造	外部界面为连续、封闭的院墙，具有较强的防卫性。内部面向天井的界面均采用可开启的木质门窗扇。 建筑组团中部分建筑架空地面，并设有通风口，以提高排湿效果

1. 一进天井 2. 门楼立面 3. 航拍 4. 二进天井

黄山·追慕堂	编号：84
地理位置	徽州山陵区 安徽省黄山市黟县西递镇西递村
建筑概况	全国重点文物保护单位，祠堂建筑，始建于清康熙年间
整体布局	建筑组团坐北朝南，南偏东约30°，入口位于南侧。建筑组团前为祠堂广场，村内河流自广场前流过
建筑形态空间体系	建筑组团沿1路南北向轴线组织空间序列，其形态规矩、严整，具有很强的秩序性。 院落和天井沿主轴线两侧对称布置，其尺度较大，形态为方正矩形
界面与构造	外部界面以封闭、连续的实墙为主，面向院落的界面大多开敞，局部设置木质门窗。院落和天井中多采用条石、方砖铺地，并结合地漏和明沟的做法，进行有组织排水

宣城·德公厅屋　　　　　　　　　　编号：85

地理位置	徽州山陵区 安徽省宣城市泾县桃花潭镇查济村
建筑概况	全国重点文物保护单位，民居建筑，始建于元代，现存建筑面积约100 m²
整体布局	建筑组团坐西朝东，东偏南约15°，主入口位于建筑东侧
建筑形态 空间体系	建筑组团现状仅存一进院落和一栋厅屋，厅屋和院落左右对位，布局严整方正，具有一定的秩序性
界面与构造	外部界面采用连续、封闭、高大的院墙，形成较强的封闭性和防卫性。入口部分设置高大的雕花门楼。现存内部均为开敞空间，不设门窗扇。 室外铺装多采用条石结合方砖的做法，并在院落中设置明沟，便于排水

1. 牌坊式门楼　2. 明沟　3. 航拍

宣城·二甲祠　　　　　　　　　　编号：86

地理位置	徽州山陵区 安徽省宣城市泾县桃花潭镇查济村
建筑概况	全国重点文物保护单位，祠堂建筑，始建于清朝
整体布局	建筑组团坐北朝南，主入口位于建筑南侧。建筑与周边环境协调
建筑形态 空间体系	建筑组团沿1路南北向轴线组织空间序列，整体形态规整，秩序井然。 院落和天井沿主轴线两侧对称分布，形态方正，尺度各异。 建筑内部多布置盆栽，以丰富景观绿化
界面与构造	外部界面为连续、封闭的院墙，局部设置漏窗。内部界面为可灵活开启的木质门窗扇。 室外铺装采用条石和青砖结合的做法，并在院落和天井中设置明沟

1. 入口门楼　2. 天井　3. 航拍

宣城·徐庆堂 *　　　　　　　　　编号：87

地理位置	徽州山陵区 安徽省宣城市泾县桃花潭镇查济村
建筑概况	全国重点文物保护单位，民居建筑，始建于清代
整体布局	建筑组团坐南朝北，与周边肌理融合，主入口位于北侧，南侧结合农田绿化设置次入口
建筑形态 空间体系	建筑组团沿1路南北向轴线组织空间序列，具有一定的秩序性。主要轴线的两侧各布置有一路两开间辅助用房，其与主轴线上的建筑之间共用山墙。 建筑组团南侧设有庭院，庭院内点缀少量绿化，并与南侧农田等周边景观相互联系
界面与构造	建筑室内多采用砖石铺地，院落和天井内以条石和方砖铺地为主，通过较深的明沟和地漏进行有组织排水

1. 航拍　2. 堂屋　3. 明沟

1. 航拍 2. 主入口 3. 堂屋立面

安庆·世太史第 **

编号：88

地理位置	江淮平原区 安徽省安庆市迎江区天台里街9号
建筑概况	全国重点文物保护单位，民居建筑，始建于明万历年间。现占地面积约4 400 m²，现建筑面积约2 800 m²，为一层建筑，局部二层
整体布局	建筑组团坐北朝南，南偏西10°，主入口位于南侧，西侧设置次入口，西北侧设有园林，宅园结合
建筑形态空间体系	建筑组团沿2路轴线展开，形成序列式空间，布局清晰严整，两路建筑之间共用山墙。 形态规整、尺度各异的院落和天井沿轴线两侧对称布置。北侧园林空间以水景和亭子为核心，形态自由
界面与构造	外部界面为连续、高大的墙体，内部建筑界面采用可开启的木质门窗扇结合窗下墙的做法。 建筑设有基座，室内和檐廊空间多采用方砖和石板地面

1. 祖堂庭院 2. 局部立面 3. 航拍

安庆·占庄老屋

编号：89

地理位置	江淮平原区 安徽省安庆市潜山市余井镇田乐村
建筑概况	省级文物保护单位，民居建筑，始建于清代
整体布局	建筑组团坐西朝东，东侧为池塘，西侧为林地，主入口位于建筑东侧，与水体呼应
建筑形态空间体系	建筑组团由1路主轴线结合多路次轴线共同形成序列性的空间，秩序严整。各路轴线之间共用山墙或以窄巷进行分隔与联系。 院落和天井沿轴线布置，檐廊贯通其中，将其联系为一个整体
界面与构造	外部界面以实墙为主，局部开设窗洞，内部界面主要采用木质门窗扇结合窗下墙的做法，局部厅堂采用全开敞的做法。 建筑室外多为砖石铺地

1. 广场 2. 后院 3. 航拍 4. 前堂漏窗

合肥·父子进士祠堂

编号：90

地理位置	江淮平原区 安徽省合肥市肥东县西山驿镇东昂集村
建筑概况	省级文物保护单位，祠堂建筑，始建于清乾隆年间
整体布局	建筑组团坐北朝南，位于村落中心。建筑组团南侧为广场，北、东两侧为道路，西侧为林地，主入口位于南侧
建筑形态空间体系	建筑组团沿1路南北向轴线组织空间序列，其形态规矩、严整，具有很强的秩序性。不同尺度的矩形院落沿主轴线两侧对称布置，檐廊空间贯穿院落两侧。庭院内点缀少量的树木作为内部的景观绿化
界面与构造	外部界面为连续的墙体，以青砖砌筑，对外封闭。主入口采用凹入式门头，内部采用可开启的木质门窗扇，厅堂空间全部开敞。 建筑室外多采用条石结合方砖的做法，并在局部设置明沟

合肥·刘铭传旧居

编号：91

地理位置	江淮平原区 安徽省合肥市肥西县铭传乡建设村
建筑概况	全国重点文物保护单位，民居建筑。一层建筑，局部二层
整体布局	全国重点文物保护单位，民居建筑，建筑以一层为主，局部二层
建筑形态空间体系	建筑组团由3路轴线组织序列性空间，现存的中路轴线空间组织方正、严整，秩序性强。主入口通过石桥和水面与外界相连，强化了其空间秩序。 其余建筑组团中的建筑呈散点状分布在主轴线两侧，形态较为自由。 园林部分沿水面展开，形态舒展
界面与构造	外部界面整体封闭，内部界面主要采用木质门窗扇结合窗下墙的做法，部分院落中设有明沟

1. 航拍 2. 东大门 3. 庭院

合肥·刘同兴隆庄

编号：92

地理位置	江淮平原区 安徽省合肥市肥西县三河古镇中街93号
建筑概况	省级文物保护单位，商住建筑，始建于明代。现占地面积约700 m²，以一层建筑为主，局部二层
整体布局	建筑组团坐西朝东，与周边肌理协调。主入口位于东侧
建筑形态空间体系	建筑组团沿1路东西向轴线组织空间序列，整体布局较为规整，具有序列性的空间特征。 院落沿主轴线两侧对称分布，其形态、尺度各不相同，相互之间通过檐廊空间贯穿连通。院落内点缀少量的低矮树木作为景观绿化
界面与构造	外部界面是高大、连续的院墙，具有较强的封闭性。内部界面大多采用可灵活开启的木质门窗扇，通透灵活。 院落内多采用条石铺装，并在局部设有暗沟和排水孔

1. 天井 2. 航拍 3. 走马转心楼 4. 庭院

六安·李氏庄园

编号：93

地理位置	江淮平原区 安徽省六安市霍邱县马店镇李西圩村
建筑概况	全国重点文物保护单位，民居建筑，始建于清咸丰年间
整体布局	建筑组团坐北朝南，周边围有多道圩沟，主入口位于南侧，通过窄道与外部相连
建筑形态空间体系	现存建筑多为单体建筑，相互围合形成合院式的空间形态，整体形态规矩、严整，具有一定的秩序性和向心性。 建筑群中的庭园尺度较大，形态呈方正矩形，点缀以少量乔木和灌木
界面与构造	建筑外部界面封闭，由连续的青砖墙体构成，局部开设小窗洞。内部界面以门窗洞为主，也呈现出一定的封闭性。 建筑设有台基，其室外铺地多为方砖或条石

1. 航拍 2. 暗沟 3. 东院大客房 4. 圩沟寨墙

1. 外景 2. 祖堂庭院 3. 航拍

安庆·方家花屋	编号：94

地理位置	江淮山陵区 安徽省安庆市潜山市痘姆乡红星村
建筑概况	市级文物保护单位，民居建筑，一层砖木结构建筑
整体布局	建筑组团坐北朝南，南偏西18°，四面环山，主入口位于建筑南侧。建筑组团融入周边的山体与农田
建筑形态 空间体系	主体建筑沿1路南北向轴线组织空间序列，布局较为严整、正方。主体建筑东侧为少量辅助用房，二者之间以山墙分隔。其间分布少量的院落和天井。 建筑组团融入周边自然环境，其内部景观结合庭院布置
界面与构造	建筑外部界面为连续、封闭的墙体，南侧设有一排窗。内部界面多采用可开启木质门扇结合窗下墙的做法，厅堂空间界面全开敞。 建筑墙体以条石为基座，并采用了青砖空斗墙的做法

1. 大关帝庙门楼 2. 侧门 3. 航拍 4. 檐廊

亳州·花戏楼	编号：95

地理位置	中原平原区 安徽省亳州市谯城区咸宁街1号
建筑概况	全国重点文物保护单位，寺庙建筑，始建于清顺治年间。占地面积约3 200 m²，以一层建筑为主，局部二层
整体布局	主体建筑坐北朝南，南偏西约15°，主入口位于南侧。建筑组团与周边环境融合，肌理较为一致
建筑形态 空间体系	主体建筑分为东、西两部分，东侧沿轴线呈纵向序列式布局，西侧横向展开，较为灵活，整体呈现秩序性与灵动性结合的特征。 建筑组团内部散布多个不同尺度的院落和天井，院落两侧设有檐廊。 建筑组团内绿化以乔木、灌木为主
界面与构造	外部建筑界面为封闭的院墙，面向天井的界面为可灵活开启的木质门窗扇，较为通透。 建筑室内与檐廊部分多采用砖石铺地

1. 航拍 2. 堂屋 3. 天井 4. 巷道

亳州·南京巷钱庄	编号：96

地理位置	中原平原区 安徽省亳州市谯城区南京巷19号
建筑概况	全国重点文物保护单位，商业建筑，始建于清道光年间。现占地面积约600 m²，为二层砖木结构建筑
整体布局	主体建筑坐西朝东，东偏北约12°，主入口位于东侧，面向街道，整体布局呈方正矩形。建筑组团与周边环境融合，肌理较为一致
建筑形态 空间体系	主体建筑沿2路并列的轴线组织空间序列，其空间形态严整、方正，具有很强的秩序性。 两路建筑之间共用山墙，整体呈紧密型布局的特征。沿两路轴线布置多个不同尺度的方正院落和天井，其中局部种植树木作为景观
界面与构造	建筑外部界面以封闭的实墙为主，面向院落的界面多为砖墙，并设木质门窗扇。院落和天井多采用砖石铺地

阜阳·程文炳宅院 *　　　编号：97

地理位置	中原平原区 安徽省阜阳市颍东区袁寨镇
建筑概况	省级文物保护单位，民居建筑，始建于清光绪年间。占地面积约 6 700 m²，为一层砖木结构建筑
整体布局	主体建筑坐北朝南，南偏西约 10°，主入口位于南侧，平面布局呈方正矩形
建筑形态空间体系	主体建筑沿 1 路轴线组织空间序列。其东北侧为附属用房，呈方正合院式布局。沿轴线布置 3 个尺度不同的院落，其形态方正。院落内部沿轴线对称布置景观绿化，强化了轴线秩序
界面与构造	建筑外部界面以实墙为主，内部界面较为通透，多为可灵活开启的木质门窗扇。建筑室内多采用方砖铺地，院落内的铺装多采用青石板、砖石等做法

1. 航拍　2. 入口门楼　3. 堂屋立面

淮北·古饶赵氏宗祠　　　编号：98

地理位置	中原平原区 安徽省淮北市古饶镇古饶中学东侧
建筑概况	省级文物保护单位，祠堂建筑，始建于明代。现建筑面积约 460 m²
整体布局	主体建筑坐北朝南，南偏东约 7°。主入口位于南侧。 四周由院墙相围，呈规则矩形
建筑形态空间体系	主体建筑由 1 路南北向的轴线组织空间序列，建筑、院落、天井沿轴线对称布局，秩序性强。 建筑组团内部绿化多位于院落和天井之中，沿轴线对称布置，有助于强化建筑空间序列
界面与构造	外部界面以实墙为主，以青砖砌筑。内部界面局部设木质门窗扇。建筑组团整体较为封闭，有助于冬季防风。 建筑使用砖石砌筑墙基，实现室内防潮。建筑组团中院落和天井采用明沟排水，以防雨季积水

1. 前广场　2. 入口庭院　3. 航拍

淮北·临涣文昌宫　　　编号：99

地理位置	中原平原区 安徽省淮北市濉溪县临涣镇文昌街
建筑概况	全国重点文物保护单位，公共建筑，始建于唐代。现占地面积 5 300 m²，现建筑面积约 1 300 m²
整体布局	主体建筑坐西朝东，东偏南约 5°，主入口位于东侧。 四周由院墙相围，呈规则矩形。 园林位于建筑中部，宅院结合
建筑形态空间体系	主体建筑由南、中、北 3 进院落组成，建筑组团布局规整，序列性较强。 院落空间尺度较大，其中南、北院落以开敞广场为主，中部院落为园林景观。 建筑多为独立的单体，局部共用山墙的做法
界面与构造	外部界面以实墙为主，以青砖砌筑。内部界面局部设有木质门窗扇。整体较为封闭，有助于冬季防风

1. 航拍　2. 庭院　3. 门楼细部

1. 入口门楼 2. 庭院 3. 航拍

淮北·徐集徐氏祠堂		编号：100
地理位置	中原平原区 安徽省淮北市相山区渠沟镇徐集村	
建筑概况	省级文物保护单位，祠堂建筑，始建于清代，现占地面积约 550 m^2	
整体布局	主体建筑坐北朝南，南偏东约 2°。主入口位于南侧。 四周由院墙相围，呈规则矩形	
建筑形态 空间体系	建筑组团由 1 路南北向的空间序列组成，呈四合院式的空间格局，建筑、院落、天井沿轴线对称布局，序列性强。 建筑组团内部绿化多位于院落、天井及入口空间，沿轴线对称展开，有助于强化建筑空间序列	
界面与构造	外部界面以实墙为主，由青砖砌筑，墙体厚实。正厅主界面结合开敞檐廊形成了开敞的过渡空间	

1. 入口门楼 2. 航拍 3. 主弄立面 4. 沿街立面

上海·步高里 **		编号：101
地理位置	上海沿海平原区 上海市黄浦区陕西南路和建国西路交界处	
建筑概况	市级文物保护单位，石库门建筑，始建于民国年间。现占地面积约 7 000 m^2，现建筑面积约 10 000 m^2，以二层建筑为主	
整体布局	整体呈行列式布局，坐北朝南，南偏东约 22°，与周边肌理较为一致	
建筑形态 空间体系	小区整体用地紧凑，平面形态规则、严整，具有近现代联排住宅的特征。 每个单元建筑均沿南北向轴线组织空间序列，形成天井—厅堂—附房的空间结构，保留了传统民居天井的形式	
界面与构造	外部界面以砖墙为主，开设门窗洞口；面向天井的界面开设木质门窗扇，较为通透。 建筑室内采用水泥铺地。天井和庭院的铺装材料包括水泥、砖石、条石等，并设有明沟排水	

1. 航拍 2. 天井内景 3. 入口近景 4. 山墙面近景

上海·洪德里 *		编号：102
地理位置	上海沿海平原区 上海市黄浦区厦门路 137 弄	
建筑概况	市级文物保护单位，石库门建筑，始建于清末民初。主体建筑以二层为主，局部一层	
整体布局	整体呈行列式布局，坐北朝南，南偏东约 15°，南侧与保康里相接，与周边肌理较为一致	
建筑形态 空间体系	小区整体用地紧凑，平面形态规则、严整，具有近现代联排住宅的特征。 每个单元建筑均沿南北向轴线组织空间序列，每个单元在入口处设有天井，保留了传统民居中天井的形式	
界面与构造	建筑外部界面以砖墙为主，开设门窗洞口。面向天井的界面开设木质门窗扇，较为通透。 天井地面以水泥饰面为主，结合明沟的做法进行有组织排水	

上海·华忻坊	编号：103
地理位置	上海沿海平原区 上海市杨浦区杨树浦路 1991 弄 1-201 号
建筑概况	市级文物保护单位，石库门建筑，始建于民国初年。现占地面积约 13 000 m²，以二层建筑为主，局部三层
整体布局	整体呈行列式布局，坐北朝南，南偏东约 40°。东北侧为志仁里，西南侧与依仁里相接，与周边肌理较为一致
建筑形态 空间体系	小区整体用地紧凑，平面形态规则、严整，具有近现代联排住宅的特征。单元建筑呈单开间、毗邻式布置，每个建筑单体沿 1 路纵向轴线组织空间序列，保留了传统民居中天井的形式
界面与构造	外部界面以砖墙为主，开设门窗洞口。面向天井的界面开设木质门窗扇，较为通透。 地面铺装多采用水泥饰面

1. 里弄 2. 沿街立面 3. 航拍 4. 单元入口空间

上海·黄炎培故居 *	编号：104
地理位置	上海沿海平原区 上海市浦东新区川沙新镇新川路 218 号
建筑概况	市级文物保护单位，民居建筑，始建于清咸丰年间。现占地面积约 730 m²，以二层建筑为主，局部一层
整体布局	主体建筑坐北朝南，南偏东约 14°，呈两院两厢双层布局
建筑形态 空间体系	主体建筑沿 1 路轴线组织空间序列，其空间形态严整、方正。西侧为厢房，主体建筑与西侧厢房通过窄巷联系。沿主轴线分布 2 个尺度不同的院落，其中点缀盆栽作为建筑内部的绿化景观
界面与构造	外部界面以实墙为主，面向院落的界面则采用可开启的木质门窗扇，较为通透。建筑室内和廊道部分采用方砖铺地，庭院多采用青石板铺地

1. 2 天井内景 3. 航拍

上海·吉祥里单元	编号：105
地理位置	上海沿海平原区 上海市黄浦区河南中路 541 弄 8-36 号
建筑概况	市级文物保护单位，石库门建筑，始建于清光绪年间。现占地面积约 4000 m²，以二层建筑为主，局部一层
整体布局	整体呈行列式布局，坐北朝南，南偏东约 6°。北近苏州河，与周边肌理较为一致
建筑形态 空间体系	小区整体用地紧凑，平面形态规则、严整，具有近现代联排住宅的特征。建筑单元为三间两厢的格局，保留了传统民居中天井的形式
界面与构造	外部界面以砖墙为主，开设门窗洞口，建筑以砖石砌筑墙角，局部设有暗沟用于排水

1. 航拍 2. 主弄立面 3. 沿街立面

地理位置	上海沿海平原区 上海市嘉定区嘉定南大街 183 号
建筑概况	全国重点文物保护单位，寺庙建筑。始建于宋嘉定年间。现占地面积约 11 300 m²，为一层建筑
整体布局	主体建筑坐北朝南，南偏东约 30°，主入口位于南侧。建筑组团东侧、南侧为汇龙潭公园
建筑形态空间体系	主体建筑沿 2 路轴线组织空间序列，其中西路为主轴线，依次布局石柱牌楼、拱桥、主殿等，东路为附属建筑。西路轴线中的庭院景观沿中轴对称布置，强化轴线秩序，东路轴线中的庭院景观更为自由，密植树木。建筑组团南侧为半月形泮池，上架石桥，结合周边植被形成庭院景观
界面与构造	外部界面以实墙为主，内部界面较为通透，采用木质门窗扇、镂空雕花等方式。建筑抬升地坪，室内采用石板铺地，并以砖石砌筑墙角作为建筑防潮措施

1. 航拍 2. 主入口 3. 主殿

地理位置	上海沿海平原区 江苏省黄浦区黄陂南路 596 弄 1-58 号
建筑概况	市级文物保护单位，石库门建筑，始建于民国初期。现占地面积约 5 300 m²，为三层建筑
整体布局	整体呈行列式布局，坐北朝南，南偏东约 15°，与周边肌理较为一致
建筑形态空间体系	小区整体用地紧凑，平面形态规则、严整，具有近现代联排住宅的特征。每个单元建筑沿 1 路南北向轴线组织空间序列，保留了传统民居中天井的形式
界面与构造	外部界面以砖墙为主，以砖石砌筑墙角，开设门窗洞口；面向天井的界面设可灵活开启的木质门窗扇，较为通透。建筑室内外均采用水泥地面，并结合暗沟排水

1. 内部立面 2. 航拍 3. 主弄立面　4. 沿街立面

地理位置	上海沿海平原区 上海市嘉定区嘉定镇东大街 314 号
建筑概况	市级文物保护单位，私家园林，始建于明弘治年间。现占地面积约 30 000 m²
整体布局	建筑组团坐北朝南，南偏东约 36°，主入口位于东南侧，呈宅园分置的格局
建筑形态空间体系	建筑组团现由原沈氏园、原龚氏园、原金氏园和邑庙 4 部分组成。三园通过庭院水体相互联系，水面迂回。园中的建筑顺应园林景观布局，二者相互交融。邑庙部分位于东南角，沿 1 路南北向序列展开，形成多个院落和天井
界面与构造	外部界面以实墙为主，内部界面较为通透，采用木质门窗扇、镂空雕花等做法。建筑以砖石砌筑墙角，其庭院铺装多采用青石板、鹅卵石等材料，并结合暗沟排水

1. 航拍 2. 主入口 3. 园林水体

上海·斯文里	编号：109
地理位置	上海沿海平原区 上海市静安区新闸路北大通路两侧
建筑概况	市级文物保护单位，石库门建筑，始建于民国初年。现占地面积约24 000 m²，以三层建筑为主，局部二层
整体布局	北侧为南苏州路，南侧为新闸路，曾以大田路为界分东、西两处，现西斯文里已拆除。主体建筑坐北朝南，南偏东约30°，呈行列式布局
建筑形态空间体系	小区整体用地紧凑，平面形态规则、严整，具有近现代联排住宅的特征。单元建筑分单开间、双开间两种模式。沿南北向轴线组织空间序列，保留了传统民居中天井的形式
界面与构造	外部界面以砖墙为主，开设门窗洞口，以砖石砌筑墙角。室内外多采用水泥地面，在天井中设有暗沟

1. 入口门楼 2. 航拍 3. 主弄立面 4. 沿街立面

上海·豫园	编号：110
地理位置	上海沿海平原区 上海市黄浦区福佑路168号
建筑概况	全国重点文物保护单位，私家园林，始建于明嘉靖年间。现占地面积约20 000 m²，以二层建筑为主，局部一层
整体布局	主体建筑坐北朝南，南偏东约11°，平面呈刀形布局。建筑组团东侧为安仁街，北侧为福佑路
建筑形态空间体系	园林分为5个部分，每部分均设1处观景楼阁。园林以水体为核心组织整体结构，水面迂回，相互环通。园中建筑结合叠石的做法，布置灵活分散，通过廊道联系，建筑与景观相互交融
界面与构造	外部界面以实墙为主，内部界面较为通透，采用木质门窗扇、镂空雕花等做法。建筑采用砖石砌筑墙角，其室内多采用方砖铺地。庭院和天井部分的铺装多采用青石板、鹅卵石等材料

1. 水榭 2. 廊道 3. 抬升地坪 4. 航拍

上海·张闻天故居	编号：111
地理位置	上海沿海平原区 上海市浦东新区祝桥镇川南奉公路4398号
建筑概况	全国重点文物保护单位，民居建筑，始建于清光绪年间。现占地面积约700 m²
整体布局	主体建筑坐北朝南，南偏东约18°，主入口位于南侧，为三合院布局
建筑形态空间体系	建筑组团为一正两厢房的三合院，沿南北向轴线对称布局。院落东、西两侧设有檐廊
界面与构造	内外部界面均为通透的木质门窗扇。建筑室内与廊道部分的地面铺装以砖石铺地为主。院落铺装多采用砖石、条石等材料

1. 檐廊 2. 院落内景 3. 卫星图 4. 外部界面

第三部分 聚落案例调研

　　本次调研聚落案例共计55个。本书对全部案例的调研情况进行了资料汇总，并综合考虑案例的代表性和调研情况，选取7个案例作为代表性案例，从地理特征、聚落形态、空间结构、绿化层次、街巷、公共空间与建筑布局等方面进行深入的图解与调研分析，另选11个典型案例进行了基本的图解分析，总结传统聚落中蕴含的绿色智慧。

　　聚落案例的调研资料主要源于5个方面：实地调研与实测数据、案例所属单位的官方介绍、国家和省市文物局的官网资料、中华人民共和国住房和城乡建设部的官网资料以及其他相关研究资料。

3.1 代表性案例

苏州·陆巷
苏州·同里
南京·漆桥村
金华·俞源村
金华·诸葛村
黄山·宏村
宣城·查济村

苏州陆巷航拍图

苏州·陆巷

案例编号：02

聚落概况

案例分区：环太湖水网区
聚落位置：江苏省苏州市吴中区东山镇
典型建筑：陆氏宗祠、衡南陆公祠、惠轩书室

聚落区位

陆巷古村隶属江苏省苏州市吴中区东山镇，距离东山镇中心 12 km。陆巷古村位于苏锡常环太湖水网区，背山面湖，是水网地区中少见的与山地丘陵地形巧妙结合的聚落案例，古村内尚有多处保存完好的明清建筑。

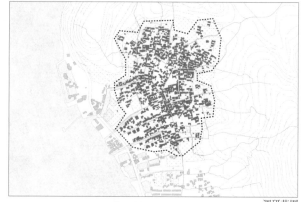

调研范围

地理环境

聚落形态与空间结构

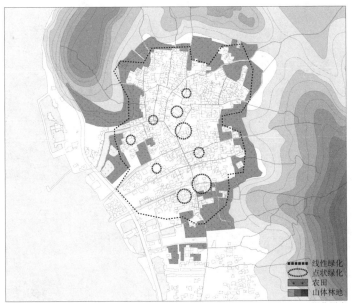

线性绿化
点状绿化
农田
山体林地

绿化层次

地理特征

陆巷古村选址于山坡之上，依山就势，顺应自然地形高差，属于山地丘陵地形中的临水聚落，山水资源兼具。聚落整体海拔约 10 m，局部有高差。聚落西南方与太湖相连，东边为莫厘峰，南边为碧螺峰，整体位于仅在西南方向开口的山坞之中，从湖面向山脚有逐渐升高的缓坡，利用山体遮挡冬季寒风。

聚落形态

从聚落形态来看，陆巷古村属于团块型聚落。聚落规模相对较小，主体建筑群由平缓坡地沿等高线向山上发展，受山体的限制，呈现连续但不规则的边界特征，部分建筑组团向太湖水面延伸，导致西南边界较为破碎，形成三面山体环绕、一侧面向开阔水面的整体形态。

空间结构

山体边界的限制使得聚落内部建设用地有限，空间趋于向内紧凑地生长。太湖向东延伸出多处水港，框定了整个古村落的骨架，村内以紫石街为主轴，形成"一街三港六巷"的空间结构。街道、小巷和港河共同构成了陆巷古村自由灵动、富有层次性的基本空间格局。

绿化层次

陆巷古村由外围自然林地、周边种植林地与内部点状绿化构成多层次的绿化体系。北侧、东侧山坡上的茂密林地作为聚落的绿化屏障，即"风水林"，构成聚落植物绿化的外围层次。聚落周边种植以橘子林为主，其也作为当地的特色产业之一，具有经济价值。聚落内部布局紧凑，绿化多呈点状分布，结合重要公共建筑、水港形成点状绿化节点，为居民营造适宜的公共空间。

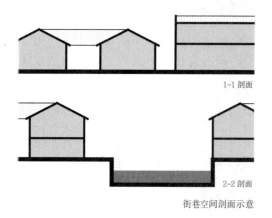

1-1 剖面

2-2 剖面

街巷空间剖面示意

1. 主街
2. 支巷

街巷结构

街巷

　　陆巷古村以紫石街为主街，紧临流入太湖的 3 条河道，6 条支巷又分别与主街次第相接，以紫石街为起点，自山脚顺山势向上延伸。受地形地势影响，街巷空间曲折多变，呈现出半自然、半人工的状态。主街顺应等高线延伸，整体呈南北方向，主街的宽度为 2—3 m。支巷多垂直于等高线，不定向地穿插于聚落中，并深入建筑群内部，支巷的宽度为 1—2 m。

　　主街与支巷均较为狭窄，两个层级的道路彼此连接、相互依附，构成聚落街巷体系。雨季来临时，自山上汇流而下的雨水通过支巷流入主街的排水沟，再经主街的排水沟排出到港口内，最终汇入太湖。

公共空间

　　陆巷古村的公共空间以王家祠堂（怀古堂）为中心，结合祠堂布置集会广场，并设有支祠。宗祠作为家族象征，是最主要的公共空间，是维系家族血脉、增强族内认同的重要场所。商业功能沿主街两侧展开。水港亦是重要的公共空间，渡口常设置亭廊空间，结合点状绿化形成渡口广场，供过往船只停靠和居民休憩、交流。

主要公共建筑
公共广场
商业街道

公共空间

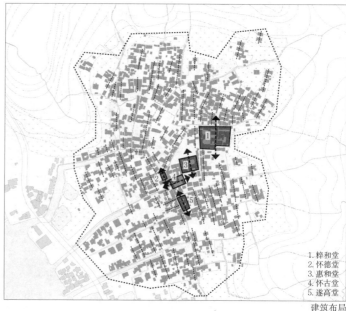

1. 粹和堂
2. 怀德堂
3. 惠和堂
4. 怀古堂
5. 遂高堂

建筑布局

建筑布局

陆巷古村建筑布局较为自由灵活。靠近太湖一侧的建筑与水体的关系趋于紧密，以3条河道为参照，依水而建；靠近山体的建筑布局则顺应六条巷道，面向水体呈放射状。在陆巷古村中建筑朝向并不局限于南北向，而更关注与地形、道路及水体形成良好关系。临近水体的建筑轴线多垂直于水体设置，临近山脚缓坡的建筑轴线多平行于等高线布置。

1.入口河道 2.入口沿河水埠 3.商业街道 4.街巷局部放大 5.生活街道　　　　街巷空间

1.街角空间和入口门头 2.建筑界面 3.惠和堂内院门头 4.惠和堂内园林空间　　　　典型建筑

苏州同里航拍图

苏州·同里

案例编号：03

聚落概况

案例分区：环太湖水网区
聚落位置：江苏省苏州市吴江区
典型建筑：退思园、崇本堂、嘉荫堂、同里三桥

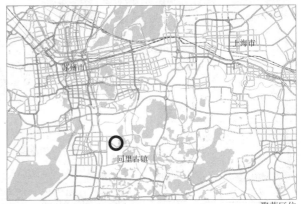

聚落区位

    同里古镇隶属江苏省苏州市吴江区，地处太湖流域苏锡常环太湖水网地区。同里古镇内部的水道纵横交错。

    同里古镇内的交通以河道为主，建筑和街巷依河而建，众多桥梁将其连为一体。同里古镇是典型的平原水网型聚落，其传统风貌保存完好，保留有大量明清时期的建筑与桥梁等。

调研范围

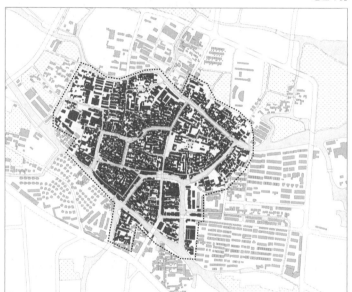

地理环境

聚落形态与空间结构

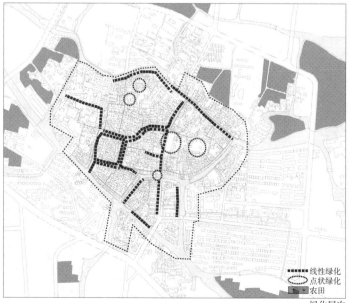

線性绿化
点状绿化
农田

绿化层次

地理特征

同里古镇地处苏锡常环太湖水网区，境内地势以平坦为主，西北稍高，东南稍低。古镇水面面积约占镇区面积的1/5，内部河道呈不规则网状布局，蜿蜒伸展，分支众多，流速平缓，河道宽度在5—15 m之间。小尺度、高密度、低流速的河网促使水路交通成为同里古镇的主要交通方式。

聚落形态

从聚落形态来看，同里古镇整体呈不规则的团块特征。作为限定聚落形态的主要因素，十多条河道交织成网状布局，将镇区分割成大小不一的7座小岛，彼此以桥梁连接。

空间结构

同里古镇的空间结构复杂，没有明确的向心性，呈现出多中心的特征，以河道交叉处的桥梁、水埠为依托，形成多个商业和活动中心。古镇空间亦无明确的轴线，建筑依水而建，有机而致密。

绿化层次

同里古镇由农田、滨河景观带与广场构成多层级的绿化体系。外围耕地多为圩田，因渔业、商业发达而占用耕地资源，故耕地较少，主要分布在古镇东北向和西北向，形成外层绿化。古镇内部绿化主要为沿河道线性布置的滨河景观带，植被以乔木为主。桥头、广场等公共空间处形成节点景观，为居民的日常活动提供场所。

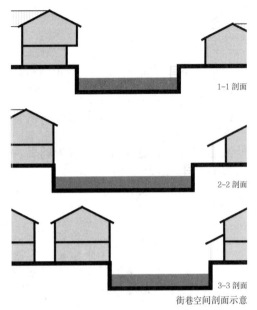

1-1 剖面

2-2 剖面

3-3 剖面

街巷空间剖面示意

街巷

　　同里古镇因水成市，古镇内以水路交通为主。古镇的主要街巷均沿河道两岸布局，因河道而有机变化，呈纵横交错、层次复杂的网状分布，形成复杂的双棋盘格局。

　　同里古镇有 8 条主街，多平行于临近河道，沿河街道宽度一般不超过5 m，背河街道宽度约为 2—3 m；支巷多垂直于主街，深入建筑群内部，多数支巷宽度不超过 1.5 m。

公共空间

　　同里古镇的公共空间主要结合水系布置。商业建筑通常平行于主河道展开，一般为前店后宅或下店上宅格局，具有明显的亲水性特征。广场主要分为桥头广场和公共建筑入口广场等类型，多呈不规则形态。河道交汇处多与桥头结合，形成较大尺度的广场，成为古镇的商业和公共活动中心。公共建筑入口一般附设小广场，可作为集会场所。

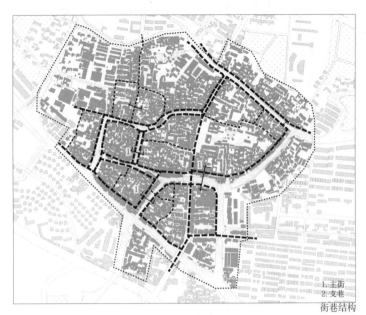

1. 主街
2. 支巷

街巷结构

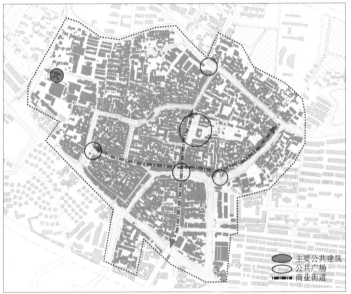

主要公共建筑
公共广场
商业街道

公共空间

1. 卧云庵
2. 耕乐堂
3. 珍珠塔景园
4. 嘉荫堂
5. 退思园

建筑布局

建筑布局

同里古镇内建筑密度高，布局紧凑，建筑朝向主要受河流走向影响，建筑多垂直于河道而建，并不严格遵循坐北朝南的营建要求。为充分利用沿河界面，建筑轴线大多垂直于河道纵向拓展，形成临河密集的联排式布局。

密集的联排布局在高效利用土地的同时，起到建筑相互遮阳的作用，也降低了地表对太阳辐射热的吸收，有利于适应夏季的湿热气候。

1.南侧河道及两岸界面 2.商业街道 3.备弄 4.河道及水埠 5.生活性街道　　　　　街巷空间

1.沿河的水陆并行界面 2.河流交汇处的拱桥 3.退思园内部门头 4.退思园内园林空间　　　　　典型建筑

南京漆桥村卫星图

南京·漆桥村

案例编号：05

聚落概况

案例分区：宁镇丘陵区
聚落位置：江苏省南京市高淳区漆桥街道
典型建筑：孔氏祠堂

聚落区位

调研范围

　　漆桥村隶属江苏省南京市高淳区漆桥街道，位于高淳区东北部、游子山北麓，距南京市区约90 km。

　　漆桥村水陆交通条件便利，漆桥老街南北纵向长达约500 m，南宋晚期已是著名的集市。聚落内现存大量明清时期的古建筑，保存状况相对完好。

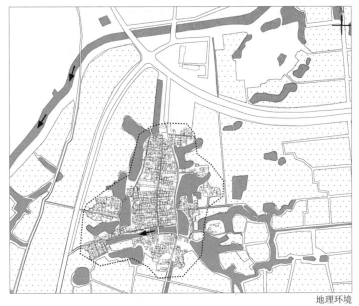

地理环境

聚落形态与空间结构

线性绿化
点状绿化
农田

绿化层次

地理特征

　　漆桥村地势东高西低,东南由游子山环抱,东北为低山丘陵岗地,平均海拔约73 m,地形较为平坦。

　　漆桥村是典型的半山半圩村落,水源丰富,土地肥沃。漆桥河源于栗山,由东北方流向西南方的固城湖,为漆桥村主要水源。村落四周农田广袤,其间散落形态各异、大小不一的坑塘、湖泊。

聚落形态

　　从聚落形态来看,漆桥村是结合水系的轴线型聚落。村落大致东西对称,环绕村落的坑塘、湖泊成为漆桥村内外的天然分界线。部分建筑组团从村落主体中延伸出去,与水面交错布置,形成以村落为中心、由农田水系环绕的有机聚落形态。

空间结构

　　村落沿南北向主轴纵向延伸,村内的主街与主轴在形态上趋于一致,支巷以近似垂直于主轴的方向朝东、西两侧延伸并形成次轴,主次轴共同构成村落骨架。总体来看,漆桥村呈主次分明、轴线清晰、纵横有致且与湖泊水网紧密结合的空间结构特征。

绿化层次

　　漆桥村的绿化体系由外围农田、沿湖绿化带和村落内部的广场绿化组成。村落四周土地肥沃,水源充足,耕地面积大,多种植水稻等农作物。村落东北为低山丘陵岗地,适宜种植林、桑、茶、果;西南为平原圩区,宜种植稻麦、油菜。沿湖绿化带多布置于村落外围建筑与坑塘、湖泊的交界处,在巩固水土的同时也丰富了村落外部空间的景观和视线层次。村落内的广场绿化多为点植乔木,主要起到丰富广场空间的作用。

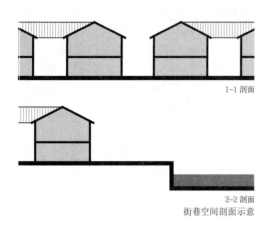

1-1 剖面

2-2 剖面
街巷空间剖面示意

街巷

　　漆桥村以中心漆桥老街为主街。漆桥老街呈南北走向，纵深百米且笔直地直达村落外围的圩田、湖泊，生活性支巷多垂直于老街，在老街两侧对称分布，因而整个村庄呈鱼骨状的街巷空间格局。漆桥老街的高宽比约为1:1，路面多为青石板铺地，与两侧建筑形成良好的围合界面，给人提供了良好的步行体验。支巷的高宽比约为2:1，空间较为紧凑，视线通达，与村外自然环境形成有机的联系。

公共空间

　　漆桥村的公共建筑沿漆桥老街两侧布置，有土地庙、迎刘公祠、孔氏祠堂遗址等，以明代、清代、民国时期的建筑居多，最老的建筑如平丞相府可追溯到元代。村落南北两侧还保留了两口古井——保安井和保平井，其中保平井临近古漆桥，结合亭台形成休憩空间。临街两侧均为砖木结构建筑，大多为两层，底层多为商业功能。每隔几栋建筑就有可通往河道的小巷，方便居民日常生活。

1. 主街
2. 支巷
街巷结构

主要公共建筑
公共广场
商业街道
公共空间

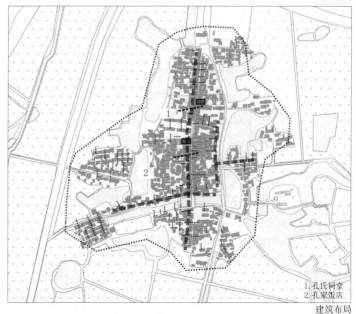

1. 孔氏祠堂
2. 孔家饭店
建筑布局

建筑布局

1.4.5. 主街 2. 村南石拱桥 3. 支巷　　　　　　　　　街巷空间

1. 建筑天井 2. 建筑二层 3. 门头 4. 建筑立面　　　　典型建筑

漆桥村的建筑布局较为严整，建筑朝向多为坐北朝南，并顺应街巷略有偏转。大部分建筑集中于主街两侧，临街建筑垂直于街道布置，商铺相对而设，采用前店后宅的布局，多为两至三进。小部分建筑组团随支巷延伸，与圩田紧密联系。因建筑与水体间有圩相隔，临水建筑组团顺应水体边界或进或退，总体保持严整布局。

191

金华俞源村卫星图

金华·俞源村

案例编号：33

聚落概况

案例分区：浙西山陵区
聚落位置：浙江省金华市武义县西南部
典型建筑：俞氏宗祠、裕后堂、声远堂

　　俞源村隶属浙江省金华市武义县，坐落在武义县西南部，距县城 20 km。俞源村历史文化底蕴深厚，村落形态奇异，现存大量明清古建筑。据《俞氏宗谱》载，俞源村系明朝开国谋士刘伯温按天体星象排列设计建造。

聚落区位

调研范围

地理环境

聚落形态与空间结构

绿化层次

图例：
- 线性绿化
- 点状绿化
- 农田
- 山体林地

地理特征

聚落整体地势自西南向东北缓降，东北部为丘冈与溪谷相间地形，呈"九山半水分半田"的地理格局。

俞源村有 2 条溪水。西溪由南向北流至俞源村，约 10—15 m 宽，较浑浊；东溪由东南向西北穿过村庄，约 10—15 m 宽，较清澈。两溪在俞源村西侧汇合，汇合后溪水宽约 20 m。村落范围内河道曲折，落差大，可供村民日常使用，虽不足以通舟楫，但丰水期可流通山货，故俞源得水陆转运、山货集聚之便利。

聚落形态

从聚落形态看，俞源村受山形限制和 S 形溪流引导，呈条带形。村落因溪水分为 2 部分，一部分以青龙山、锦屏山和东溪为界，背山面水，呈带状，在临近南山谷处狭窄而陡峭，房屋渐少。另一部分以东溪、西溪和梦山为界，三面环水呈团状。村落内的建筑组团沿溪水流向展开，并循水流分野产生形态上的分离。

空间结构

俞源村以东溪北街为主轴，呈两侧沿溪的夹河"一"字形。东溪中段通过多座桥梁联系村落两侧空间，河流交汇处为村落主要空间节点，之后河流穿村过田几经转折，由北侧水口处流出。整体空间疏密有致，节奏连续，呈现小分散、大聚集的特征。

绿化层次

俞源村的绿化由耕地、邻山绿化带与村内空地构成三级绿化体系。耕地位于山间谷地，较为平整，临近水源，灌溉便利，但面积有限，主要种植水稻、油菜花等作物。西面山坡有梯田，种植茶叶等。村落与山体的交界处有少许农田，其余交界之处均被天然植被覆盖，树木高大，种类丰富。村内的绿化主要分布于广场和宅间空地上，其中广场上多为人工点状绿化，为居民日常活动提供庇护。宅间空地多为不宜建设用地，分布有面状种植的高大乔木。

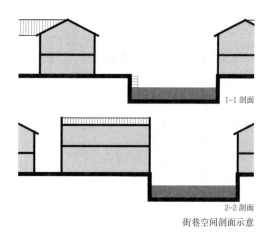

1-1 剖面

2-2 剖面

街巷空间剖面示意

街巷

俞源村中的主要街路沿溪布置，各支巷随地形变化而灵活布置，呈现不规则的路网形态。主街宽约 2—3 m，为水陆并行街道，承担村落日常商业活动和交通运输功能。支巷更窄，用于联系建筑组团内的各户人家，主要作为户前道路，仅供人行通过。

地面材料多用卵石或石板铺地，利于雨水下渗。总体而言，俞源村的街巷系统在平面形态上形成以沿河线性主街为主、以不规则支巷自由延伸为辅的结构，主次分明，层级清晰。

公共空间

俞源村的公共空间类型较多，有祠堂、庙宇、学堂、商铺等。俞氏宗祠位于两溪交汇处，南偏东朝向，祠堂前有开阔公共广场，为居民提供日常活动场所，古时亦作为时令性的祭祀活动场所，后为村口耕地。村落公共空间的分布体现出极强的亲水性，基本沿水而设，且垂直于河道。

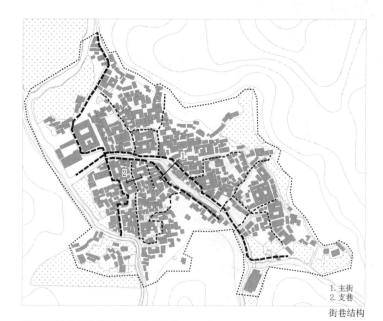

1. 主街
2. 支巷

街巷结构

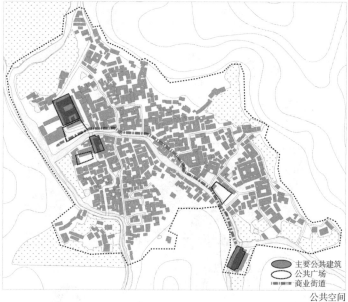

主要公共建筑
公共广场
商业街道

公共空间

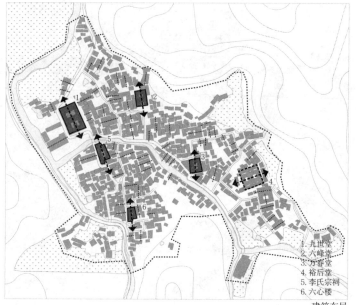

1. 九世堂
2. 六峰堂
3. 万春堂
4. 裕后堂
5. 李氏宗祠
6. 六心楼

建筑布局

建筑布局

俞源村的居住建筑组团围绕宗祠布局,以祖屋为中心向四周发展,主要朝向与组团内的祠堂保持一致,为南偏东方向。在沿河主街的两侧,商住建筑组团垂直于河道密集分布,沿河立面窄且纵深长,在用地面积受限的情况下最大限度地保证了沿河商业建筑的数量,同时丰富了村落商业业态。

1. 村内河道 2.3.5. 支巷 4. 主街   街巷空间

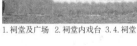

1. 祠堂及广场 2. 祠堂内戏台 3.4. 祠堂   典型建筑

195

金华诸葛村航拍图

金华·诸葛村

案例编号：34

聚落概况

案例分区：浙西盆地区
聚落位置：浙江省金华市兰溪市诸葛镇
典型建筑：丞相祠堂、大公堂、大经堂

聚落区位

诸葛村位于浙江省金华市兰溪市诸葛镇，距离兰溪市区18 km，距离杭州市区145 km。诸葛村地处丘陵地区围合的盆地中，村中建筑按照"八阵图"样式布列，现存200多座明清古建筑。

诸葛村东西长约1.3 km，南北宽约1.2 km，整体形态较为方正。

调研范围

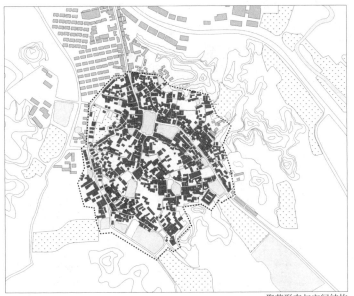

地理环境

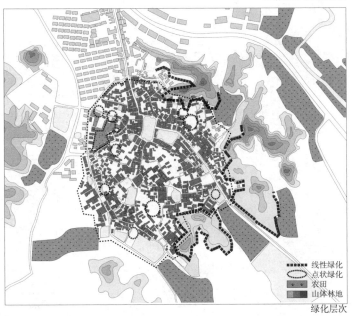

聚落形态与空间结构

线性绿化
点状绿化
农田
山体林地

绿化层次

地理特征

  诸葛村地处衢江流域，四周为连续低矮的丘陵地貌，多个起伏小丘环绕村落。村落相对外围地势较高，人工开挖了较多的湖沼，湖沼呈散点状分布。最大的湖沼位于村落东南侧的村口位置，长约250 m，宽度在100—150 m，其余的湖沼长宽均在70 m以下。小尺度、高密度的湖沼体系为居民提供了所需的日常用水，并调节着村落的局部微气候。

聚落形态

  从聚落形态来看，诸葛村属于团块型聚落。由于村落内部地形起伏，湖沼多分布在低洼处，故建筑依山就势，栖息于缓坡上，并被地形和湖沼分隔为多个组团，建筑密度不高。村落边界较为规整，局部顺应地势有所变化。

空间结构

  诸葛村属于象征型聚落，在营建之初即被赋予"八卦"的象征意义。村落内部以钟池为中心，向外延伸出多条小巷，形成向心型的空间结构。村落的主轴顺应村内若干个较大湖沼形成主街，同时多条支巷以主街道为起点自由延展，形成了网状的空间结构。

绿化层次

  诸葛村由农田、滨湖景观与宅间空地构成三级绿化体系。外围耕地以水耕稻田为主，在村落南、东、西三侧的山间盆地中呈点状分布。村落内部由乔木和灌木组成围绕湖沼的滨湖景观，因受人工水系的尺度限制，其种植密度远低于由自然水系形成的滨水景观带。此外村落中的宅间空地以高大的乔木为主，形成点、面结合的绿化，提高了村落的绿化率，绿化形成的遮阴场地同时可供村民日常活动使用。

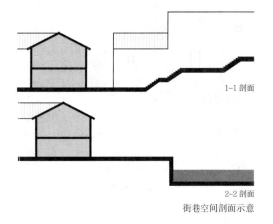

1-1 剖面

2-2 剖面

街巷空间剖面示意

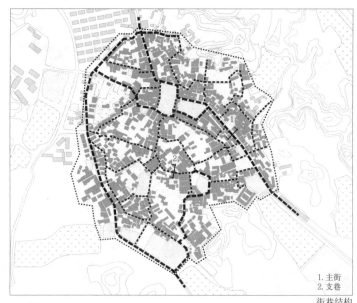

1. 主街
2. 支巷

街巷结构

街巷

诸葛村的街巷体系呈网格状布局，主街为商业街形式，基本顺应等高线延伸，大体呈西北至东南走向，较为平整。支巷呈现出自由延展的形态特征，结合主街纵横交错，化解局部高差，构成村落的街巷骨架。主街的宽度不超过5 m，可供车行。支巷宽度不超过2 m，仅限行人通过。总体而言，村落街巷呈现出主次分明、层级清晰的网格状布局。

公共空间

诸葛村的公共空间主要结合村内湖沼布置，包括大型公共建筑的主入口广场空间和街巷交会处的空间节点等。广场空间在分布上呈现出"以水为核心"的特征，并由环水道路进行连接，为居民提供公共活动场所。村内公共空间均为开敞状态，未设置廊棚之类的遮蔽性构筑物。

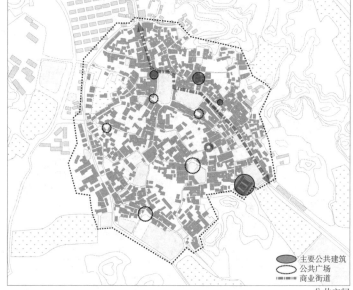

主要公共建筑
公共广场
商业街道

公共空间

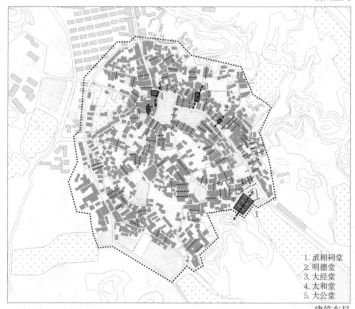

1. 丞相祠堂
2. 明德堂
3. 大经堂
4. 太和堂
5. 大公堂

建筑布局

建筑布局

　　诸葛村内的居住组团大致分为3部分：中部以钟池以为核心向外呈向心型分布；东北部和西南部均呈带状，以宗祠为核心沿着湖沼和等高线发展，体现出诸葛村在营建之初以若干个家族分支的"祖屋"为核心展开居住组团的特点。受地形起伏的影响，建筑朝向相对灵活。

1.2.生活性巷道 3.湖与临湖建筑 4.街巷台阶　　　　　　　　街巷空间

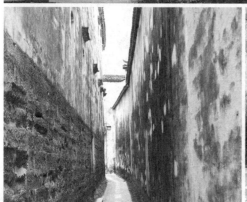

1.临湖建筑立面 2.窄巷建筑山墙面 3.街巷台阶　　　　　　　街巷布局

黄山宏村航拍图

黄山·宏村

案例编号：41

聚落概况

案例分区：徽州山陵区
聚落位置：安徽省黄山市歙县宏村镇
典型建筑：南湖书院、承志堂、汪氏宗祠

聚落区位

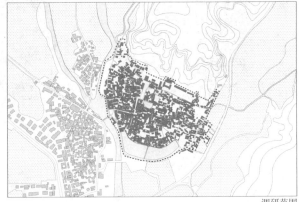

调研范围

　　宏村位于安徽省黄山市歙县宏村镇，距黄山市区约45 km。村落始建于南宋时期，现存村落于明朝兴建，村中的南湖书院、树人堂、三立堂、乐贤堂、承志堂等大型书院和宅第兴建于清康熙年间。

　　宏村位于丘陵地区围合的盆地中，地势北高南低。村落呈半圆形，背山面水，南侧有人工开挖的湖泊，西侧有外部水系。村落南北长约750 m，东西长约700 m。

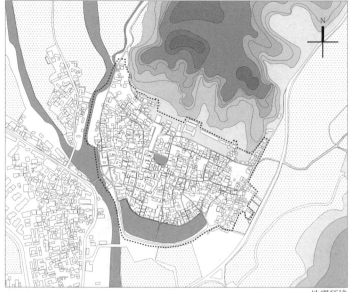

地理环境

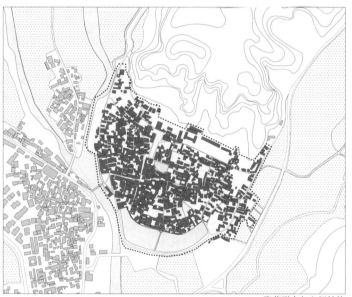

聚落形态与空间结构

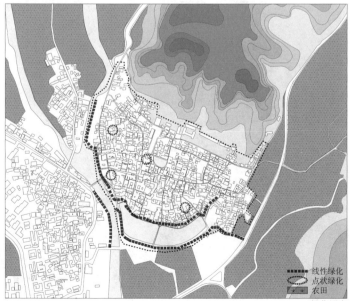

线性绿化
点状绿化
农田

绿化层次

地理特征

　　宏村位于新安江流域丘陵地区，地处群山环绕的盆地之中，地势北高南低。村落北倚黄山余脉雷岗山，东为东山，南望吉阳山，西溪自西北向南绕村而过，南面地势开阔，恰为"枕山、环水、面屏"的理想选址。村落水系发达，外部自然河道尺度较大，宽度均在10—30 m，流速平缓，内部人工水系复杂高效，利用天然地势落差，河水蜿蜒流经家家户户。

聚落形态

　　从聚落形态来看，宏村是较为典型的团块型聚落。村落整体呈半圆形，北侧以雷岗山为界，形态笔直、规整似牛背，西南侧以西溪、南湖为界，形态圆润自然似牛肚，村落主体建筑位于其间，形态紧密、集中似牛身。整个村落依山就势，形成卧牛状的有机形态。

空间形态

　　宏村以自南湖起，穿过村中月沼直至北侧黄山余脉羊栈岭、雷岗山的虚轴为村落的主要轴线，形成了"坐山面水"的总体空间格局。宏村的主要街道基于该虚轴呈网格状布局，其公共活动广场和商业街铺位于主轴之上。内部的街道和民居建筑则顺应水圳走向进行延伸。

绿化层次

　　宏村由农田、滨水景观带与广场构成三级绿化体系。外围耕地以水耕稻田为主，在村落的南、东、西三侧沿村落外部水系流向分布。村落内部以乔木和灌木共同组成呈线性分布的滨水景观带，其既巩固河岸，减少水土流失，又丰富了村落内部的景观层次。尤其是以南湖为核心的滨水景观带中，南侧成片的树木与北侧的南湖书院形成良好的对景关系，提升了村落的景观空间品质。

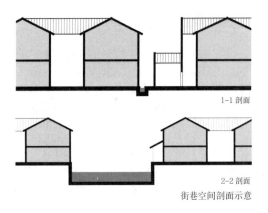

1-1 剖面

2-2 剖面

街巷空间剖面示意

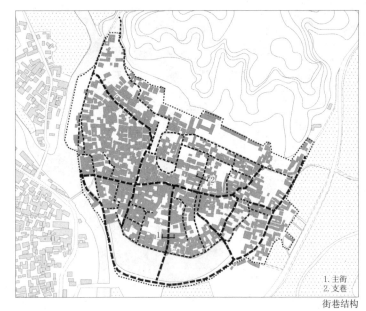

1. 主街
2. 支巷

街巷结构

街巷

宏村因水成村，在村落外围是水陆并行的街道，主要满足货物运输和日常生产、生活取水所需。村落内主要街道一般有 3 种走向：与南北主轴平行、垂直或沿着河湖分布。因此主街形态呈现出顺应水系的网格形，主街宽度均不超过 6 m。支巷多垂直于主街，深入建筑群内部，多数支巷宽度不超过 1.5 m，仅供人行。

公共空间

宏村的公共空间大多结合水系布置。村落外向性的公共空间主要为沿着外部自然水系形成的商业街道；内向性的公共空间主要是结合内部人工水系所形成的广场和公共建筑入口空间，为居民提供活动场所。

南湖上的画桥是村落入口的关键空间节点，画桥两侧种植水生植物，如荷花、睡莲等。村落西南部入口的桥头广场主要由两棵千年古银杏树所界定。此外，在部分民居组团的中心设置戏台和小广场作为集会场所。

主要公共建筑
公共广场
商业街道

公共空间

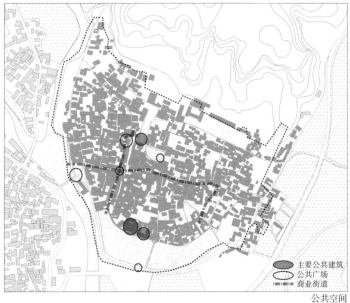

1. 南湖书院
2. 汪氏宗祠

建筑布局

建筑布局

宏村的大型公共建筑均与主要轴线平行，例如汪氏宗祠、南湖书院均采用南北向布局，与水系和山形遥相呼应。由于用地紧张，民居建筑的主入口基本沿街道和巷道布置，不另设单独出入口以节约用地。

民居建筑朝向基本为顺应所在街道或巷道的垂直方向，并沿该方向纵向拓展，形成若干进的院落和房间。居住建筑组团呈现小尺度、高密度的布局特征。部分组团以先祖老宅为核心呈向心型分布，这也是徽州村落建筑组团布局的一大特征。

1.日沼北侧 2.村北侧农田 3.村内水圳 4.生活性巷道 5.祠堂与民居间的窄巷　　　　街巷空间

1.树人堂外部 2.树人堂天井 3.汪氏宗祠入口 4.南湖北侧的村口　　　　典型建筑

宣城查济村航拍图

宣城·查济村

案例编号：48

聚落概况

案例分区：徽州山陵区
聚落位置：安徽省宣城市泾县桃花潭镇
典型建筑：二甲祠、宝公祠、德公厅屋

聚落区位

查济村位于安徽省宣城市泾县桃花潭镇，距离桃花潭风景区 20 km，距离黄山市区 120 km，是我国现存最大的明清古村落。查济村中现存古建筑 140 余处，除"德公厅屋"为元代建筑外，大多为明清时期所建。

查济村位于低山围合的平原中，村落西侧为山脉，东侧为平原，整体呈直线形，东西长约 1 500 m，南北最宽处约 500 m，最窄处不到 200 m。村落原为查氏族人所建，故以查济为村名。

调研范围

地理环境

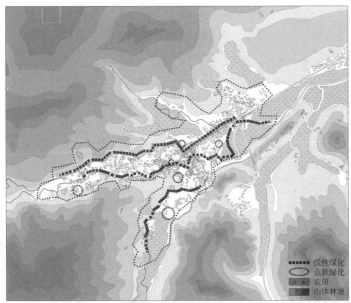

聚落形态与空间结构

绿化层次

线性绿化
点状绿化
农田
山体林地

地理特征

查济村位于青弋江流域平原水网与山地水网的过渡区域。村落四周群山环绕，村落内地形平坦，地势较低，水系发达，河网密集。村内河道尺度不一，自西南向东北流过的查济河为村落内的主要河道，其宽度在 5—10 m，其余河道均为查济河的分支，支流的宽度在 5 m 以下。河道常年流速平缓，水位较低，满足了村落内的用水需求。

聚落形态

从聚落形态来看，查济村属于狭长的带状聚落。村落选址在多条山脉相会处，受山地限制，聚落边界破碎，呈不规则状。村落主体建筑循着主要河道查济河自西向东延展，顺支流也有部分建筑组团。

从整体来说，查济村的带状形态主要受地形制约，并由水系引导，呈现人工环境与自然环境相互交融的清晰图底关系。

空间结构

村口位于查济河下游，在查济河沿岸保存有村落内的大部分公共建筑和外部空间节点。其余建筑组团沿查济河支流延伸，与主要轴线形成若干丁字形衔接的空间布局，其中公共活动广场多位于河流的交叉节点或桥头节点处，内部街道和民居建筑也沿着支流方向展开。

绿化层次

查济村由外围耕地、村落内部绿化与民居内部绿化形成三级绿化体系。外围耕地以稻田为主，在布局上具有沿河而耕的特征，呈放射状形态。村落内部绿化分布在村落内沿河景观带和公共空间，以乔木和灌木形成绿化覆盖，提高了村落内部的绿化率。民居内部种植点状乔木和小型灌木，景观层次丰富。

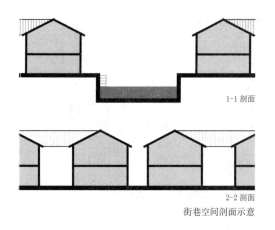

1-1 剖面

2-2 剖面

街巷空间剖面示意

街巷

查济村内部有一条水陆主街，自村落东北角起向西南侧的村落中心延伸，并由此转向西侧直达村尾，主街形态走势与查济河吻合，体现出沿河型聚落的布局特征。支巷与主街垂直相接，但在延伸方向上顺应查济河支流流向，呈现出一定的放射状特征。水陆主街的宽度在3m以内，并沿查济河两侧布置，形成"两街夹一河"布局；多数支巷宽度不超过2m，仅供行走。总体而言，查济村的街巷系统呈现出以线性主街道为主干、以放射状支巷为旁支的布局特征。

公共空间

查济村的公共空间结合水系布置，并沿查济河展开。主街局部加盖一层廊棚，宽度与街道一致，形成可灵活使用的聚集场所。广场可以分为桥头广场和公共建筑入口广场两类。桥头广场结合点状绿化，形成不规则的空间节点，查济河与支流交界处结合桥头空间形成了尺度较大的广场。此外，村落内主要的公共建筑，如宝公祠、二甲祠等主入口均设置小广场作为临时聚集场所。

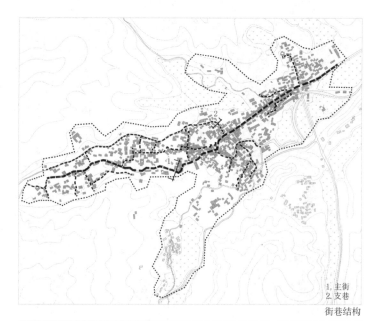

1. 主街
2. 支巷

街巷结构

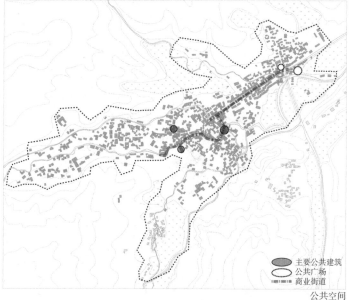

主要公共建筑
公共广场
商业街道

公共空间

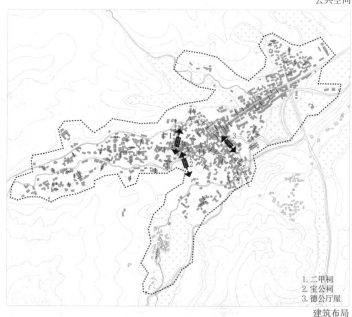

1. 二甲祠
2. 宝公祠
3. 德公厅屋

建筑布局

建筑布局

建筑组团密度与河道尺度密度呈正相关关系，建筑密度最大的区域是水网最密集、河道最宽之处；反之，在各条支流尽端，建筑密度突然下降，仅三两成群，呈点状布置。

沿河建筑多垂直于河道布置，未严格遵循南北朝向，而位于组团内部远离河道的建筑则在朝向上受外围山体环境的影响。

1.村口空间 2.河道 3.河道拐点及水埠 4.河道拐点及休憩空间 5.生活性巷道　　　　街巷空间

1.村外农田 2.民居门头与户前道路 3.村南侧与自然环境相接 4.村口沿河界面　　　　典型建筑

3.2 典型案例

扬州·邵伯古镇　　　　丽水·河阳村
徐州·户部山　　　　　黄山·棠樾村
盐城·安丰古镇　　　　黄山·西递村
杭州·深澳村　　　　　合肥·三河古镇
嘉兴·西塘古镇　　　　上海·枫泾古镇
舟山·峙岙村

扬州邵伯古镇航拍图

聚落区位

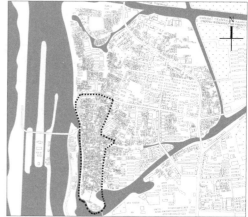

地理环境

扬州·邵伯古镇

案例编号：08

聚落区位：淮扬苏中平原区

邵伯古镇位于江苏省扬州市江都区，始建于东晋太元年间，至今已有1 600多年的历史。古镇东邻丁伙镇、真武镇，西傍邵伯湖，南接仙女镇，北与高邮市车逻镇、八桥镇接壤，是京杭大运河上闻名遐迩的繁华商埠。

邵伯古镇地处江淮冲积平原，京杭大运河流经镇西，沿大运河一侧发展，属于条带状聚落。古镇内的交通以3条陆路街道为主：其中一条为镇西沿河水街，另两条纵贯聚落内部，三条街道均平行于运河，呈南北走向。支巷垂直于河堤与主街串联起聚落，呈现东西向延伸的空间骨架。

古镇内的建筑密度较高，布局紧凑。沿河建筑在朝向上均面向河面，其余建筑组团多为南北向布局。

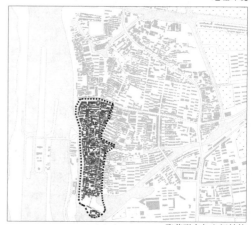

聚落形态与空间结构

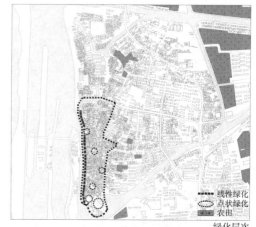

线性绿化
点状绿化
农田

绿化层次

1. 主街
2. 支巷

街巷结构

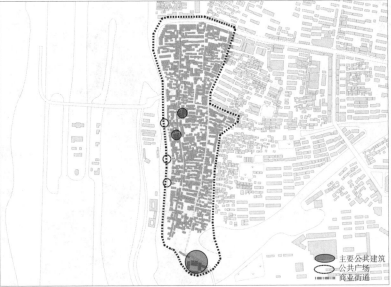

主要公共建筑
公共广场
商业街道

公共空间

1. 运河廉文化
   传承馆
2. 巡检司
3. 董恂读书处
4. 梵行寺

建筑布局

1. 梵行寺外立面　2. 生活性巷道　3. 村内主街
4. 建筑内通廊　5. 村内窄巷　　　　　　街巷空间

1. 临河道路　2. 街巷牌坊　3. 临河码头　　　典型建筑
4. 临河建筑外立面

徐州户部山航拍图

聚落区位

地理环境

徐州·户部山

案例编号：11

聚落区位：徐宿淮北平原区

  户部山历史文化街区隶属江苏省徐州市云龙区，地处城市中心的山丘之上，因明天启年间户部分司署迁至此处，得名户部山。

  户部山四周地势平坦，无地表水系。聚落顺户部山坡度向上发展，属于山地聚落中的团块型聚落。聚落内的交通以陆路为主，包括围绕山体的外部环形道路和沿山而上的带状道路。聚落外的城市道路以户部山为核心并呈辐射状。街巷整体呈尺度大、密度低的特征。

  户部山现存民居以清代建筑为主，密度较低，多为一层。民居主要分布在户部山东侧的缓坡地带，多为南北向布局，并为具有明显北方特征的合院式建筑，结合地形拾级而上。

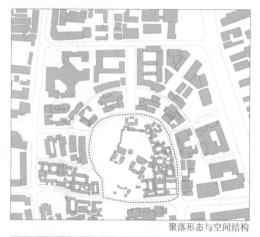

聚落形态与空间结构

线性绿化
点状绿化
山体林地

绿化层次

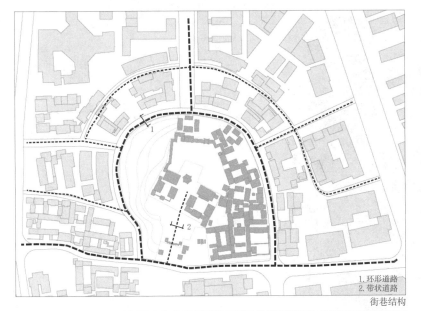

1. 环形道路
2. 带状道路

街巷结构

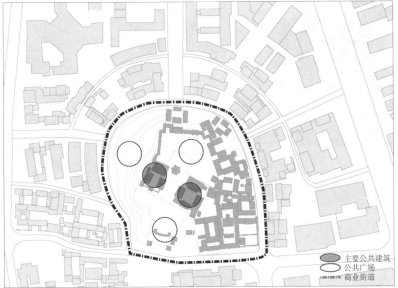

主要公共建筑
公共广场
商业街道

公共空间

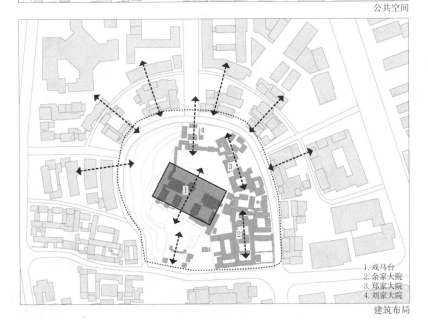

1. 戏马台
2. 余家大院
3. 郑家大院
4. 刘家大院

建筑布局

1.3. 余家大院内巷 2. 台地化布局
4. 余家大院南侧花园 5. 翟家大院内巷

街巷空间

1. 翟家大院入口 2. 建筑内部界面
3. 台地化布局 4. 建筑外部界面

典型建筑

安丰古镇航拍图

聚落区位

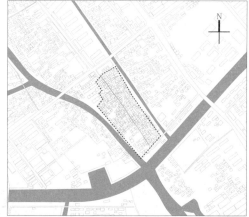

地理环境

聚落形态与空间结构

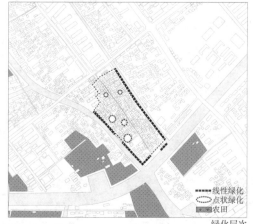

绿化层次

盐城·安丰古镇

案例编号：12

聚落区位：通盐连沿海平原区

　　安丰古镇隶属江苏省盐城市东台市安丰镇，历史悠久，最早的文字记载见于唐开元年间。古镇以盐业著名，境内的海河和串场河直达长江，均为水路盐运要道。

　　古镇所处地势平坦，海拔较低。古镇属于沿海平原地形的轴线型聚落，主街七里长街为主要轴线。古镇空间受主轴与两侧河道影响，形成"两河夹一街"的空间格局。主街平行于两条河流，支巷间隔、均匀地垂直于两河。

　　古镇内的明清建筑群与古街风貌保存完好。建筑群布局紧凑、规整，规模较小。主街两侧商业建筑的轴线多垂直于街道，其余建筑朝向多以南北向偏东为主，与河道平行布置。

1. 主街
2. 支巷

街巷结构

1.3. 商业主街 2.5. 生活性巷道
4. 街巷牌坊

街巷空间

主要公共建筑
公共广场
商业街道

公共空间

1. 鲍氏大楼
2. 吴氏家祠
3. 盐课司
4. 古戏台
5. 袁承业宅

建筑布局

1. 民居立面 2. 典型门头
3. 吴氏家祠入口门头 4. 民居立面

典型建筑

杭州深澳村航拍图

杭州·深澳村

案例编号：21

聚落区位：浙北山陵区

　　深澳村隶属浙江省杭州市桐庐县江南镇，是由申屠氏于南宋定居于此后发展而成的古村落。古村内现存明清建筑140多座，民国时期建筑60多座，分布于南北走向的老街弄堂里。

　　深澳村位于低山围合的平原中，地势为北高南低的缓坡，属于团块型聚落。应家溪从村落东北侧蜿蜒而过，村内水系包括自然水系和人工水系，格局完善。深澳村由东、西两条主街贯穿村中，其他支巷曲折联系各户，呈不规则网状结构。主街为南北走向，下筑暗渠（俗称澳）。

　　古村内的建筑布局紧凑，以二层为主，大型宅院沿进深方向发展，往往为3—5进。建筑朝向以坐西朝东偏南为主，与祠堂朝向保持一致。

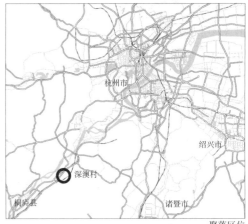

聚落区位

地理环境

聚落形态与空间结构

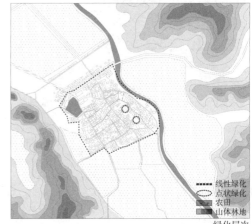

线性绿化
点状绿化
农田
山体林地

绿化层次

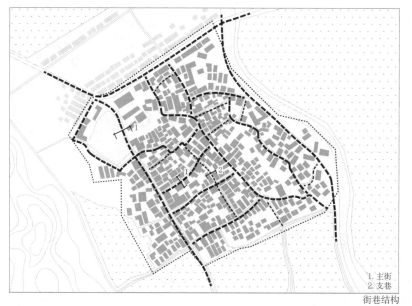

1. 主街
2. 支巷

街巷结构

1. 主街 2.3.4.5. 支巷

街巷空间

主要公共建筑
公共广场
商业街道

公共空间

1. 九世堂

建筑布局

1. 村头活动中心 2. 建筑内院
3. 建筑厅堂 4. 村头池塘

典型建筑

嘉兴西塘古镇航拍图

嘉兴·西塘古镇

案例编号：25

聚落区位：浙北水网区

　　西塘古镇隶属浙江省嘉兴市嘉善县，地处江、浙、沪三省交界处，地理位置优越，历史悠久。西塘古镇的核心区面积约 1.01 km²，现存明清建筑面积约 25 万 m²，基本保持了传统的江南水乡风貌。

　　西塘古镇地势低平，河网密集，总体呈现"三横一竖"的水网格局。古镇属于轴线型聚落，以西塘港与西塘市河两条主河道为主要轴线，空间沿主轴向外延伸，整体呈"丁"字形布局。街巷多结合河道布置，主街平行于主要河道，支巷多垂直于主街，深入聚落内部。

　　建筑轴线多垂直于河道，纵向拓展形成临河的密集联排式布局。

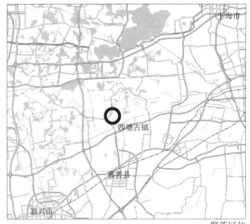

聚落区位

地理环境

聚落形态与空间结构

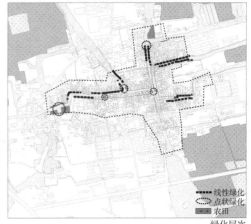

- - - - 线性绿化
○ 点状绿化
▦ 农田

绿化层次

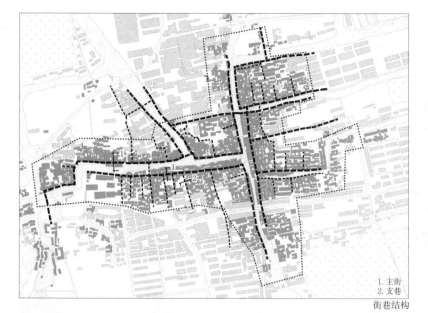

1. 主街
2. 支巷

街巷结构

1. 河道 2. 临河檐廊 3. 主街
4. 支巷 5. 临河街道

街巷空间

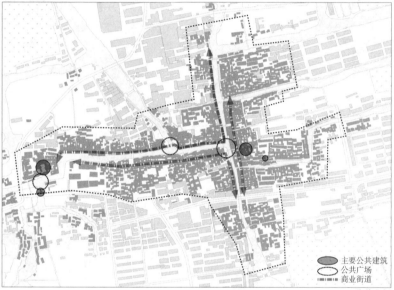

　　主要公共建筑
　　公共广场
　　商业街道

公共空间

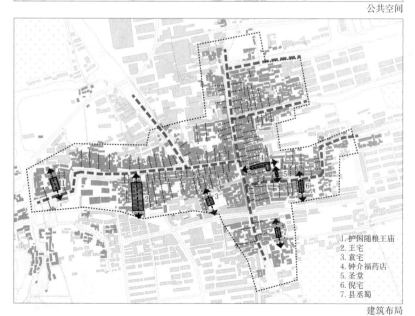

1. 护国随粮王庙
2. 王宅
3. 袁宅
4. 钟介福药店
5. 圣堂
6. 倪宅
7. 县丞署

建筑布局

1. 临河建筑立面　2. 民居入口
3. 民居入口门头　4. 临河檐廊及建筑立面

典型建筑

舟山嵊岙村航拍图

舟山·嵊岙村

案例编号：30

聚落区位：浙东滨海岛屿区

　　嵊岙村隶属浙江省舟山市嵊泗县黄龙乡，村落经济来源以渔业捕捞为主，为典型的海岛渔村，具有海岛文化特色。村落由石景、石屋、石街构成大规模的石屋建筑群，被称为"东海石村"。

　　嵊岙村位于元宝山北坡的平缓坡地，三面环海。村落依山就势，呈现出沿等高线向山上发展的团块状形态。主街垂直于等高线布置，支巷则顺应等高线布置，深入聚落内部。村落整体布局自由活泼，富有层次感。

　　建筑顺应地势，依山而建，朝向大多背朝大海，面向大海的一面为通长石墙面，开小窗以防风保暖。建筑材料多采用当地出产的花岗岩。

聚落区位

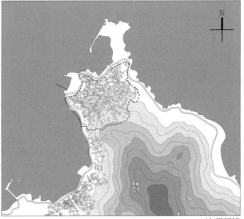
地理环境

聚落形态与空间结构

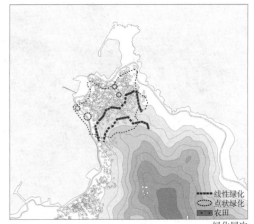
线性绿化
点状绿化
农田
绿化层次

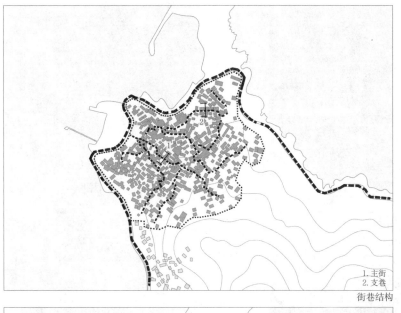

1. 主街
2. 支巷

街巷结构

1.2.3.4.村内街巷 5.生活性巷道

街巷空间

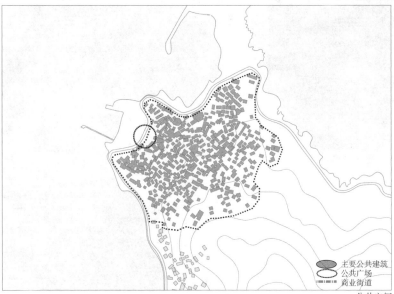

主要公共建筑
公共广场
商业街道

公共空间

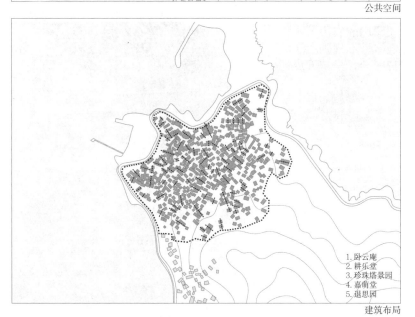

1. 卧云庵
2. 耕乐堂
3. 珍珠塔景园
4. 嘉荫堂
5. 退思园

建筑布局

1. 整体村貌 2.4.典型民居建筑
3.民居建筑界面

典型建筑

丽水河阳村航拍图

地理环境

丽水·河阳村

案例编号：35

聚落区位：浙南山陵区

　　河阳村隶属浙江省丽水市缙云县新建镇。村落始建于五代末期，元代规划重建，现存水系、街巷基本延续了元代重建时的布局。村落至今仍完好地保存着众多明清古建筑。

　　河阳村被群山包围，地势西高东低。四周的农田与水塘交织，新建溪自西向东穿村而过。村落整体呈不规则团块状布局。道路布局以八士门街为中轴线左右展开，呈"五纵四横"的结构形态，有序而丰富。

　　古村内的建筑以古街为中轴线左右分布，聚族而居。建筑朝向多顺应地形，坐西南方朝东北向。民居建筑规模较大，布局严整。

聚落形态与空间结构

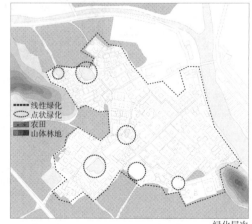

线性绿化
点状绿化
农田
山体林地

绿化层次

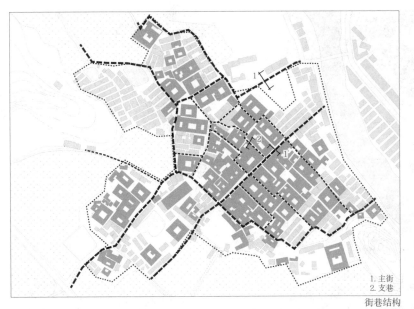

1. 主街
2. 支巷

街巷结构

1. 主街 2. 支巷

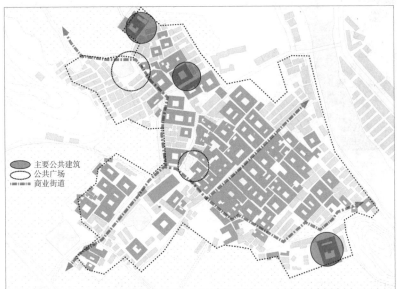

主要公共建筑
公共广场
商业街道

公共空间

1. 村头池塘 2.3. 村内水系
4. 主街入口 5. 支巷

街巷空间

1. 虚竹公祠
2. "循规映月"宅
3. "儒林古第"宅
4. "耕凿遗风"宅
5. "中峰拱秀"宅
6. 圭二公祠
7. 朱大宗祠

建筑布局

1. 村内池塘 2. 建筑门头 3. 祠堂入口门厅
4. 建筑内院

典型建筑

黄山棠樾村航拍图

聚落区位

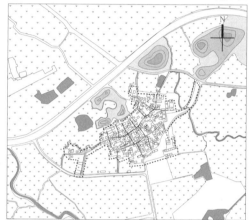

地理环境

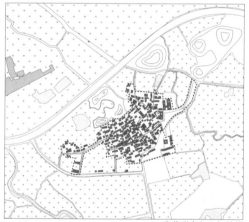

聚落形态与空间结构

━━━ 线性绿化
◯◯ 点状绿化
▨▨ 农田

绿化层次

黄山·棠樾村

案例编号：44

聚落区位：徽州山陵区

　　棠樾村隶属安徽省黄山市歙县，为鲍姓聚居村，始建于南宋时期，明清时期以经商著名。村落内明清建筑群保留完整，尤其是村口7座牌坊为国内仅存。

　　棠樾村位于徽州山岭深处的平坦地区，四周群山环绕，村内地势低平，新安江支流临村而过。村落属于团块型聚落。主街为东西向，其中较长的主街布置了7座牌坊向东延伸，形成独具特色的秩序性空间序列。村落以主街和与其垂直的支巷为骨架，公共建筑和广场多分布于主街两侧。

　　古村内的建筑密度高，尺度小，多垂直于一侧道路灵活布置。民居建筑中有大量小尺度、高密度的天井。

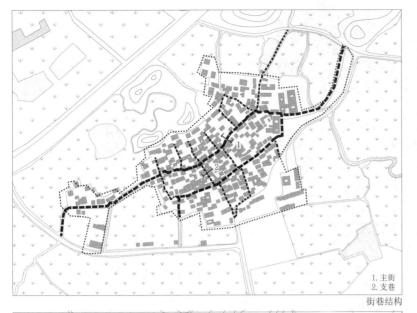

1. 主街
2. 支巷

街巷结构

1. 商业主街巷 2. 支巷 3. 户前空间
4. 水圳 5. 巷道交叉处门头

街巷空间

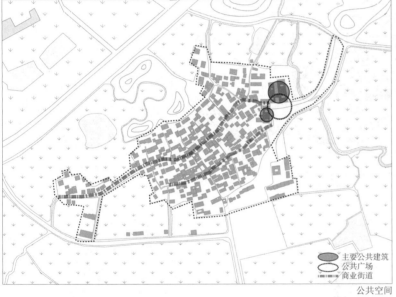

主要公共建筑
公共广场
商业街道

公共空间

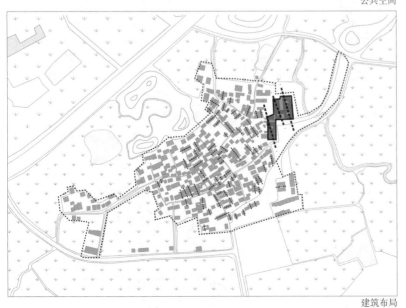

建筑布局

1. 村外牌坊群 2. 鲍氏盆景园 3. 入口门头
4. 村口休憩空间

典型建筑

黄山西递村航拍图

黄山·西递村

案例编号：46

聚落区位：徽州山陵区

　　西递村隶属安徽省黄山市黟县西递镇，现以胡氏为主的西递村奠基于北宋时期，发展于明景泰年间，鼎盛于清嘉庆、乾隆年间。目前村落基本保持明清时期的风貌格局。

　　西递村四周为山地地貌，地势起伏较大。村落紧临新安江水系，其支流穿村而过，村口有人工开挖的湖沼。村落受南北两侧山体和内部水流影响，整体形态呈中间宽、两头窄的梭子形。村落主街沿水展开，为水陆并行主街，其余道路与主街垂直布置，街巷体系呈鱼骨状布局。

　　村落建筑密度极高，多垂直于河流或一侧道路灵活布置。

聚落区位

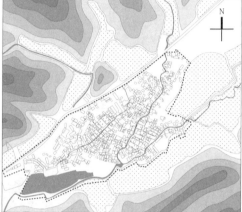

地理环境

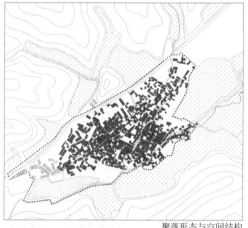

聚落形态与空间结构

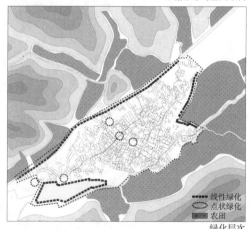

线性绿化
点状绿化
农田

绿化层次

1. 主街
2. 支巷

街巷结构

⬭ 主要公共建筑
◯ 公共广场
▦ 商业街道

公共空间

1. 追慕堂
2. 胡氏宗祠

建筑布局

1. 宗祠前广场 2. 生活性街道
3. 5. 村内水系 4. 街巷节点空间

街巷空间

1. 追慕堂内部 2. 村口牌坊
3. 大夫第内部门头 4. 胡氏宗祠内部

典型建筑

227

合肥三河古镇航拍图

聚落区位

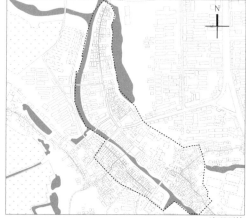
地理环境

合肥·三河古镇

案例编号：49

聚落区位：江淮平原区

　　三河古镇隶属安徽省合肥市肥西县，地处肥西县、庐江县、舒城县三县交界处，因三条河流在境内交汇而得名。古镇历史悠久，现存的大部分古街、古宅为晚清时期所建。

　　三河古镇周边地势平坦，古镇内的地表水系有丰乐河、杭埠河、小南河三条河流，地表水丰富，古镇位于东、西两侧的河流之间。古镇空间形态属于轴线型。主要街道沿河流展开，是水陆交通并行的商业性街道，支巷垂直于主街向建筑组团内部延伸，形成鱼骨状的街巷体系。

　　三河古镇建筑密集，院落尺度较大，呈现出北方民居的部分特征。沿河的建筑组团均朝向河道方向，聚落内部的建筑组团多朝向道路方向。

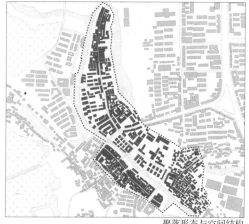
聚落形态与空间结构

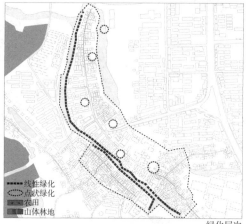

线状绿化
点状绿化
农田
山体林地

绿化层次

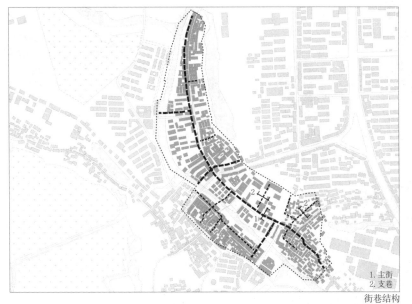

1. 主街
2. 支巷

街巷结构

1. 小南河 2.3.4. 古民街
5. 一人巷

街巷空间

主要公共建筑
公共广场
商业街道

公共空间

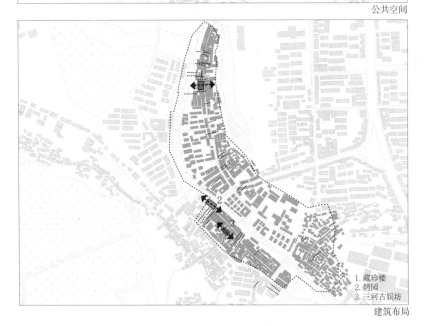

1. 藏珍楼
2. 鹊园
3. 三河古娱坊

建筑布局

1. 杨振宁旧居西立面 2. 刘同兴隆庄内景
3. 三县桥 4. 三河古娱坊立面

典型建筑

229

上海枫泾古镇航拍图

上海·枫泾古镇

编号：50

聚落区位：上海沿海平原区

　　枫泾古镇隶属上海市金山区，地处上海西南隅，为浙沪的五个县区交界之地，历史上一直是重要的交通节点。古镇于宋代成市，于元代建镇，至今已有1500多年的历史。

　　枫泾古镇地势平坦，河道水网交织，总体呈"五横三纵"的水网格局。古镇以白牛河和市河为主要轴线，同时有多条支流与主河道交错构成水网，属于轴线型聚落，整体呈条带状布局。街巷多结合河道布置，主街与河道平行，支巷垂直于主街，形成古镇街巷框架。

　　枫泾古镇内的建筑朝向非严格的正南北向，多垂直于河道布置，维持传统的前店后住的形式。建筑群充分利用沿河面，形成密集的联排式布局以高效利用土地。

聚落区位

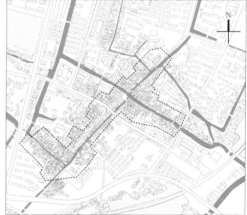

地理环境

聚落形态与空间结构

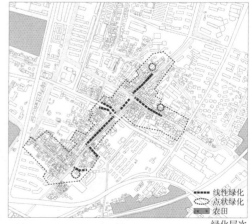

- - - 线性绿化
○ 点状绿化
农田

绿化层次

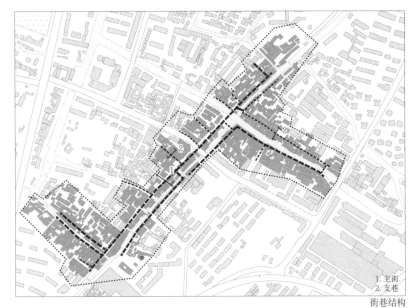

1. 主街
2. 支巷

街巷结构

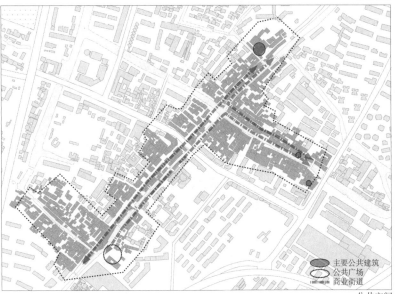

主要公共建筑
公共广场
商业街道

公共空间

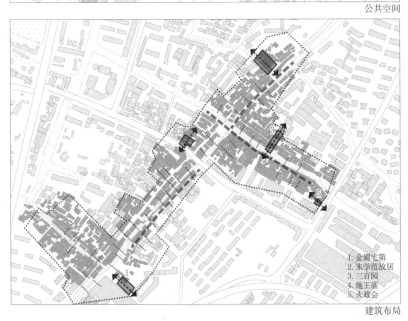

1. 金画宅第
2. 朱学范故居
3. 三百园
4. 施王庙
5. 火政会

建筑布局

1. 河道 2. 主街牌坊 3. 河道及沿河檐廊
4. 主街 5. 生活性巷道

街巷空间

1. 临河建筑立面 2. 施王庙入口门头
3. 民居入口门头 4. 临河建筑休憩空间

典型建筑

3.3 聚落调研案例资料汇总

苏州·甪直		编号：01
地理位置	环太湖水网区 江苏省苏州市吴中区	
建筑概况	甪直古镇北依吴淞江，南衔澄湖。古镇滨水而筑，循水成市，是典型的江南水乡古镇。甪直古镇拥有约2 500年历史，镇域总面积120 km²，现存各级文物保护单位共15个，各式石桥近40座	
地理特征	甪直古镇外围为平原圩田，地势低平，水网交织，土地肥沃。镇内水系呈"上"字形	
建筑形态空间体系	甪直古镇呈不规则条带状。道路以水路为主，陆路往往沿河道布局，主街位于河道两岸，支巷与其垂直，建筑沿河分布，形成一河两街、桥梁纵横的整体格局	
整体布局	建筑多垂直于河道而建，沿进深方向发展。因此建筑朝向相对灵活布置，未严格遵循南北朝向。水网地区为高效利用土地，建筑密度高，布局紧凑	

1.航拍 2.主要河道 3.临河街道

苏州·陆巷 **		编号：02
地理位置	环太湖水网区 江苏省苏州市吴中区东山镇	
建筑概况	陆巷古村背山面湖，是水网地区少见的与山地丘陵地形结合的聚落。古村内至今有多处保存完好的明清建筑，是环太湖古建筑文化的代表之一	
地理特征	陆巷古村西南方与太湖相连，东为莫厘峰，南为碧螺峰，古村位于仅在西南方向开口的山坞之中，山水资源兼具	
建筑形态空间体系	陆巷古村属于团块型聚落，依山就势，形成三面山体环绕、一侧面向开阔水面的整体形态。由于山体限制，内部空间向内紧凑地生长，古村以紫石街为主轴，街道、小巷和港河共同构成"一街三港六巷"的空间格局	
整体布局	靠近山体的建筑布局顺应六条巷道，面向水体呈放射状，朝向不局限于南北向	

1.航拍 2.主街 3.村内池塘

苏州·同里 **		编号：03
地理位置	环太湖水网区 江苏省苏州市吴江区	
建筑概况	同里于宋代建镇，至今有1 000多年历史。镇内水道纵横交错，交通以水道为主，建筑依河而建，由众多桥梁相互关联，是典型的平原水网型聚落。古镇传统风貌保存完好，保留有大量明清时期的建筑、桥梁	
地理特征	同里古镇境内地势平坦，西北稍高，东南稍低。水面面积约占镇区面积的1/5，内部河道呈不规则网状布局	
建筑形态空间体系	同里古镇整体呈不规则的团块特征，十多条河道交织成网状，将镇区分割成大小不一的7座小岛，彼此以桥梁相接。古镇空间结构复杂，没有明确的向心性，呈现出多中心的特征。古镇空间亦无明确的轴线，建筑依水而建，有机而致密	
整体布局	镇内建筑密度高，建筑多垂直于河道而建，纵向拓展，形成密集联排式布局	

代表性案例标示 **
典型案例标示 *

1.航拍 2.沿街商铺 3.河道

1. 航拍 2. 主要河道 3. 主街

苏州·周庄	编号：04
地理位置	环太湖水网区 江苏省苏州市昆山市周庄镇
建筑概况	周庄古镇西接京杭大运河，东北接浏河，水运交通便利。古镇始建于北宋元祐年间，明清以后发展成为商业大镇。"镇为泽国，四面环水"，"咫尺往来，皆须舟楫"
地理特征	古镇周边有澄湖、白蚬湖、南湖等湖港。镇内地势低平，河港纵横
建筑形态空间体系	周庄古镇呈团块状，南、北市河穿镇而过，中市河、后港与之交汇。河道形态与走向决定了古镇整体空间的布局。主要街道依托三条河道布置，形成"井"字形的河街格局。与主街相交的巷弄划分地块，并通向内部民居
整体布局	建筑密度高，布局紧凑。建筑通常沿进深方向发展，垂直于河道而建

1. 航拍 2. 主街 3. 支巷

南京·漆桥村 **	编号：05
地理位置	宁镇丘陵区 江苏省南京市高淳区漆桥镇
建筑概况	漆桥村位于高淳区东北部、游子山北麓。古镇水陆交通条件便利，漆桥老街南北纵向长约500 m，南宋晚期已是著名集市。聚落内现存大量明清时期的古建筑，保存状况相对完好
地理特征	漆桥村地势东高西低，东南由游子山环抱，东北为低山丘陵岗地，平均海拔73 m。漆桥村四周农田广袤，其间散落坑塘、湖泊，桥水相依
建筑形态空间体系	漆桥镇是结合水系的轴线型聚落，大致呈东西对称，坑塘湖泊环绕四周成为聚落内外的天然分界线。 漆桥镇以南北向的漆桥老街为主轴纵向发展，支巷垂直于主轴向东西侧延伸，主次轴共同构成鱼骨状的空间结构
整体布局	漆桥镇建筑布局较为严整，建筑朝向多为坐北朝南，并顺应街巷略有偏转

1. 航拍 2. 中山大街 3. 仓巷

南京·高淳老街	编号：06
地理位置	宁镇丘陵区 江苏省南京市高淳区淳溪镇
建筑概况	高淳老街南临官溪河通向固城湖入口处，在宋代已有雏形，明清两代依托官溪河的水运便利，发展成为长约1 100 m的商业街，逐渐形成县域的政治、经济、文化中心。现保护完好的老街长度有505 m
地理特征	高淳老街紧临官溪河和固城湖，地势平坦，水源丰富，西南有大片圩田
建筑形态空间体系	高淳老街靠水运码头而发展，南侧界面顺应官溪河呈自然弧形，北侧界面内凹，整体呈现出马鞍形特征。老街以中山大街为主要轴线发展，多条支巷垂直于主轴向两侧延伸，通向临水码头形成次轴，主、次轴共同构成鱼骨状的空间结构
整体布局	建筑朝向非正南北布局，而是平行或垂直于官溪河，一字形老街两侧密布各种商行

南京·杨柳村

编号：07

地理位置	宁镇丘陵区 江苏省南京市江宁区湖熟街道
建筑概况	现存的前杨柳村始建于明万历年间，是一处典型的江南明清建筑群。全村原有1 408间房屋，建筑面积约38 000 m²
地理特征	杨柳村坐落于外秦淮河平原，北靠马场山，南临杨柳湖，四周土地广袤，村落内河塘散布
建筑形态空间体系	杨柳村是结合水系的条带状聚落，顺主要道路杨柳村路发展，呈东西长、南北窄的整体形态。 聚落背山面水，主要建筑分布在杨柳村路北侧，圩田和水面相互交错分布在路南。由北向南呈现"丘陵—村落—湖/田"的北高南低的格局
整体布局	普通民居多为组团式和并列式的独立宅院，各命名为"堂"，随巷道灵活布局

1.航拍 2.主街 3.支巷

扬州·邵伯古镇 *

编号：08

地理位置	淮扬苏中平原区 江苏省扬州市江都区
建筑概况	邵伯古镇始建于东晋太元年间，至今已有1 600多年历史。古镇东邻丁伙镇、真武镇，西傍邵伯湖，南接仙女镇，北与高邮市车逻镇、八桥镇接壤，是京杭大运河上闻名遐迩的繁华商埠
地理特征	邵伯古镇地处江淮冲积平原，京杭大运河流经镇西
建筑形态空间体系	邵伯古镇属于沿河一侧发展的条带状聚落，交通以3条陆路街道为主：其中一条为镇西沿河水街，另两条纵贯聚落内部，三条街道均平行于运河，呈南北走向。支巷垂直于河堤与主街串联起聚落，呈现东西向延伸的空间骨架
整体布局	建筑密度较高，沿河建筑在朝向上均面向河面，其余建筑组团多为南北向布局

1.航拍 2.主街 3.支巷

扬州·大桥古镇

编号：09

地理位置	淮扬苏中平原区 江苏省扬州市江都区
建筑概况	大桥古镇古称白沙，因有横跨于白塔河上的"永济桥"而得名，为扬州东乡重镇，宋淳熙年间建大桥镇
地理特征	大桥古镇南临长江，周边地势平坦宽广，总体海拔不高。西侧有明代开凿的白塔河，白塔河宽约20 m
建筑形态空间体系	大桥古镇整体形态为条带状。白塔河将大桥古镇一分为二，主要建筑分布在河岸以东，沿主要街道发展。主街为东西走向，全长约2 000 m，宽约3 m，垂直于西侧白塔河。 街面由整块的青石板铺成，下有砖砌下水道。支巷垂直于主街，道路系统呈鱼骨形
整体布局	建筑布局紧凑，单体建筑规模较大且与主街相连，南北向布局，沿进深方向发展

1.航拍 2.主街 3.支巷

1.航拍 2.村内道路 3.户前空地

宿迁·双河村	编号：10

地理位置	徐宿淮北平原区 江苏省宿迁市宿豫区
建筑概况	双河村处于徐宿淮北平原区，聚落地处苏鲁交界处，连接南北。由于战争和水患的双重影响，苏北地区传统村落留存较少。乡村整体风貌朴素，与江南地区差别较大
地理特征	处于黄淮平原与江淮平原的过渡地带，位于肖河与西堆河交汇处，地形平坦，村落沿河布局，属于水资源比较丰富的村庄
建筑形态空间体系	双河村沿河岸以散村形式依次展开，局部呈现团块状与条带状布局。农房与道路和农田之间的界线清晰，以主要道路为轴线分布于两侧。村落边界较齐整，整体风貌朴素
整体布局	建筑以北方合院式民居为原形，多坐北朝南，呈行列式布局，间隔稀疏

1.航拍 2.建筑界面 3.院内巷道

徐州·户部山 *	编号：11

地理位置	徐宿淮北平原区 江苏省徐州市云龙区
建筑概况	户部山历史文化街区地处城市中心的山丘之上，因明天启年间户部分司署迁至此处，得名户部山。现存民居以清代建筑为主，包括余家大院、郑家大院、翟家大院等共13处民居
地理特征	聚落沿户部山的起坡方向依次向上延伸，四周地势平坦，无水系
建筑形态空间体系	户部山属于山地聚落中的团块型聚落。交通以陆路为主，包括围绕山体的外部环形道路和沿山而上的带状道路。四周城市道路以户部山为核心呈辐射状。街巷尺度大，密度低
整体布局	主要建筑分布在户部山东侧缓坡地带，为南北向布局。建筑为具有北方特征的合院式建筑，结合地形拾级而上

1.航拍 2.街巷 3.戏台

盐城·安丰古镇 *	编号：12

地理位置	通盐连沿海平原区 江苏省盐城市东台市安丰镇
建筑概况	安丰古镇历史悠久，最早的文字记载见于唐开元年间，北宋仁宗天圣年间改名为安丰。古镇以盐业著名，东临海河，西临串场河，均为水路盐运要道。古镇内明清建筑群与古街风貌保存完好
地理特征	古镇所处地势平坦，海拔较低。四周为大面积的冲积平原，土地肥沃，水源充足，利于农业生产
建筑形态空间体系	安丰古镇属于沿海平原地形的轴线型聚落，主街七里长街为主要轴线，古镇空间受主轴与两侧河道影响，形成"两河夹一街"的空间格局。主街平行于两条河流，支巷间隔且均匀地垂直于两河
整体布局	建筑布局紧凑、规整，规模较小。主街两侧商业建筑的轴线多垂直于街道，其余建筑的朝向多以南北向偏东为主，与河道平行布置

盐城·富安古镇　　　　　　　　　　　　　　编号：13

地理位置	通盐连沿海平原区 江苏省盐城市东台市
建筑概况	富安古镇古称"虎墩"。古镇现存较为完整的历史街巷20多条，拥有大量明清历史建筑和文物古迹
地理特征	富安古镇地处苏中平原东部，是盐城市南大门。镇域内地势平坦，河网密布
建筑形态空间体系	富安古镇被河流包围和贯穿，整体形态呈"四"字形。古镇南边的田河和西边的串场河通江，北边的富盐河和东边的方塘河通海。主街中间有两条南北向的街心河，即新彝河与敬贤河
整体布局	传统民居建筑以院落式为主，主入口朝向与房屋、街巷走向相关

1.航拍 2.街巷 3.民居院落

南通·栟茶古镇　　　　　　　　　　　　　　编号：14

地理位置	通盐连沿海平原区 江苏省南通市如东县
建筑概况	栟茶，又名南沙，位于长三角北翼。栟茶古镇聚沙成陆于两晋，隋唐至宋陆续有人来此定居，随着渔盐业的兴盛发展，到明清形成颇具规模的海滨小镇。栟茶古镇以栟茶运河作为主要水系与外界相连
地理特征	栟茶古镇内河网纵横，栟茶运河由西向东贯穿镇区，周边地势平坦，农田广袤，表现为典型的滨海平原地貌特征
建筑形态空间体系	栟茶古镇属于团块型聚落。栟茶运河与其支流将古镇围合，形成镇区规整的布局中心。两条主要街巷垂直于水道向南北、东西向展开，形成极具特色的十字形主街，建筑随主街向四方延伸
整体布局	商业街道的建筑多为前商后住型，居住建筑垂直于街道向纵深方向延伸

1.航拍 2.支巷 3.建筑立面

南通·如皋古城　　　　　　　　　　　　　　编号：15

地理位置	通盐连沿海平原区 江苏省南通市如皋市
建筑概况	如皋古城于东晋义熙年间建县，依托古运盐河，成为货物集散、商贾云集之地，至唐代已相当繁华。明代以前如皋既无城墙也无城河，明成化至嘉靖年间筑城防倭，形成内外城池
地理特征	如皋古城地处长三角江海平原，南濒长江，东近南海。所处地势平坦，水网稠密，通扬运河位于古城北侧，与内外城河相连
建筑形态空间体系	如皋古城分内城和外城，外圆内方，形似古钱。内城有玉带河，无城墙，外城有濠河和城墙。现存古建筑群位于古城的东北角，内城玉带河从其中穿过，建筑分布于玉带河两侧
整体布局	建筑多为砖木结构的青砖瓦房，密度较高，坐北朝南，沿纵深方向发展

1.航拍 2.街巷 3.临河街道

南通·寺街西南营　　　　　　　　　编号：16

地理位置	通盐连沿海平原区 江苏省南通市崇川区
建筑概况	寺街西南营位于南通老城区，老城区依水筑城，环城引水。濠河原为古护城河，史载后周显德年间开挖环城濠河，与大运河水系相连接
地理特征	寺街西南营位于江海交汇处，所处之地为沉积平原，前临长江，背靠运河，地势低平，略有起伏
建筑形态空间体系	建筑群保留了典型的州府形制的古城格局，受濠河限制，古城形似"葫芦"。东西大街和南大街组成"丁"字形主干道，将古城分为3个区域，每个区域内又以街巷纵横交错形成交通网
整体布局	建筑间布局方正、紧凑，坐北朝南布置

1. 航拍 2. 街巷 3. 民居建筑

南通·余西村　　　　　　　　　　　编号：17

地理位置	通盐连沿海平原区 江苏省南通市通州区二甲镇
建筑概况	余西村所处之地在唐末成陆。古镇因盐业而逐步发展兴盛，是古通州东南沿海的第一个盐埠。古镇主要受淮吴文化与海洋文化的影响，至今保存有明清和民国时期的格局
地理特征	余西村地处长江和黄海交接处，成陆早于周边，土地平坦，河道纵横
建筑形态空间体系	余西村属于结合水系的团块型聚落。古镇四面环水，人工开凿的水道绕镇而过，并延伸进古镇内形成诸多河塘。古镇整体为中轴对称格局，主要街道作为古镇的骨架呈"工"字形，支路小巷垂直于主街通向居民区、作坊和码头
整体布局	沿街建筑多为数进的"前店后宅"式。建筑朝向顺应街道，大致为坐北朝南

1. 航拍 2. 民居建筑 3. 街巷

泰州·黄桥古镇　　　　　　　　　　编号：18

地理位置	通盐连沿海平原区 江苏省泰州市泰兴市黄桥镇
建筑概况	黄桥古镇南濒长江，北接姜堰，东连如皋，因地理位置优越，历史上素有"北分淮倭，南接江潮"的水上枢纽之称
地理特征	黄桥古镇地处长江北岸的苏中平原，是苏中、苏北地区通往苏南的重要口岸。镇域内地势平坦，河道纵横
建筑形态空间体系	黄桥古镇属于团块型聚落，三面环水，2条主要街道——南北纵向道路十桥路和东西横向道路东进路将古镇划分为4个片区。古镇原有运粮河贯穿南北，运粮河两侧有街店分布，以数座桥梁相连，后填河为路，街巷以其为中心呈网状分布
整体布局	建筑布局紧凑，肌理清晰，大体为南北朝向，顺十桥路向东偏转

1. 航拍 2. 砖雕门洞 3. 街巷

泰州·溱潼古镇　　　　　　　编号：19

地理位置	通盐连沿海平原区 江苏省泰州市姜堰区溱潼镇
建筑概况	溱潼古镇位于姜堰、兴华、东台三市区交界处，长江、淮河、东海水系在此汇集，水陆交通便捷。镇区面积仅有 0.54 km²，现存大批明清时期和民国初年的民居建筑和古街巷
地理特征	溱潼古镇地势平坦，四面环水，泰东河从古镇北面穿过，多条支流呈放射状在此处汇集
建筑形态空间体系	溱潼古镇整体形态受河流限制呈不规则的团块状，古有 3 条夹河贯穿东西，河道两岸的河房水阁错落有致，沿河布置店面，前街后水。多条小巷呈"非"字形放射状，巷内房屋鳞次栉比，布局紧凑，形成整体有序的水乡古镇空间格局
整体布局	溱潼民居一般依中轴线南北而建，前后依次排列，井然有序地形成街巷

1.航拍　2.支巷　3.民居建筑

杭州·龙门古镇　　　　　　　编号：20

地理位置	浙北山陵区 浙江省杭州市富阳区龙门镇
建筑概况	龙门古镇是宗族聚居型聚落，居民大多为吴大帝孙权的后裔。古镇历史上有 60 余座古建筑，历经战乱，保存较完好的古建筑尚有 2 座祠堂、30 余座厅堂以及古塔、寺庙等，具有较高的文物价值
地理特征	龙门古镇位于平坦的河谷平原，四面环山，山势南高北低。龙门溪穿村而过，与剡溪交汇于镇北
建筑形态空间体系	龙门古镇呈团块状，北部东西向的剡溪为古镇天然边界，由北至南穿古镇而过的龙门溪将聚落分为一大一小两部分，以桥连接。街巷布局自由，较为紧凑。祠堂位于村口，与水塘结合布置
整体布局	以坐北朝南为主，与祠堂朝向一致。宅院规模不大，一般两到三进

1.航拍　2.村头水池　3.村内河道

杭州·深澳村 *　　　　　　　编号：21

地理位置	浙北山陵区 浙江省杭州市桐庐县江南镇
建筑概况	深澳村由申屠氏于南宋定居于此后发展而成。村中有源于宋、成形于明的地下水系，现存明清建筑 140 多幢，民国时期建筑 60 多幢，分布于南北走向的老街弄堂里
地理特征	深澳村地处低山围合的平原中，地势为北高南低的缓坡。应家溪从村落东北侧蜿蜒而过，暗渠在地下贯穿村落，整体水系的营造结合自然与人工
建筑形态空间体系	深澳村形态呈方形团块状。东、西两条主路贯穿村中，其他支路曲折联系各户，呈不规则网状结构。主街为南北走向，下筑暗渠（俗称澳）
整体布局	建筑朝向以坐西朝东偏南为主，与祠堂朝向保持一致

1.航拍　2.主街　3.支巷

1.航拍 2.水塘 3.街巷

杭州·新叶古村   编号：22

地理位置	浙北山陵区 浙江省杭州市建德市大慈岩镇
建筑概况	新叶古村始建于南宋嘉定年间，距今已有800多年历史，古村面积为0.67 km²，现状保留有明清建筑200多座和12幢宗祠、塔、阁等
地理特征	新叶古村与两山毗邻，北为道峰山，西为玉华山。新叶古村恰好位于两山之间的峡谷的东南口，有1条外溪、2条内渠由西北至东南流经村落
建筑形态空间体系	新叶古村整体呈团块状，居住建筑以祠堂为中心环绕而建，并以此为中心向四方开辟道路。村内巷道呈网状布局，宽窄不一，曲折幽深。道路下设有暗沟排水，并相隔一段距离设有门前塘
整体布局	重要建筑均朝向道峰山（即朝北），水塘边的建筑则朝向水塘

1.航拍 2.临河街道 3.主要河道

湖州·南浔古镇   编号：23

地理位置	浙北水网区 浙江省湖州市南浔区
建筑概况	南浔古镇位于江、浙、沪三省市交界处，北临太湖，东接苏州。南浔自南宋淳祐年间建镇，至今已有700余年历史，在明清时期经济空前繁荣。镇区主要地段保留有明清水乡格局
地理特征	古镇紧临頔塘运河，水网密集，周边地势低平，是典型的水网平原地区
建筑形态空间体系	南浔古镇整体为条带状聚落，以南市河、东市河、西市河、宝善河（现已填埋）构成的"十"字形河道为骨架，依河而建。沿河街道为镇区主要交通干道，支巷多垂直于河道分布而呈鱼骨状
整体布局	建筑通常垂直于河道而建，沿纵深方向发展。建筑密度高，布局紧凑

1.航拍 2.主要河道 3.主要街道

嘉兴·乌镇   编号：24

地理位置	浙北水网区 浙江省嘉兴市桐乡市
建筑概况	乌镇于唐咸通年间建镇，距今已有1 000多年的历史。镇域内河网密布，民居临河而建，傍桥而市，具有独特的江南水乡风貌。乌镇保留有明清建筑面积约50 000 m²，纵横交叉的河道长度近10 000 m
地理特征	镇域内的河流属于长江流域太湖运河水系，京杭大运河依镇而过，属于典型的江南水网平原。北部是大面积的天然湿地
建筑形态空间体系	乌镇属于沿河发展的条带状聚落，"十"字形的内河水系将全镇划分为4个区域，以4条大街为轴线由中市向四方延伸，构成水陆双棋盘格局。镇内的大型公共建筑和广场均分布于河道两侧
整体布局	建筑以河流为轴线对称分布，并在河岸两侧呈线性地展开，整体空间形态随河就势

嘉兴·西塘古镇 *

编号: 25

地理位置	浙北水网区 浙江省嘉兴市嘉善县
建筑概况	西塘古镇地处江、浙、沪三省市交界处，地理位置优越，历史悠久，是吴越文化的发祥地之一。西塘古镇核心区面积约 1.01 km²，现存明清建筑面积约 25 万 m²，基本保持了古镇的传统水乡风貌
地理特征	西塘古镇地势低平，河网密集，总体呈现"三横一竖"的水网格局
建筑形态空间体系	西塘古镇以西塘港与西塘市河两条主河道为主要轴线，呈"丁"字形布局。空间沿主轴向外延伸，街巷多结合河道布置，主街平行于主要河道，支巷多垂直于主街，深入聚落内部
整体布局	建筑轴线多垂直于河道，纵向拓展，形成临河的密集联排式布局

1.航拍 2.临河建筑 3.河道

宁波·慈城古县城

编号: 26

地理位置	浙东沿海平原区 浙江省宁波市江北区慈城镇
建筑概况	慈城古县城自唐开元年间建城，到 1954 年一直是慈溪县治所在地。古县城内有传统建筑约 60 万 m²，全国重点文物保护单位 6 处，较完整地保存了古县城的格局，被称为"中国古县城的标本"
地理特征	慈城古县城地处浙江东北部沿海的宁绍平原，三面环山，一面临江，地势北高南低，山水相依
建筑形态空间体系	慈城古县城呈规则团块状，仍保留着背山面水、公共建筑于中轴线两侧对称布置的棋盘式街巷的布局。古县城格局方正，有 3 条南北向道路和 4 条东西向道路，纵横呈"井"字形交错。支巷的形态不一，宽窄各异
整体布局	建筑密度高，布局紧凑。居住建筑以坐北朝南为主，商业建筑沿街布置

1.航拍 2.街巷 3.建筑门头

宁波·许家山村

编号: 27

地理位置	浙东沿海平原区 浙江省宁波市宁海县茶院乡
建筑概况	许家山村始建于南宋末年，距今有 700 多年历史，是浙江沿海石屋建筑群落的典范。村落面积现约 0.156 km²，村落规模大，格局保存完整，生态环境优美，至今还延续着一些传统的生产、生活方式
地理特征	许家山村处于群山环抱之中，为台地丘陵地形，海拔 200 m 左右。村落选址在地势较为平坦的山顶的阳坡区域
建筑形态空间体系	许家山村呈团块状。多条曲折街巷以"丁"字形交会，胡叶路由北至南贯穿村庄，祠堂、宅院、古井、书院等分布两侧，沿街有小溪，与村北水塘相连。建筑沿地形铺展，依山就势，形成西南高东北低、层叠而下的整体格局
整体布局	建筑朝向以南偏东为主，以获得避风向阳的环境

1.航拍 2.3.街巷

1.航拍 2.临水街道 3.主要街道

绍兴·安昌古镇		编号：28
地理位置	浙东沿海平原区 浙江省绍兴市柯桥区	
建筑概况	安昌古镇位于绍兴市境西北角，与杭州萧山接壤。古镇于唐昭宗乾宁年间得名安昌，至明清逐渐成为区域内商业贸易中心。镇域面积约 13.35 km²。古镇依托水运优势，临河设街	
地理特征	安昌古镇外围为低海拔河谷平原圩田，地势低平，无明显高差，水网密布	
建筑形态空间体系	安昌古镇属于条带状聚落，依河而建。河水将古镇分为南、北街市，河之南为民居，河之北是商市，两岸之间以古桥相连。街区布局单一，分区明确，形成街—河—街并行的线性空间	
整体布局	商业多沿河布置，与街道相衔接；大宅与公共建筑沿河而建，朝向垂直于河道	

1.航拍 2.街巷 3.典型建筑

宁波·石浦古镇		编号：29
地理位置	浙东滨海岛屿区 浙江省宁波市象山县石浦镇	
建筑概况	石浦古镇于唐神龙年间已为村落，明初筑城成镇，为抗倭重地，素有"浙洋中路重镇"之称。古镇沿山而筑，依山临海。居高控港是"海防重镇"石浦古镇的主要特征	
地理特征	石浦古镇位于大金山东麓，北依后岗山，南靠炮台山，面向东海，整体位于仅在东面开口的山坞之中，山水资源兼具	
建筑形态空间体系	石浦古镇受山体限制，形成类似"月牙"形的团块型聚落，面向海面呈东西走向。港域被陆地和岛屿环抱，构成一个封闭型港湾。城区老街建于高低起伏的山坡上，依山筑室，高低回转	
整体布局	老屋沿着山地梯级而建，街巷拾级而上，蜿蜒曲折	

1.航拍 2.建筑群 3.典型建筑

舟山·峙岙村 *		编号：30
地理位置	浙东滨海岛屿区 浙江省舟山市嵊泗县黄龙乡	
建筑概况	峙岙村的经济来源以渔业捕捞为主，村落为典型的海岛渔村，具有海岛文化特色。村落由石景、石屋、石街构成大规模的石屋建筑群，被称为"东海石村"	
地理特征	峙岙村位于元宝山北坡的平缓坡地，三面环海。当地出产花岗岩，为村落营建提供了建筑材料	
建筑形态空间体系	峙岙村依山就势，呈现出沿等高线向山上发展的团块状形态。主街垂直于等高线布置，巷道则顺应等高线布置，深入聚落内部。村落整体布局自由活泼，富有层次感	
整体布局	建筑依山而建，朝向大多背朝大海。面向大海的一面为通长石墙面，开小窗，背海的一侧开门，以防风、保暖	

金华·山头下村	编号：31

地理位置	浙西山陵区 浙江省金华市金东区傅村镇
建筑概况	山头下村始建于明代，是北宋沈括后裔聚集地。古村面积约 0.67 km²，现存保护完整的明清传统建筑有 26 座，其中祠庙 2 座，总建筑面积约 13 000 m²
地理特征	山头下村位于一蝴蝶形山冈下，地势北高南低。村落西依潜溪，东临航慈溪，村周围现存典塘、横塘、湾塘等 7 口池塘
建筑形态空间体系	山头下村坐北朝南，依山就势，呈团块状。村落设 5 道村门，连接 5 条街道。道路依地势北高南低、东高西低之势布局，相互连接，呈明显的"开"字形，接近古代州府的"井"字形。村中水系结合道路，利用高差自然流淌
整体布局	古建筑多为婺州民居风格，规模大、等级高、装饰华丽，厅堂对称，院落方正

1. 航拍 2. 建筑门头 3. 街巷

金华·郭洞村	编号：32

地理位置	浙西山陵区 浙江省金华市武义县熟溪街道
建筑概况	郭洞村现状格局营造于元顺帝至元年间，因山环如郭、幽邃如洞而得名郭洞。现存明清和民国建筑有祠堂、厅堂、民宅、寺庙、亭、阁、牌坊、桥梁、城墙、塔等 76 处
地理特征	郭洞村东、南、西三面被山峰夹峙，山涧溪流环抱村庄而过，在北侧村口形成一片水塘，村落局部有高差
建筑形态空间体系	郭洞村山环水抱，呈团块状，位于两山夹峙的山谷中。村落规划利用自然山势形成两道关口，村水口是第三道关口，呈卫护之势，拱卫村庄风水格局。村中主要道路依照溪水形态呈环状联系村落，其他各支路也随地势变化而灵活布置
整体布局	建筑间布局紧凑，坐北朝南布置，部分因道路、溪流位置微调

1. 航拍 2. 支巷 3. 村内广场

金华·俞源村 **	编号：33

地理位置	浙西山陵区 浙江省金华市武义县俞源乡
建筑概况	俞源村始建于南宋时期，依山而建。现存宋、元、明、清古建筑 1 072 间，现建筑面积达 340 000 m²，分为上宅、六峰堂、前宅 3 个古建筑群
地理特征	俞源村整体地势自西南向东北缓降，东北部为丘冈与溪谷相间地形，两溪在俞源村西侧汇合
建筑形态空间体系	俞源村受山形限制和溪流引导呈条带状，因溪水分为两岔，北部长，南部较短。以东溪北街为主轴，呈两侧沿溪分布的夹河"一"字形形态。整体空间疏密有致，节奏连续，呈小分散、大聚集的特征
整体布局	居住建筑组团围绕宗祠布局，以祖屋为中心向四周发展，主要朝向与组团内祠堂保持一致，为南偏东方向。建筑密度大，布局紧凑

1. 航拍 2. 村内河道 3. 主街

1.航拍 2.广场 3.建筑门头

金华·诸葛村 **　　　　　　　　　　　　编号：34

地理位置	浙西盆地区 浙江省金华市兰溪市诸葛镇
建筑概况	诸葛村始建于元代中后期，建筑按照"八阵图"样式布列，现存200多座明清古建筑，其中楼上厅建筑7座，大、小厅堂45座
地理特征	诸葛村位于丘陵地区围合的盆地中，地势起伏，村落相对外围地势较高，人工开挖了较多的湖沼，湖沼呈散点状分布
建筑形态 空间体系	诸葛村属于团块型聚落。建筑依山就势，建于缓坡上，被地形和湖沼分隔为多个组团。村落边界较为规整，局部顺应地势变化。村落内部以钟池为中心，向外延伸出多条小巷，形成向心型的空间结构。支巷以主街道为起点自由延展，形成了网状的空间结构
整体布局	建筑以若干个家族分支的"祖屋"为核心展开居住组团。受起伏地形影响，建筑朝向相对灵活

1.航拍 2.支巷 3.典型建筑入口处

丽水·河阳村 *　　　　　　　　　　　　编号：35

地理位置	浙南山陵区 浙江省丽水市缙云县新建镇
建筑概况	河阳村始建于五代末期，元代规划重建，现存水系、街巷基本延续了元代重建时的布局。村落至今仍完好地保存着明清古民居1 500多间、古祠堂15座、古庙宇6座、古石桥1座
地理特征	河阳村被群山包围，地势西高东低。四周的农田与水塘交织，新建溪自西向东穿村而过
建筑形态 空间体系	河阳村整体呈不规则团块状布局。道路布局以八士门街为中轴线左右展开，呈"五纵四横"的结构形态，有序而丰富
整体布局	建筑以古街为中轴线左右分布，聚族而居。建筑朝向多顺应地形，坐西南朝东北。民居建筑规模较大，布局严整

1.航拍 2.主街 3.支巷

丽水·西溪村　　　　　　　　　　　　编号：36

地理位置	浙南山陵区 浙江省丽水市莲都区雅溪镇
建筑概况	西溪村旧称锦溪，始建于唐中和年间。村落中通京古道贯穿南北，遗存有清代、民国时期的大量古民居、店铺货栈、禅院遗址、山门、古井等
地理特征	西溪村东、西两面被山峰夹峙，"之"字形溪水由西南向东北方环抱村庄而过
建筑形态 空间体系	西溪村呈团块状布局，位于溪湾内侧。村落边界受山体和水体限制，呈自由且连续的形态。主要祠堂位于村口，与广场结合布置，东南侧临水空间为大片空地，单体建筑亲水性不足。街巷呈不规则布局，街道宽约为1.5—3 m
整体布局	建筑布局紧凑，均坐西北朝东南，部分因道路、溪流位置微调

台州·高迁村　　　　　　　　　编号：37

地理位置	浙南山陵区 浙江省台州市仙居县白塔镇
建筑概况	高迁村始建于元代，现存建筑基本保持明末清初的风貌，是浙江中部最具有代表性的古村落之一。现对外开放的建筑有7座宅院、10个门堂
地理特征	高迁村所处地貌属于盆地，总体地势较为平坦。村西有一条溪流，村中散布水塘，村落水源充足，农田广袤
建筑形态空间体系	高迁村呈方形团块状布局，整体朝向为南北向偏东，分为上屋、下屋2个组团。建筑组团与外部农田间界线清晰。村落内有3条主街，主街呈"丁"字形相交，多条次街垂直于主街形成网格状街巷布局，建筑规整地分布在街巷划分的宅基地中
整体布局	建筑布局多坐北朝南，以两进"回"字形合院为主，庭院方正，尺度较大

1.航拍 2.主街 3.支巷

临海·桃渚古城　　　　　　　　编号：38

地理位置	浙南滨海岛屿区 浙江省台州市临海市桃渚镇城里村
建筑概况	桃渚古城建于明正统年间，距今已有近600年的历史，是明代浙江沿海为抗倭所建的41个卫所城之一，至今保存有完整的城墙、瓮城和石堡
地理特征	桃渚古城三面枕山，一面临海，东面为"桃江十三渚"，北面后所山部分被城墙围入城内，护城河位于古城南侧
建筑形态空间体系	桃渚古城总体呈方形，被城墙围绕。城墙三面规整，唯北面顺应山势略有转折。古城内部完整地保存着明代的街巷格局，东西两城门间的街道为弯曲的主街，南门至衙道为笔直的官道，支巷与之垂直布置，互不相通，呈网状布局
整体布局	因用地有限，建筑规模不大，均坐北朝南，紧凑地布置在山脚下

1.航拍 2.主街 3.古城墙

台州·皤滩古镇　　　　　　　　编号：39

地理位置	浙南滨海岛屿区 浙江省台州市仙居县
建筑概况	皤滩古镇发展始于唐宋，盛于明清。古镇依托水运成为旧时盐运中转站，因食盐贸易而繁华。现存大量明清古建筑群，主体建筑与结构基本保存完好
地理特征	皤滩古镇地处河谷平原的水陆交会处，北面为台州灵江流域，有五溪在此交汇，南面是浙西丘陵山地
建筑形态空间体系	皤滩古镇顺应水系呈条带状布局，以长约2 000 m、由鹅卵石铺砌成的"龙"形古街为轴线东西向延伸。古镇以陈氏祠堂、下佛堂、古街为骨架，以古镇传统商业建筑为载体，呈现传统商业聚落格局
整体布局	建筑布局紧凑而自由，朝向随道路位置灵活调整

1.航拍 2.主街 3.主街入口门头

1.航拍 2.村口 3.生活性巷道

1.航拍 2.宗祠前道路与月沼 3.商业性街巷

1.航拍 2.村内道路与水渠 3.沿街的民居门头及休憩空间

黄山·呈坎村 编号：40

地理位置	徽州山陵区 安徽省黄山市徽州区呈坎镇
建筑概况	呈坎村历史悠久，建造年代可追溯到宋元时期，村落内的"三街九十九巷"仍保持着明代格局。现存明清古民居建筑100余处，呈坎村古建筑群包含分布在村内的48处古建筑，共计建筑面积17 236 m²
地理特征	呈坎村位于群山环绕的河谷小盆地中，古龙溪河呈"S"形穿村而过
建筑形态 空间体系	呈坎村形态呈团块状。村落主要分布于龙溪河湾内侧，坐西朝东，体现背山面水的负阴抱阳之势。村中"三街九十九巷"，为规整的里坊布局，村南长春社和村北罗东舒祠对应"左祖右社"。呈坎村整体反映了风水与礼制对村落结构的影响
整体布局	建筑形制丰富，民居以家庙、祠堂为核心布置，朝向多坐西朝东

黄山·宏村 ** 编号：41

地理位置	徽州山陵区 安徽省黄山市黟县宏村镇
建筑概况	宏村始建于南宋时期，现存村落为明朝兴建，村中的南湖书院、树人堂、三立堂、乐贤堂、承志堂等大型书院和宅第兴建于清康熙年间。村落南北长约750 m，东西长约700 m
地理特征	宏村位于新安江流域丘陵地区，地处群山环绕的盆地之中，地势北高南低，西溪自西北向南绕村而过，南面地势开阔，恰为"枕山、环水、面屏"的理想选址
建筑形态 空间体系	宏村属于团块型聚落，村落依山就势，形成卧牛状的有机形态。村落以自南湖起，穿过村中月沼直至北侧黄山余脉羊栈岭、雷岗山的虚轴为主要轴线，形成了"坐山面水"的总体空间格局
整体布局	民居建筑朝向基本顺应所在街道或巷道的垂直方向。建筑组团呈小尺度、高密度的布局特征

黄山·屏山村 编号：42

地理位置	徽州山陵区 安徽省黄山市黟县宏村镇
建筑概况	唐末舒氏从庐江迁来长宁里（屏山），在此生息繁衍，距今已有1 100多年的历史。延至今日，屏山村保存较完好的祠堂还有余庆祝堂、光裕堂、咸宜堂等7座，整体风貌古朴典雅
地理特征	屏山村位于屏风山和吉阳山山麓，吉阳溪自北向南穿村而过，在村口汇入人工开凿的长宁湖中
建筑形态 空间体系	屏山村呈不规则状的团块状，村落边界处的建筑与农田相互交错。村内街巷纵横，沿吉阳溪而设的水街构成村落结构的主轴，其与西侧贯通南北的商业街之间由若干东西向次级街巷相连，形成网格状布局
整体布局	祠堂分布在村落主轴上，民居围绕祠堂布置，形成以祠堂群为中心的多层次结构

黄山·唐模村　　　　　　　　　　编号：43

地理位置	徽州山陵区 安徽省黄山市徽州区潜口镇
建筑概况	唐模村始建于唐，盛于明清。村落毗邻棠樾牌坊群，在选址和布局上讲究人与自然的和谐统一，其水口园林是皖南古村落水口园林的杰出代表
地理特征	唐模村位于徽州山岭深处的平坦地区，四周被群山环绕，村落内地势低平。檀干溪穿村而过
建筑形态 空间体系	唐模村属于团块型聚落。檀干溪自西向东将古村分成南北两片，西侧两条支流成为村落的天然边界。同时村落向河流两侧发展，占据平坦地形，整体呈现曲折自由的边界
整体布局	建筑通常沿进深方向发展，常根据与街道的相对位置而灵活布置

1.航拍 2.村内水陆交通体系 3.沿河灰空间

黄山·棠樾村 *　　　　　　　　编号：44

地理位置	徽州山陵区 安徽省黄山市歙县郑村镇
建筑概况	棠樾村是鲍姓聚居村，始建于南宋时期，明清时期以经商著名。村落内明清建筑群保留完整，尤其是村口由7座牌坊组成的牌坊群为国内仅存
地理特征	棠樾村位于徽州山岭深处的平坦地区，四周群山环绕，村内地势低平。村落紧临新安江水系的支流，河流临村而过
建筑形态 空间体系	棠樾村属于团块型聚落。村内主街为东西向，其中较长的主街设置了7座牌坊组成的牌坊群向东延伸，形成独具特色的秩序性空间序列。 村落以主街和与其垂直的支巷为骨架，公共建筑和广场多分布于主街两侧
整体布局	建筑密度高，尺度小，多垂直于一侧道路灵活布置

1.航拍 2.牌坊群起点 3.村内生活性巷道

黄山·万安古镇　　　　　　　　编号：45

地理位置	徽州山陵区 安徽省黄山市休宁县
建筑概况	万安古镇建于隋朝末年，至今已有1 700多年的历史，曾为休宁县治所在，明清时期成为重镇。 古镇商业以万安老街为依托，老街上的店铺林立，曾雄居休宁九大街市之首
地理特征	万安古镇地处盆地，新安江上游支流横江由西向东在镇南绕过，松萝水、椰源水等支流穿镇而过
建筑形态 空间体系	万安古镇依横江而建，呈狭窄条带状。镇内仅有万安老街一条主街贯穿东西，有"五里街衢"之称，垂直于主街衍生出十数条支巷，构成鱼骨状街巷格局
整体布局	建筑多垂直于街道和河流布置，呈前店后坊、前店中坊后宅或下店上宅的格局

1.生活性巷道 2.巷道与水埠

1.航拍 2.村口水池 3.村内道路与水渠

黄山·西递村 *

编号：46

地理位置	徽州山陵区 安徽省黄山市黟县西递镇
建筑概况	现以胡氏为主的西递村奠基于北宋时期，发展于明景泰年间，鼎盛于清嘉庆、乾隆年间。目前村落基本保持明清时期的风貌格局，村落内现保存有祠堂3幢、牌楼1座、古民居145栋
地理特征	西递村四周为山地地貌，地势起伏较大。村落紧临新安江水系，其支流穿村而过，村口有人工开挖的湖沼
建筑形态空间体系	西递村受南北两侧山体和内部水流引导，整体形态呈中间宽、两头窄的梭子形。村落主街沿水展开，为水陆并行主街，其余道路与主街垂直布置，街巷体系呈鱼骨状布局
整体布局	建筑密度极高，多垂直于河流或一侧道路灵活布置

1.航拍 2.村内水系与街巷 3.沿街建筑界面

黄山·渔梁村

编号：47

地理位置	徽州山陵区 安徽省黄山市歙县徽城镇
建筑概况	渔梁村形成于唐代，由姚姓于唐乾元年间前后迁入并发展为村落。因其临近州府，沿江顺水，曾是古徽州重要的水埠码头，保留有新安江上游历史最悠久、规模最大的古代拦河坝——渔梁坝
地理特征	渔梁村南北皆山，南面紧临新安江主要支流之一练江，村内地势两端低、中央高
建筑形态空间体系	渔梁村受北侧山体和南部水流限制，整体呈两头窄、中间宽的梭子形。村内仅有渔梁街一条主街贯穿东西，垂直于主街衍生出十数条支巷，构成鱼骨状的街巷格局。支巷连通码头，较好地保存了水埠码头的风貌
整体布局	房屋随地形而曲折，空间紧凑。各式亦店亦宅的住屋是渔梁村的特色

1.航拍 2.村口 3.沿河建筑立面

宣城·查济村 **

编号：48

地理位置	徽州山陵区 安徽省宣城市泾县桃花潭镇
建筑概况	查济村是我国现存最大的明清古村落。村中现存古建筑140余处，其中有祠堂约30座，除"德公厅屋"为元代建筑外，大多为明清时期所建
地理特征	查济村四周群山环绕，村落内地形平坦，水系发达。自西南向东北流经村落的查济河为村落内的主要河道，其余河道均为查济河的分支
建筑形态空间体系	查济村属于狭长的条带状聚落，受山地限制，聚落边界破碎，呈不规则状。主体建筑以沿查济河的水路主街为主轴自西南向东北延展，主街为"两街夹一河"的布局，支巷顺支流呈现出一定的放射状特征
整体布局	临河建筑均垂直于河道纵向发展，形成高密度、窄面宽的联排式布局

合肥·三河古镇 *　　　　　　　　　　编号：49

地理位置	江淮平原区 安徽省合肥市肥西县三河镇
建筑概况	三河古镇为古鹊渚镇所在，为三县交界之地。古镇历史悠久，现存的大部分古街、古宅为晚清时期所建。三河古镇因三条河流贯穿其间而得名
地理特征	三河古镇周边地势平坦。聚落地表水系有丰乐河、杭埠河、小南河三条河流，地表水丰富。聚落位于东、西两侧的河流之间
建筑形态 空间体系	三河古镇的空间形态属于轴线型。主要街道沿河流展开，是水陆交通并行的商业性街道，支巷垂直于主街向建筑组团内部延伸，形成鱼骨状街巷体系
整体布局	古镇建筑密集，院落尺度较大，呈现出部分北方民居特征。沿河的建筑组团均朝向河道方向，聚落内部的建筑组团朝向道路方向

1.航拍　2.河道　3.街巷

上海·枫泾古镇 *　　　　　　　　　　编号：50

地理位置	上海沿海平原区 上海市金山区
建筑概况	枫泾古镇地处上海市西南隅，为浙沪的五县区交界之地，历史上一直是重要的交通节点。古镇于宋代成市，于元代建镇，至今已有1500多年的历史。古镇属于典型的江南水乡，素有"三步两座桥，一望十条港"之称
地理特征	枫泾古镇地势平坦，河道水网交织，总体呈现"五横三纵"的水网格局
建筑形态 空间体系	枫泾古镇以白牛河和市河为主要轴线，同时有多条支流与主河道交错构成水网，属于轴线型聚落，整体呈条带状布局。街巷多结合河道布置，主街与河道平行，支巷垂直于主街，形成古镇街巷框架
整体布局	建筑朝向非严格的正南北向，多垂直于河道布置，维持传统的前店后住的形式

1.航拍　2.河道　3.临河建筑

上海·嘉定古镇　　　　　　　　　　编号：51

地理位置	上海沿海平原区 上海市嘉定区
建筑概况	嘉定古镇古称练祁市，唐代因练祁河而得名。古镇因商而兴，于南宋嘉定年间以年号为名，置嘉定县。嘉定古镇约有800年历史，被列为上海四大历史文化名镇之一
地理特征	嘉定古镇位于江南水网密集地区，古镇内部河道纵横，地势平坦，稍高于周边地带
建筑形态 空间体系	嘉定古镇以古城墙与护城河为边界，四面设置城门，其形态近似圆形。城内南北向的横沥河与东西向的练祁河交叉于镇中心，与"环"形的护城河共同形成江南古镇中独有的"十字加环"水系。镇内四条大街依河道延展，形成"井"字形街道骨架
整体布局	建筑密度高，现存历史建筑较零散，朝向随街道偏向东南

1.航拍　2.河道　3.建筑界面

1. 航拍 2. 街巷 3. 临河建筑

上海·金泽古镇　　　　　　　　　　　编号：52

地理位置	上海沿海平原区 上海市青浦区
建筑概况	金泽古镇地处上海市最西端，位于江、浙、沪三省市交界处。古镇历史悠久，水陆交通便捷，自古就是地区贸易的重要节点，属于典型的江南水乡，素有"水乡泽国，桥庙之乡"的美誉
地理特征	金泽古镇紧临淀山湖，四周湖泊众多，大湖区、小湖荡、湖荡群并存，镇内的河网密集
建筑形态空间体系	金泽古镇以河道为核心发展，呈狭窄的条带状。金泽塘与北胜浜为水路主干，其余为支流，构成"一纵一横多分支"的水系脉络。古镇沿水系呈南北向"两街夹一河"的总体布局，上、下塘街为古镇街道的主干，沿街分布众多的商铺老宅，由古石桥相连
整体布局	建筑通常沿进深方向发展，垂直于河道而建，常根据与河道的相对位置而灵活布置

上海·练塘古镇　　　　　　　　　　　编号：53

地理位置	上海沿海平原区 上海市青浦区
建筑概况	练塘古镇地处上海市与浙江省交界处，位于青浦区西南部，其历史源远流长，素以"江南鱼米之乡"和"华东茭白第一镇"闻名。古镇内的历史文化核心保护区面积约为 0.178 km²，其江南水乡格局特色突出
地理特征	练塘古镇地处淀泖低地，是在古太湖基础上发展而成的湖沼平原，低洼地和湖沼分布集中，地势较低
建筑形态空间体系	练塘古镇沿市河两岸分布，形成两岸两街、老屋窄巷的条带状整体格局。古镇的核心是东西走向的市河（俗称三里塘），在市河东段 500 m 处向南衍生出另一河道——李华港，形成"丁"字形水系
整体布局	建筑至多三五进，规模适中，有临河、临街和临街院落式等类型

1. 航拍 2. 街巷 3. 临河建筑

上海·新场古镇　　　　　　　　　　　编号：54

地理位置	上海沿海平原区 上海市浦东新区
建筑概况	新场古镇有着近 1 300 年的历史，于唐代成陆，在元代为下沙盐场南场。明清以后市镇繁荣，成为浦东地区重要的商品集散地
地理特征	新场古镇地势平坦，稍高于周边地带。主次河道交叠成网格状
建筑形态空间体系	新场古镇整体呈条带状。古镇内新场大街和洪东街、洪西街形成"十"字形骨架，洪桥港、包桥港、后市河和东横港 4 条河道形成"井"字形格局的水系，"十字中轴"和"井字环河"的特点鲜明。河道上各式水桥、河埠 70 余座，两侧古民居绵延铺展，街巷密集
整体布局	院落垂直于街道灵活布局，宅院规模不大，一般两到三进

1. 航拍 2. 河道 3. 牌坊

上海·朱家角古镇　　　　编号：55

地理位置	上海沿海平原区 上海市青浦区
建筑概况	朱家角古镇于宋元期间形成集市，依托密布的河网水系而商业日盛，至明万历年间已成为繁荣的大镇。古镇河港纵横，明清建筑群保存完好，为上海四大历史文化名镇之一
地理特征	朱家角古镇境内地势平坦，河港纵横。"人"字形河道、黄金水道漕港河以及与之交汇的数条河道，共同构成古镇独特而丰富的水景观
建筑形态空间体系	朱家角古镇大体以黄金水道漕港河为轴对称布局，依托"人"字形河道（西井河、市河、东市河、西栅河）发展，整体上呈条带状。长街沿河而筑，顺河道呈自由弯曲的形态。支巷较短，垂直于河道，呈鱼骨状分布
整体布局	院落垂直于河道，建筑朝向灵活。宅院一般两到三进，亦有四到五进的较大院落

1.航拍 2.支巷 3.河道

参考文献

标准

[1] 国家技术监督局，中华人民共和国建设部. 建筑气候区划标准：GB 50178—1993[S]. 北京：中国计划出版社，1993.

[2] 中华人民共和国住房和城乡建设部. 绿色建筑评价标准：GB/T 50378—2019[S]. 北京：中国建筑工业出版社，2019.

[3] 中华人民共和国住房和城乡建设部. 民用建筑热工设计规范：GB 50176—2016[S]. 北京：中国建筑工业出版社，2017.

著作

[1] 中华人民共和国住房和城乡建设部. 中国传统建筑解析与传承 安徽卷 [M]. 北京：中国建筑工业出版社，2016.

[2] 中华人民共和国住房和城乡建设部. 中国传统建筑解析与传承 江苏卷 [M]. 北京：中国建筑工业出版社，2016.

[3] 中华人民共和国住房和城乡建设部. 中国传统建筑解析与传承 上海卷 [M]. 北京：中国建筑工业出版社，2017.

[4] 中华人民共和国住房和城乡建设部. 中国传统建筑解析与传承 浙江卷 [M]. 北京：中国建筑工业出版社，2016.

[5] 中华人民共和国住房和城乡建设部. 中国传统民居类型全集 [M]. 北京：中国建筑工业出版社，2014.

[6] 国家文物局. 中国文物地图集：安徽分册 [M]. 北京：中国地图出版社，2014.

[7] 国家文物局. 中国文物地图集：江苏分册 [M]. 北京：中国地图出版社，2008.

[8] 国家文物局. 中国文物地图集：上海分册 [M]. 北京：中国地图学社，2017.

[9] 国家文物局. 中国文物地图集：浙江分册 [M]. 北京：文物出版社，2009.

[10] 刘加平，等. 绿色建筑：西部践行 [M]. 北京：中国建筑工业出版社，2015.

[11] 刘念雄，秦佑国. 建筑热环境 [M]. 2 版. 北京：清华大学出版社，2016.

[12] 柳孝图. 建筑物理 [M]. 北京：中国建筑工业出版社，1991.

[13] 饶永. 古建聚落传统民居物理环境改善关键技术 [M]. 合肥：合肥工业大学出版社，2016.

[14] 王锡魁，王德. 现代地貌学 [M]. 长春：吉林大学出版社，2009.

[15] 吴延鹏. 建筑环境学 [M]. 北京：科学出版社，2017.

[16] 伍光和，王乃昂，胡双熙. 自然地理学 [M]. 4 版. 北京：高等教育出版社，2008

[17] 杨柳. 建筑气候学 [M]. 北京：中国建筑工业出版社，2010. .

[18] 杨嗣信. 建筑节能设计手册：气候与建筑 [M]. 北京：中国建筑工业出版社，2005.

[19] 赵安启. 绿色建筑的人文理念 [M]. 北京：中国建筑工业出版社，2010.

[20] 住房和城乡建设部科技发展促进中心，西安建筑科技大学，西安交通大学. 中国传统建筑的绿色技术与人文理念 [M]. 北京：中国建筑工业出版社，2017.

[21] 麦克哈格. 设计结合自然 [M]. 芮经纬，译. 天津：天津大学出版社，2006.

[22] 潘谷西. 中国建筑史 [M]. 6 版. 北京：中国建筑工业出版社，2009.

[23] 阮仪三. 同里 [M]. 杭州：浙江摄影出版社，2004.

[24] 阮仪三. 遗珠拾粹：中国古城古镇古村踏察一 [M]. 上海：东方出版中心，2018.

[25] 阮仪三. 遗珠拾粹：中国古城古镇古村踏察二 [M]. 上海：东方出版中心，2018.

[26] 东南大学建筑系，歙县文物管理所. 渔梁 [M]. 南京：东南大学出版社，1998.

[27] 郭黛姮. 南宋建筑史 [M]. 上海：上海古籍出版社，2014.

[28] 汪晓茜. 南京历代经典建筑 [M]. 南京：南京出版社，2018.

[29] 安徽省文化和旅游厅. 江淮行：皖文 [M]. 合肥：黄山书社，2019.

[30] 安徽省文物局. 安徽省全国重点文物保护单位纵览 [M]. 合肥：安徽美术出版社，2015.

[31] 陈琪. 徽州古道研究 [M]. 芜湖：安徽师范大学出版社，2016.

[32] 陈晓丹. 中国地理博览 2[M]. 北京：中国戏剧出版社，2017.

[33] 单德启. 安徽民居 [M]. 北京：中国建筑工业出版社，2009.

[34] 邓洪波，彭爱学. 中国书院揽胜 [M]. 长沙：湖南大学出版社，2000.

[35] 翟芸，汪炳璋. 建筑艺术赏析 [M]. 合肥：合肥工业大学出版社，2011.

[36] 丁俊清，杨新平. 浙江民居 [M]. 北京：中国建筑工业出版社，2009.

[37] 东南大学建筑历史与理论研究所. 中国建筑研究室口述史：1953—1965[M]. 南京：东南大学出版社，2013.

[38] 东南大学建筑系，歙县文物管理所. 棠樾 [M]. 南京：东南大学出版社，1993.

[39] 东南大学建筑研究所. 宁波保国寺大殿：勘测分析与基础研究 [M]. 南京：东南大学出版社，2012.

[40] 范崇德. 历史印痕：全国重点文物保护单位·浙江篇 [M]. 上海：文汇出版社，2009.

[41] 胡梦飞. 中国运河文化遗产概论 [M]. 郑州：黄河水利出版社，2020.

[42] 胡炜. 上海市黄浦区地名志 [M]. 上海：上海社会科学院出版社，1989.

[43] 华德荣，仲玉龙. 风流宛在：扬州文物保护单位图录 [M]. 苏州：苏州大学出版社，2017.

[44] 淮安市政协文史委，淮海晚报社. 淮安运河文化长廊 [M]. 哈尔滨：黑龙江人民出版社，2007.

[45] 黄滢，马勇. 中国最美的古村 1：古村格局、古建保护与营销推广 [M]. 武汉：华中科技大学出版社，2017.

[46] 卢靖. 中国的寺院：晨钟暮鼓 [M]. 太原：希望出版社，2015.

[47] 江苏省政协文史资料委员会，扬州市政协文史资料委员会. 朱自清 [M]. 南京：江苏文史资料编辑部，1992.

[48] 江苏省住房和城乡建设厅. 乡村规划建设：第 8 辑 传统村落保护与发展 [M]. 北京：商务印书馆，2017.

[49] 李沙，李若谷. 中华老字号博物馆 [M]. 北京：中国轻工业出版社，2017.

[50] 丽水市莲都区政协文史委. 千年西溪 [M]. 北京：中国戏剧出版社，2007.

[51] 钱钰，王清爽，朱悦箫. 苏北传统建筑调查研究 [M]. 南京：译林出版社，2019.

[52] 南京师范大学文博系. 东亚古物：A 卷 [M]. 北京：文物出版社，2004.

[53] 南京市政协文史（学习）委员会. 百里秦淮话沧桑 [M]. 南京：南京出版社，2004.

[54] 庞乾奎，申志锋，周志永. 仙居传统村落踏访 [M]. 杭州：浙江工商大学出版社，2018.

[55] 秦淮区历史文化资源图录编委会. 秦淮区历史文化资源图录 [M]. 南京：东南大学出版社，2017.

[56] 上海市房产管理局. 上海里弄民居 [M]. 北京：中国建筑工业出版社，1993.

[57] 时筠仑. 静安石库门 [M]. 上海：上海交通大学出版社，2020.

[58] 舒育玲. 屏山：徽州风水第一村 [M]. 合肥：合肥工业大学出版社，2013.

[59] 苏州市吴中区文物管理委员会办公室. 吴中文物：古镇 古村 古建筑 [M]. 上海：上海科学技术出版社，

2017.

[60] 孙统义，常江，林涛. 户部山民居 [M]. 徐州：中国矿业大学出版社，2010.

[61] 唐艺设计资讯集团有限公司. 中国文化商业古街开发与规划资料集：现代清明上河图 [M]. 福州：福建科学技术出版社，2018.

[62] 田汉雄，宋赤民，余松杰. 上海石库门里弄房屋简史 [M]. 上海：学林出版社，2018.

[63] 汪本学，张海天. 浙江农业文化遗产调查研究 [M]. 上海：上海交通大学出版社，2018.

[64] 王鹤鸣，王澄，梁红. 中国寺庙通论 [M]. 上海：上海古籍出版社，2016.

[65] 王克胜. 扬州地名掌故 [M]. 南京：南京师范大学出版社，2014.

[66] 王其钧. 中国园林图解词典 [Z]. 北京：机械工业出版社，2007.

[67] 王志民. 山东省历史文化遗址调查与保护研究报告 [M]. 济南：齐鲁书社，2008.

[68] 温岭市文化广电新闻出版局. 温岭民居 [M]. 杭州：西泠印社出版社，2015.

[69] 翁源昌. 群岛遗韵：舟山传统民居 [M]. 宁波：宁波出版社，2017.

[70] 吴正光. 中华遗产乡土建筑：镇远 [M]. 北京：清华大学出版社，2016.

[71] 谢燕，王其钧. 私家园林 [M]. 北京：中国旅游出版社，2015.

[72] 徐耀新. 淳溪镇 [M]. 南京：江苏人民出版社，2018.

[73] 徐耀新. 富安镇 [M]. 南京：江苏人民出版社，2018.

[74] 徐耀新. 黄桥镇 [M]. 南京：江苏人民出版社，2018.

[75] 徐耀新. 漆桥村 [M]. 南京：江苏人民出版社，2018.

[76] 徐耀新. 溱潼镇 [M]. 南京：江苏人民出版社，2018.

[77] 盐城市政协文史委员会. 盐城人文景观 [M]. 盐城：盐城市政协文史委员会，1999.

[78] "中国地理百科"丛书编委会. 苏东海岸 [M]. 北京：世界图书出版公司，2017.

[79] 杨建新. 浙江文化地图：第 1 册 胜迹寻踪·浙江历史文化 [M]. 杭州：浙江摄影出版社，2011.

[80] 杨耀防. 寻美足迹：细人游学记 上 [M]. 南昌：百花洲文艺出版社，2020.

[81] 叶骁军. 中国长三角名胜精华 [M]. 上海：中华地图学社，2004.

[82] 义乌市城建档案馆. 义乌古建筑 [M]. 上海：上海交通大学出版社，2010.

[83] 雍振华. 江苏民居 [M]. 北京：中国建筑工业出版社，2009.

[84] 张和敬. 徽州访古 [M]. 北京：九州出版社，2007.

[85]《宁波词典》编委会. 宁波词典 [Z]. 上海：复旦大学出版社，1992.

[86] 浙江省文物局. 大运河遗产 [M]. 杭州：浙江古籍出版社，2012.

[87] 浙江省文物局. 古村镇 [M]. 杭州：浙江古籍出版社，2012.

[88] 浙江省文物局. 民居 [M]. 杭州：浙江古籍出版社，2012.

[89] 浙江省住房和城乡建设厅. 留住乡愁：中国传统村落浙江图经 第一卷 上 [M]. 杭州：浙江摄影出版社，2016.

[90] 政协淮北市委员会. 运河名城·淮北 [M]. 合肥：安徽人民出版社，2009.

[91] 政协无锡市梁溪区委员会. 梁溪区文物古迹集 [M]. 苏州：古吴轩出版社，2018.

[92] 中共江苏省委党史工作办公室. 江苏省红色旅游指南 [M]. 北京：中共党史出版社，2014.

[93] 中国历史文化名街评选推介组委会. 中国历史文化名街：第 1 卷 [M]. 北京：中国青年出版社，2009.

[94] 中国民族建筑研究会. 族群·聚落·民族建筑：国际人类学与民族学联合会第十六届世界大会专题会议论文集 [M]. 昆明：云南大学出版社，2009.

[95] 中华人民共和国民政部. 中华人民共和国政区大典：上海市卷 [M]. 北京：中国社会出版社，2017.

[96] 钟鸣. 泰州印记：地名文化集萃 [M]. 北京：中国文史出版社，2006.

[97] 仲向平. 杭州老字号系列丛书：建筑篇 [M]. 杭州：浙江大学出版社，2008.

[98] 朱利荣. 彩图丝绸之路 [M]. 北京：中国科学技术出版社，2016.

[99]《浙江概览》编撰委员会. 浙江概览：2015 年版 [M]. 杭州：浙江人民出版社，2015.

[100]《中国乡镇·江苏卷》编辑委员会. 中国乡镇·江苏卷 [M]. 北京：新华出版社，1997.

[101] 孙克强. 长三角年鉴：2019[M]. 南京：河海大学出版社，2020.

[102] 安徽省统计局，国家统计局安徽调查总队. 安徽统计年鉴：2014[M]. 北京：中国统计出版社，2014.

[103] 慈溪市人民政府地方志办公室. 慈溪年鉴 [M]. 杭州：浙江人民出版社，2018.

[104] 浙江文物年鉴编委会. 浙江文物年鉴：2000[M]. 杭州：浙江文物年鉴编委会，2001.

[105] 浙江文物年鉴编委会. 浙江文物年鉴：2018[M]. 杭州：西泠印社出版社，2018.

[106] 浙江文物年鉴编委会. 浙江文物年鉴：2014[M]. 杭州：浙江古籍出版社，2016.

[107]《浙江省乡镇街道年鉴》编辑委员会. 浙江省乡镇街道年鉴：2002[M]. 北京：方志出版社，2002.

[108] 富阳市地方志编纂委员会. 富阳年鉴：2008 总第 13 卷 [M]. 北京：方志出版社，2008.

[109] 高淳县地方志编纂委员会. 高淳县志：1986—2005 上 [M]. 北京：方志出版社，2010.

[110] 合肥市地方志编纂委员会办公室. 环巢湖十二镇 [M]. 合肥：安徽美术出版社，2017.

[111] 湖州市地方志编纂委员会. 湖州市志：1991—2005 中 [M]. 北京：方志出版社，2012.

[112] 湖州市住房和城乡建设局. 湖州市城乡建设志：1994—2010[M]. 北京：方志出版社，2013.

[113] 嘉兴市交通志编纂委员会. 嘉兴市交通志 [M]. 北京：方志出版社，2016.

[114] 江苏省地方志编纂委员会. 江苏省志·风景园林志 [M]. 南京：江苏古籍出版社，2000.

[115] 金华市地方志编纂委员会. 金华市志：第 3 册 [M]. 北京：方志出版社，2017.

[116] 金华市地方志编纂委员会. 金华市志：第 5 册 [M]. 北京：方志出版社，2017.

[117] 缙云县地名委员会办公室. 缙云县地名志 [M]. 杭州：西泠印社出版社，2014.

[118]《陆巷村志》编纂委员会. 陆巷村志 [M]. 北京：方志出版社，2018.

[119] 南京市白下区地方志编纂委员会. 南京市白下区志：1986—2005[M]. 北京：方志出版社，2011.

[120] 宁波市海曙区地方志编纂委员会. 宁波市海曙区志 [M]. 杭州：浙江人民出版社，2014.

[121] 如皋市地方志编纂委员会. 如皋市志 [M]. 北京：方志出版社，2017.

[122] 上海市嘉定区地方志办公室. 嘉定县简志 [M]. 北京：方志出版社，2008.

[123] 桐庐县地方志编纂委员会办公室. 桐庐微村志：第 2 辑 [M]. 北京：方志出版社，2018.

[124] 盐城市人民政府办公室，盐城市地方志办公室. 盐城年鉴：2006[M]. 北京：方志出版社，2006.

[125] 余姚市地方志编纂委员会. 余姚市志：1988—2010[M]. 杭州：浙江人民出版社，2015.

[126] 浙江省名镇志编纂委员会. 浙江省名镇志 [M]. 上海：上海书店，1991.

[127]《金华市婺城区志》编纂委员会. 金华市婺城区志 [M]. 北京：方志出版社，2011.

[128]《苏州通史》编纂委员会. 苏州通史：志表卷 上 [M]. 苏州：苏州大学出版社，2019.

[129]《盐城市建设志》编纂委员会. 盐城市建设志 [M]. 北京：中国城市出版社，1994.

[130] 周右修，蔡复午. 东台县志 [M]. 台北：成文出版社，1970.

[131] 阎登云修；周之桢纂. 同里志 [M]. 南京：江苏古籍出版社，1992.

论文

[1] 陈鑫. 江南传统建筑文化及其对当代建筑创作思维的启示 [D]. 南京：东南大学，2016.

[2] 马如月. 基于江南传统智慧的绿色建筑空间设计策略与方法研究 [D]. 南京：东南大学，2018.

[3] 董阳. 基于自然地理因素的长三角地区典型传统聚落绿色智慧探析 [D]. 南京：东南大学，2020.
[4] 罗吉. 基于气候特征的长三角地区传统民居空间及当代转译策略研究 [D]. 南京：东南大学，2020.
[5] 任柳. 基于地理与文脉特征的江南水网地区聚落公共空间研究 [D]. 南京：东南大学，2021.
[6] 王宁. 基于气候与文化特征的江南建筑开敞空间体系绿色智慧研究 [D]. 南京：东南大学，2021.
[7] 回音. 上海里弄的保护与更新设计研究：以步高里改造为例 [D]. 开封：河南大学，2019.
[8] 吕立胜. 徐州户部山传统民居研究 [D]. 西安：西安建筑科技大学，2014.
[9] 彭松. 从建筑到村落形态：以皖南西递村为例的村落形态研究 [D]. 南京：东南大学，2004.
[10] 齐莹. 金泽“节场”研究 [D]. 上海：同济大学，2006.
[11] 王建华. 基于气候条件的江南传统民居应变研究 [D]. 杭州：浙江大学，2008.
[12] 杨柳. 建筑气候分析与设计策略研究 [D]. 西安：西安建筑科技大学，2003.
[13] 赵群. 传统民居生态建筑经验及其模式语言研究 [D]. 西安：西安建筑科技大学，2005.
[14] 邹定贤. 江苏历史文化名镇景观基因研究：以苏州市木渎古镇为例 [D]. 南京：南京农业大学，2020.
[15] 葛早阳. 苏北乡村空间特色化设计方法探析：以宿迁市双河村乡村规划为例 [C]// 中国城市规划学会. 活力城乡 · 美好人居：2019 中国城市规划年会论文集. 北京：中国建筑工业出版社，2019：2281-2288.
[16] 许锦峰，疏志勇，吴志敏，等. 基于层次分析法的江南传统民居绿色建筑技术传承策略分析 [C]// 土木工程新材料、新技术及其工程应用交流会论文集（下册）. 北京，2019：333-337.
[17] 唐慧超，洪泉. 中国古典园林贴水园与依水园之理水比较：以退思园与网师园为例 [C]// 中国风景园林学会. 中国风景园林学会 2011 年会论文集：上册. 北京：中国建筑工业出版社，2011：513-517.
[18] 刘成. “万殊之妙，共枝别干”：江南地区传统民居天井尺度之地域性差异探讨 [C]//《营造》第五辑：第五届中国建筑史学国际研讨会会议论文集（下）. 广州，2010：281-291.
[19] 鲍莉. 适应气候的江南传统建筑营造策略初探：以苏州同里古镇为例 [J]. 建筑师，2008（2）：5-12.
[20] 陈翔，张睿杰. 分散天井在零耗能建筑中的应用 [J]. 华中建筑，2012，30（5）：34-37.
[21] 陈晓扬，仲德崑. 宏村徽州传统民居过渡季节室内环境分析 [J]. 建筑学报，2009（S2）：68-70.
[22] 陈晓扬，仲德崑. 冷巷的被动降温原理及其启示 [J]. 新建筑，2011（3）：88-91.
[23] 丁沃沃，李倩. 苏南村落形态特征及其要素研究 [J]. 建筑学报，2013（12）：64-68.
[24] 杜冠之，刘琮晓. 多庭之居：南京甘熙故居的庭院理景剖析 [J]. 建筑与文化，2020（3）：111-114.
[25] 黄晓，刘珊珊. 明代后期秦燿寄畅园历史沿革考 [J]. 建筑史，2012（1）：112-135.
[26] 蒋灵德. 关于甪直镇总体规划的思考 [J]. 规划师，2011，27（12）：24-28.
[27] 李璟，孙鹏. 浅析环秀山庄地形艺术 [J]. 农业科技与信息（现代园林），2009，6（9）：44-47.
[28] 刘涤宇. 吴地风土建筑的场地适应研究：以同里古镇漆字圩与洪字圩建造肌理为例 [J]. 建筑师，2016（2）：84-94.
[29] 裴元生. 苏州古典园林留园的建筑装饰纹样艺术特征研究 [J]. 美术教育研究，2020（16）：100-101.
[30] 王珍吾，高云飞，孟庆林，等. 建筑群布局与自然通风关系的研究 [J]. 建筑科学，2007，23（6）：24-27.
[31] 杨维菊，高青，徐斌，等. 江南水乡传统临水民居低能耗技术的传承与改造 [J]. 建筑学报，2015（2）：66-69.
[32] 雍振华. 周庄沈厅 [J]. 古建园林技术，2007（3）：21-25.
[33] 赵逵，张晓莉. 江苏盐城富安古镇 国家历史文化名城研究中心历史街区调研 [J]. 城市规划，2017，41（6）：121-122.
[34] 赵宇，成章恒. 徽州传统民居排水防潮措施研究 [J]. 小城镇建设，2016（1）：85-89.

官方网站

[1] 句容市文物网 http://www.jrwenwu.com/new/jbdt/97.html

[2] 苏州市园林和绿化管理局政府网站 http://ylj.suzhou.gov.cn/szsylj/ylml/nav_list.shtml

[3] 镇江历史文化名城研究会官网 http://www.zjmcyj.net/whyc/666.htm

[4] 镇江市人民政府官网 http://www.zhenjiang.gov.cn/zhenjiang/zwyw/201004/6b0ec3df99294fefba07254d137ed7cf.shtml

图表来源

第 4 页：图 1 长江三角洲地区区域图：http://bzdt.ch.mnr.gov.cn/

第 8 页：图 2 长三角地形地貌类型与分布：http://bzdt.ch.mnr.gov.cn/

第 188 页：金华俞源村卫星图：谷歌地球在线 https://google.cn/earth/

第 192 页：南京漆桥村卫星图：谷歌地球在线 https://google.cn/earth/

未在上方标注来源的图片和表格，均由作者团队自摄或自绘。

图示分析中，部分受资料限制暂时无法考证原有名称的建筑，在平面中暂不标注名称。

第一部分
基础知识篇

摄影的基础知识包含多个方面，包括持机姿势、摄影三大元素、线的运用、构图的技巧、相机设置以及后期处理等。在基础知识篇，我们会对数字摄影和数字相机的相关知识进行了解，将详细介绍数字摄影的入门知识、摄影曝光、画面构图、拍摄用光、摄影色彩以及不同画面的拍摄技巧等。摄影是一门需要不断学习并进行实践的艺术，我们要通过不断的拍摄和反思，来提高技能和艺术修养。

📷 第1章 数字摄影入门

本章概述

在本章中，我们将了解数字摄影的入门知识，熟悉相机功能和参数，了解相机参数调整的效果，为后续内容的学习打下基础。

核心知识点

① 了解数字相机的基本操作
② 了解相机参数的调整
③ 熟悉数字摄影的基本要领
④ 掌握相机的执机方式

1.1 数字摄影的基础知识

数字摄影的基本操作包括熟悉摄影机的各项功能和参数，掌握拍摄技巧和后期处理技巧，以获得高质量的照片和视频。同时，要不断进行实践和尝试来提升摄影技能。数字摄影的基础知识包括数字摄影的准备工作、基本要领和执机方式等，接下来进行具体介绍。

1.1.1 数字摄影的准备工作

作为一位准摄影师，在拍摄之前一定要做足准备工作。摄影的准备工作涉及多个方面，其目的是确保拍摄过程的顺利进行和高质量照片的获得。以下是一些主要的准备事项：

- **选择合适的数字相机**：根据拍摄需求，选择适合的数字相机及镜头。同时，要考虑相机的分辨率、传感器类型、镜头兼容性等因素，以确保能够满足拍摄要求。
- **检查设备**：确保数码相机的电池满电，存储卡容量充足，镜头干净且无划痕。同时，检查相机的各项功能是否正常工作，如快门、对焦、闪光灯等。
- **确定拍摄主题和场景**：明确拍摄的主题和场景，选择适合的拍摄地点和背景。同时，要考虑光线和构图等因素，根据可能会出现的意外情况，准备相应的应对方案。
- **设置相机参数**：根据拍摄环境和需求，设置相机的参数，如图像画质、曝光模式、白平衡、ISO感光度等，确保相机能够正确捕捉光线和色彩，以获得清晰的照片。

> **提示：设置图像尺寸**
>
> 使用相机拍摄时，有多种图像尺寸可以选择，一般情况下选择最高品质，以确保影像呈现最佳效果，除非出现储存卡容量告急且无备用卡等特殊情况，否则不要调降低拍摄尺寸。

- **准备拍摄道具和模特**：根据拍摄主题，准备相应的道具和模特。要确保道具与主题相符，模特的造型和服装也与主题相协调。
- **熟悉摄影技术**：熟悉数字摄影技术，了解如何运用不同的拍摄技巧和构图方法来表现拍摄主题。了解光线的运用、角度的选择等摄影基础知识，以提高拍摄质量。
- **备份和保护数据**：在拍摄之前，确保已备份重要的数据，并准备额外的存储卡以防出现意外。同时，了解如何保护拍摄的数据，避免数据丢失或损坏。

以上准备工作有助于确保数字摄影的顺利进行，以获得高质量的照片。但在实际拍摄过程中，还需要根据具体情况灵活调整拍摄策略和计划。

1.1.2 数字摄影的基本要领

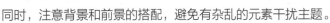

数字摄影的基本要领包括以下几个方面：

（1）了解相机功能和参数

熟悉相机的各项功能和参数，如拍摄模式、快门速度、ISO等。理解这些参数影响照片效果的原理，并根据拍摄环境和需求进行调整。右图为相机屏幕显示的各种参数。

（2）掌握构图技巧

良好的构图可以使照片更具吸引力和生动性。同时，注意背景和前景的搭配，避免有杂乱的元素干扰主题。

（3）选择光线

光线是摄影的关键因素。不同的光线类型、角度和强度都会影响照片的效果。我们要学会观察光线，并选择最佳的光线条件进行拍摄，如早晨和傍晚的柔和阳光。此外，了解如何使用闪光灯和反光板也是非常重要的。下左图为阳光直射下的拍摄效果，下右图为反光板反射阳光下的拍摄效果。

（4）掌握快门速度和焦距

快门速度决定了照片的清晰度和运动效果。较慢的快门速度可以捕捉到运动模糊的效果，而较快的快门速度则可以冻结瞬间。焦距的选择也会影响拍摄效果，广角镜头适合拍摄大场景，而长焦镜头则适合拍摄远距离或背景模糊的效果。在下两图中，左图的风车模糊而右图的风车清晰，这就是不同的快门速度拍摄出的不同效果。

（5）后期处理

拍摄后的照片处理同样重要。使用照片后期制作工具，如进行色彩、对比度、锐化和裁剪等处理，可以提升照片的质量和效果。需要注意的是，过度处理可能会导致照片失真。

这些要领是数字摄影的基础，我们通过后面章节的不断学习和实践，可以提高摄影技巧，拍摄出更具艺术性和表现力的照片。

1.1.3 数字摄影的执机方式

摄影的执机方式对于拍摄稳定性和照片质量至关重要。以下是几种常见的数字摄影执机方式：

（1）双手持机

这是最常见的执机方式，适用于大多数拍摄场景。用双手握住相机的两侧，双肘紧贴肋部，确保相机稳定并减少抖动。右手可以轻轻按下快门按钮进行拍摄。

（2）单手持机

在某些情况下，如需要快速拍摄或不方便使用双手时，可以采用单手持机方式。将相机紧握在一只手中，利用手臂和手腕的力量保持稳定。但需要注意的是，这种方式更容易导致镜头抖动，因此需要更多的练习和技巧。

（3）使用三脚架

对于需要长时间曝光或高精度的拍摄，使用三脚架是最佳选择。将相机安装在三脚架上，可以大大提高其稳定性，减少抖动和模糊。

（4）利用支撑物

在拍摄环境中有稳定的支撑物时，如墙壁、树木等，可以将相机靠在支撑物上以增加其稳定性。抑或是手持相机，将身体倚靠在支撑物上来更稳定地拍摄。但要注意确保支撑物足够稳定，并且不会对相机造成损害。

> **提示：增加执机的稳定性**
>
> 众所周知，三角形是最稳固的图形。所以在执机时，不管是用双手还是用单手握机器，都要使执机手一侧的上臂紧贴肋部，然后相机与额头和鼻尖紧贴，这样就形成一个三角空间，会大大增加执机的稳定性。

1.2 数字相机的参数调整

前面介绍了数字摄影的基础知识，本节将介绍数字相机的调整。调整数字相机涉及关键参数和设置。右图中的参数和设置都是需要着重调整的，且会影响最终拍摄出来的照片效果。接下来将对部分参数进行详细说明。

1.2.1 滤色片

滤色片，也称为滤色器或滤光片，是一种对色光具有吸收、反射和透过作用的染有颜色的透明片，如下右图所示。滤色片在摄影、显示技术和其他光学应用中扮演着重要的角色。

在摄影中，滤色片常用于调整和控制光线的成分和强度，以改变照片的效果。例如，红外滤色片可以阻挡可见光，只允许红外线通过，从而拍摄出具有特殊效果的红外照片。绿色或蓝色滤色片则可以增强照片中相应颜色的饱和度。此外，滤色片还可以用于控制曝光时间、调节色彩平衡和增强对比度等。

摄影滤色片有多种类型，每种类型都有其特定的用途和效果，以下是一些常见的摄影滤色片类型：

（1）彩色滤色片

彩色滤色片可以改变照片的色彩平衡和饱和度。例如，红色滤色片可以增强照片中的红色成分，使红色更加鲜艳；蓝色滤色片可以增强蓝色成分，使天空更加湛蓝。所以彩色滤色片常用于风光、人像和花卉等摄影。

（2）中性密度滤色片

中性密度滤色片可以均匀地减少通过镜头的光线强度，从而降低曝光量。这种滤色片常用于控制景深、避免曝光过度或拍摄长时间曝光的效果。使用中性密度滤色片的效果，如下左图所示。

（3）偏振滤色片

偏振滤色片可以消除或减少照片中的反光和眩光，使画面更加清晰。这种滤色片常用于拍摄水面、玻璃等反射面，以及拍摄蓝天白云等场景。使用偏振滤色片的前后对比效果如下右两图所示。

（4）渐变中性密度滤色片

渐变中性密度滤色片具有从一边到另一边的逐渐过渡效果，可以在照片中创造出渐变的效果，如下左图所示。这种滤色片常用于拍摄自然风景、日出日落等场景。平衡天空和地面曝光时常用渐变中性滤色片，如下右图所示。

下两图为使用渐变中性密度滤色片拍摄照片的前后对比效果。如果没有使用该滤色片就直接拍摄，那么天空、倒影以及群山无法同时得到理想的曝光，效果如下左图所示。使用该滤色片后，减少了湖面夕阳倒影的曝光，突出了夕阳的美好和神秘感，效果如下右图所示。

综上所述，根据不同的拍摄需求，可以选择不同类别的滤色片。需要注意的是，数码照片虽然可以用计算机软件进行二次创作，但利用知识和工具一次性拍出可以直出的照片，会给我们带来不同的成就感。

1.2.2　白平衡

白平衡是摄影中的一个重要概念，相机在拍摄过程中会根据预设或自动测定的白平衡参数，对红、绿、蓝三原色进行调整和混合，以消除光源色温对照片色彩的影响。例如，在黄昏时拍摄的照片颜色会偏橙红色，这时通过调整白平衡，可以将照片中的橙色调整回白色，使照片的色彩更加准确。右图为选择白平衡模式，即箭头所指的位置。

白平衡的调整可以通过多种方式实现，包括预设白平衡、自动白平衡和手动白平衡等。预设白平衡通常根据常见的光源类型（如日光、阴影、白炽灯等）进行预设设置；自动白平衡则是让相机自动测定并调整白平衡参数；手动白平衡则需要摄影师根据拍摄环境自行设定白平衡参数，通常是通过拍摄一张白色或中性灰的参照卡来实现。

提示：黑平衡

黑平衡是指在数字图像或摄影中，通过调整相机的参数，使得黑色区域在图像中呈现出真实的黑色，并且没有色偏的一种技术。黑平衡的主要目的是校正因光源色温不同而引起的图像色偏问题，使得图像的色彩更加准确，还原真实场景的色彩。

在摄影中，光源的色温是指光源所发出的光的颜色温度，用开尔文（K）来度量，一般分为暖光和冷光两种。当摄影中光源的色温与相机的设定值不匹配时，就会导致图像出现色偏现象，即整体呈现偏红或偏蓝的情况。这时就需要进行黑平衡调整，以消除色偏，使图像的色彩恢复正常。

要特别注意的是，通常相机里只有白平衡的调节，和黑平衡原理类似，即通过调整相机内部的色彩参数，使得白色物体无论在何种光照环境下都能被还原为白色，即保持白色的平衡。

总之，白平衡在摄影中非常重要，对于保证照片色彩的真实性和准确性起着至关重要的作用。摄影师需要根据不同的拍摄环境和光源条件，选择合适的白平衡设置，以获得最佳的拍摄效果。

我们可以在相机内调整不同的白平衡模式，如右图所示。AWB表示自动，但在复杂的光线环境中不能准确地还原白平衡；晴天模式、阴天模式、白炽灯模式、阴影模式等对应不同的色温；K模式则表示需要我们自己根据环境光手动输入色温值。

提示：色温

色温的概念基于黑体辐射定律，即一个黑体在绝对零度以上的任何温度下，都会发射出相应波长的电磁波，其颜色会随温度变化而不同。

色温越高，光源所发出的光的颜色越偏蓝；色温越低，光的颜色越偏黄。例如，白炽灯的色温通常在2800K左右，因此发出的光偏黄；而日光灯的色温在6500K左右，发出的光偏蓝。

在摄影中，色温的概念非常重要，因为它影响照片的色彩表现。当摄影师使用不同的光源拍摄照片时，需要考虑光源的色温，以便正确调整相机的白平衡设置，使照片中的色彩真实还原。如果摄影师没有正确设置白平衡，照片就可能出现色偏，影响整体效果。

例如，当我们的拍摄主光源为一盏色温5000K的灯光时，若想拍出暖调效果，可以将相机的色温值调高至8000，甚至更高。而要想拍出冷调的效果，则色温值要往低调整。下面三张图从左至右，相机设定的色温值分别为2800K、5200K、7800K。

总之，色温是描述光源颜色特性的重要参数，在摄影、照明设计、显示技术等领域有着重要的意义。正确理解和应用色温，有助于我们更好地掌握相关技能，提高拍摄的质量。

1.2.3 变焦

变焦是摄影中一个重要的概念，指的是通过调整相机镜头的焦距来改变拍摄画面的视角大小和拍摄范围。下页左图为焦距18mm的图像效果，下页右图为焦距55mm的图像效果。

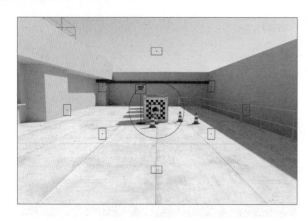 

变焦分为光学变焦和数码变焦两种类型。

光学变焦是通过移动镜头内部的镜片组来改变镜头的焦距，从而实现画面放大或缩小的效果。由于光学变焦是通过改变镜头的物理焦距来实现的，因此它可以保持图像的质量和清晰度不变，同时不会出现像素插值等问题。光学变焦的倍数越大，拍摄的视角就越小，拍摄的画面范围也就越小，但是可以将远处的物体放大并拍摄下来。

数码变焦则是通过相机内部的图像处理算法来实现画面放大或缩小的效果。数码变焦实际上是在拍摄的画面上进行裁剪和插值处理，从而得到放大或缩小的图像。虽然数码变焦可以实现画面的放大或缩小，但是也会降低图像的质量和清晰度，并可能出现像素化、失真等问题。

所以，通常来说，可以更换镜头的相机为高品质相机，其价格会更高。

> **提示：光圈**
>
> 光圈是摄影中另一个至关重要的概念，它指的是相机镜头内部一个可调节大小的进光孔。这个进光孔的大小，即光圈的大小，会直接影响相机曝光的多少，进而影响照片的亮度和景深。
>
> 右图中箭头所指之处即为光圈值在相机屏幕中的显示位置。
>
>

1.2.4 聚焦

聚焦，也称为对焦，是摄影中一个至关重要的技术概念。通过聚焦可以调整相机镜头与拍摄对象之间的距离，使得拍摄对象在相机传感器或胶片上形成清晰的图像。聚焦决定了哪部分场景在最终的照片中是清晰的，哪部分是模糊的，从而帮助摄影师表达创作意图。选择聚焦点的调整按键如右图所示。

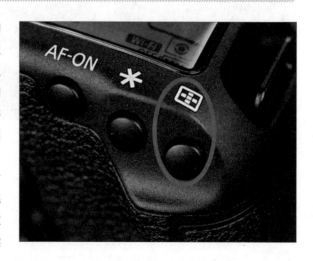

按下聚焦调整按键后，我们通过拨盘来选择合适的对焦点，然后对准被摄物并半按快门，即可完成对焦，最后再全部按下快门，完成拍摄。要注意的是，半按快门完成对焦后，不要松开快门，继续按下才可释放快门并完成拍摄。

例如，要完成广告牌拍摄，首先设定相机的对焦点（这里设定为中间），对准被摄物（黄色广告牌），如右图所示。然后半按快门进行对焦，当听到相机发出"哔哔"声（对焦提示音，需在相机菜单里开启），且对焦点闪烁下左图中的红光，即说明对焦成功（此时不要松开快门）。

最后，完全按下并释放快门，完成拍摄，最终效果如下右图所示。

闪烁红点

1.2.5 后焦距

在摄影和光学设计中，后焦距是一个关键的参数，它决定了成像的位置和光学系统的整体性能。例如，在后焦距过短的情况下，光线可能无法完全聚焦在传感器或胶片上，从而导致图像模糊或失真。相反，如果后焦距过长，则可能需要更长的相机机身或额外的镜片来容纳这段距离，这就增加了系统的复杂性和成本。

后焦距的调节和优化通常涉及对镜头、传感器和整个光学系统的精确设计和调整。例如，在相机设计中，后焦距需要与传感器的尺寸和位置相匹配，以确保光线能够准确地聚焦在传感器上并形成清晰的图像。

此外，后焦距还与光学系统的焦距、光圈和景深等其他参数密切相关。例如，当调整相机的焦距时，后焦距也会发生相应的变化，从而影响到图像的清晰度和景深。因此，在摄影和光学设计中，对后焦距的精确控制是非常重要的。

总之，后焦距决定了光线在经过系统后聚焦的位置和性能，是确保图像质量的关键。

> **提示：其他调整**
>
> 当我们准备拍摄一张照片时，需要根据当前的环境做出很多调整。首先，曝光是能否拍出一张照片的关键，在此基础上才有其他调整的可能。下一章我们将详细了解曝光的知识，以及针对不同的场景和拍摄类别，选择不同的测光模式和拍摄模式。

📷 知识延伸：关于景深

　　景深是指在摄影机镜头或其他成像器前沿能够取得清晰图像的成像所测定的被摄物体前后距离范围。简而言之，景深就是画面景象清晰的范围，这个范围对应的是纵向距离。影响景深的三个主要因素包括光圈、镜头焦距和拍摄距离。

　　首先，光圈越大，景深越浅，即清晰的范围越小；光圈越小，景深越深，即清晰的范围越大。所以在拍摄人像时，使用大光圈可以使背景模糊，突出主体；在拍摄风景时，使用小光圈可以使前后景都清晰。下左图为光圈值f2.8时拍摄的照片，下右图为光圈值f22时拍摄的照片。可以清晰地看出这两张照片背景虚化的程度是完全不同的。

　　其次，镜头的焦距也会影响景深。焦距越长，景深越浅；焦距越短，景深越深。这也是为什么长焦镜头在拍摄人像时可以产生很好的背景虚化效果。下左图为焦距70mm时拍摄的照片，下右图为焦距24mm时拍摄的照片。可以看出焦距越长，背景虚化得越多。

　　最后，拍摄距离也会影响景深。相机与被摄物体的距离越近，景深越浅；距离越远，景深越深。例如，当我们尝试拍摄一些特写镜头，如花朵或小昆虫时，会发现很难让整个画面都清晰，这就是因为拍摄距离过近，导致景深过浅。下左图是拍摄距离为1m时拍摄的照片，下右图是拍摄距离为3m时拍摄的照片。

　　了解景深的概念和影响因素，可以帮助摄影师更好地控制拍摄效果，并根据需求选择合适的拍摄参数，以达到预期的拍摄效果。例如，如果想要营造出一种梦幻、背景虚化的效果，可以选择大光圈、长焦距和近距离的拍摄方式；而如果想要拍摄出前后景都清晰的风景照片，可以选择小光圈、短焦距和远距离的拍摄方式。

操作实训：根据拍摄环境设定相机的白平衡

之前我们讲到了白平衡的概念及其在拍摄时的重要性，通常相机给我们提供的预设白平衡模式如下：

模式	大约色温值
☀ 日光	约 5200k
⬛ 阴影	约 7000k
☁ 阴天	约 6000k
💡 钨丝灯	约 3200k
🔲 白色荧光灯	约 4000k
⚡ 闪光灯	约 5500k

自动白平衡（AWB），虽然在大多数情况下都能带来不错的效果，但也有局限性，只有在一个相对有限的色彩范围内才能正常工作，这时我们会用到K值来手动调整色温值。

而在光源持续性不明确，且光源复杂的陌生环境中，如果要准确记录和还原被摄对象的颜色，我们就要使用标准的白板（或18%灰卡）对白平衡进行自定义，以确保拍摄的照片色彩准确。具体方法如下：

步骤 01 找一张白板或测光的灰卡，如下左图所示。将相机模式调整为P、Av、Tv或M模式，然后设定为手动对焦（AF），如下右图所示。之所以使用手动对焦，是因为卡纸上没有落焦点，自动对焦模式无法进行对焦。

步骤 02 对准白板拍摄，并且要使其充满画面，不留空隙。按MENU键，进入相机菜单，选择"自定义白平衡"选项，如下左图所示。按SET键，寻找到刚才拍摄过的图像，然后选择"确定"，并按下"SET"按钮导入白平衡数据。

步骤 03 将白平衡模式设置为"用户自定义"模式，如下右图所示。就可以采用刚才定义的白平衡进行拍摄了。

> **提示：自定义白平衡工具**
>
> 自定义白平衡是一种灵活且强大的工具，它可以帮助摄影师在各种复杂的拍摄环境中获得准确的色彩表现。无论是拍摄商品、静物、书画、文物等题材，还是拍摄色温不确定的场景，自定义白平衡都能发挥重要的作用。

课后练习

一、选择题

（1）在以下选项中，属于拍摄前准备工作的是（　　）。

　　A. 检查设备　　　　　　　　　　B. 确定拍摄主题和场景

　　C. 设置相机参数　　　　　　　　D. 合理运用现场光线

（2）（　　）是表示光源颜色的一种计量单位，用开尔文（K）表示。

　　A. 光圈　　　　　　　　　　　　B. 快门

　　C. 色温　　　　　　　　　　　　D. 周长

（3）光圈是摄影中一个至关重要的概念，通过调节光圈的大小，可以影响到照片的亮度和（　　）。

　　A. 景深　　　　　　　　　　　　B. 像素

　　C. 比例　　　　　　　　　　　　D. 美颜

二、填空题

（1）变焦是摄影中一个重要的概念，指的是通过调整相机镜头的焦距来改变拍摄画面的视角大小和拍摄范围。变焦分为＿＿＿＿＿＿ 和＿＿＿＿＿＿两种类型。

（2）完成一张照片的拍摄分为三步，首先＿＿＿＿＿＿，然后＿＿＿＿＿＿，最后＿＿＿＿＿＿。

（3）影响景深的三要素是＿＿＿＿＿＿、＿＿＿＿＿＿ 和＿＿＿＿＿＿。

📷 第2章 摄影曝光基础

本章概述

　　正确的曝光是摄影成功的关键要素之一，本章将详细介绍曝光的核心参数及它们对曝光的影响，还会针对不同的拍摄环境，介绍如何选择拍摄模式和测光模式。

核心知识点

❶ 了解曝光的核心参数
❷ 熟悉曝光补偿
❸ 熟悉各种拍摄模式
❹ 针对不同场景选择不同的测光模式

2.1 光圈

　　我们可以把光圈想象成人的瞳孔，瞳孔在明亮或黑暗的环境中会变大或缩小，以控制进光量。相机的光圈也是同理，通过控制光圈的大小，可以控制相机的进光量，从而影响照片的曝光程度。光圈越大，进入的光越多，照片就越亮；光圈越小，进入的光越少，照片也就越暗。

提示：关于曝光

　　什么是曝光？简单来说，曝光就是胶卷或者数码感光元件接收从镜头进来的光线并形成影像，同时通过对光线的控制来获取正确的图像亮度。

　　不同曝光程度的图像效果如下三图所示。

　　下左图为图像曝光过度的效果。下中图为图像曝光正常的效果。下右图为图像曝光不足的效果。可以看出，正常曝光是拍摄一张照片的基础。在此基础上，才有其他更多的创意空间。

　　曝光的核心参数包括光圈、快门速度和感光度（ISO），也称为曝光三要素、曝光的"三大金刚"。

2.1.1 认识光圈

　　光圈在摄影中指的是镜头中的一个可调节开口，它控制着进入相机的光线量。我们也可以把光圈理解为一间房屋的窗户，窗户的大小决定着进入房间光线的多少。光圈示意图如右图所示。

2.1.2 光圈大小

光圈在摄影中的作用是决定镜头的进光量，光圈的大小用f值来表示。光圈大小与f数大小成反比，即大光圈的镜头f数小，小光圈的镜头f数大。f后面的数值越小，光圈越大，进光量也就越多；f后面的数值越大，光圈越小，进光量也就越少。简单来说，在快门速度（曝光速度）和感光度不变的情况下，光圈f数越小，光圈就越大，进光量越多，画面比较亮；光圈f数越大，光圈就越小，进光量越少，画面比较暗。

完整的光圈值系列包括：f/1.0、f/1.4、f/2、f/2.8、f/4、f/5.6、f/8、f/11、f/16、f/22、f/32、f/44、f/64，下图为部分光圈大小开启示意图。

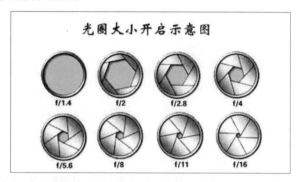

2.1.3 光圈对曝光的影响

由光圈的大小可以看出，光圈对曝光的影响主要体现在它控制了进入镜头的光线量。在快门速度和感光度不变的情况下，光圈变大，进去的光线就越多，画面则越亮；光圈变小，进去的光线就越少，画面则越暗。以下三张图从左到右的光圈值分别为f3.2、f8、f20，光圈从左到右依次变小，画面则依次变暗。

提示：光圈对景深的影响

上一章中我们还讲到了光圈对景深的影响，即大光圈（小f值）可以产生浅景深效果，使背景模糊，从而突出主体；而小光圈（大f值）则能提供更深的景深，使画面中的多个物体保持清晰。

我们在拍摄时，要根据拍摄内容，合理地调整光圈。

2.2 快门

快门是摄影器材中用来控制感光元件有效曝光时间的装置，是相机的一个重要组成部分。通常来说，快门的时间范围越大越好。快门速度高，则适合拍运动中的物体，例如，当快门速度为1/16000秒，镜头可轻松抓住急速移动的目标。不过要是拍夜晚的车水马龙，就要将快门时间拉长。此外，常见照片中丝绢般的水流效果，以及烟花绽放的过程也要用慢速快门才能拍出来。下页左图为高速快门的拍摄效果，下页右图为慢速快门的拍摄效果。

提示：b快门

　　相机上还有一种b快门功能，通过该功能，我们可以自由决定曝光时间的长短，快门按钮按下时即开启快门曝光，直到松开快门按钮，才关闭快门。通常情况下，相机的最慢快门为30秒，而当我们需要更长的曝光时间或更精确的曝光时间时，就可以使用b快门。

2.2.1　快门与快门速度

　　快门与快门速度在摄影中扮演着至关重要的角色。快门，通常被形象地描述为挡在相机感光元件前的一道"门帘"，其主要功能是控制曝光时间的长短。在按下快门按钮时，快门会从打开状态变为闭合状态，这段时间内，光线会穿过光圈并进入相机的感光元件，完成曝光过程。

　　快门速度，即从快门打开到闭合的时间，其实就是曝光时间。快门速度决定了光线进入镜头的时间长短，进而影响曝光量。快门速度数值越低，曝光时间越长，进入镜头的光线越多；快门速度数值越高，曝光时间越短，进入镜头的光线越少。

　　快门速度代表镜头开门时间的长短。例如，快门速度1/250秒代表的是"门"将打开1/250秒。开门的时间越长，进入镜头的光线就越多，照片越亮；开门的时间越短，进入镜头的光线就越少，照片越暗。

2.2.2　快门速度的表示

　　快门速度的单位是"秒"，常见的快门速度有：1、1/2、1/4、1/8、1/15、1/30、1/60、1/125、1/250、1/500、1/1000和1/2000等。相邻两级快门速度的曝光量相差一倍，就是我们常说的相差一级。例如，1/60秒比1/125秒的曝光量多一倍，即1/60秒比1/125秒速度慢一级。从这里可以看出，1/1000秒和1/2000秒属于快速快门，1秒和1/2秒属于慢速快门。

　　快门速度在相机屏幕中的显示位置如右图所示。

　　右图中相机屏幕显示的快门速度为1/125秒。若改为1/250秒，则快门速度加快，同等条件下，进入相机的光线就变少了。

快门速度

❶**注意**：从一档速度移动到下一档更快的速度时，曝光时间会被削减一半。所以1/250秒的曝光允许光线照射感光元件的时间是1/125秒的一半。

2.2.3 快门速度对曝光的影响

在光圈和感光度不变的情况下，快门速度越慢，进光量就越多，画面也越亮。下三张图中，快门速度从左到右依次变慢，分别为1/3200秒、1/800秒、1/100秒，画面也由暗依次变亮。

前面我们已经了解了控制进入相机光量的另外一个途径，即通过改变光圈来控制光量。孔径越大，接纳的光线越多；孔径越小，接纳的光线越少。

因此，到目前为止，我们已学习了控制进入相机光量的两个变量——光圈和快门速度。

快门速度不仅能对曝光产生影响，从上左图和上右图还可以看出，在1/3200秒的快门速度下，风车被"凝固"住了，而在1/100秒的快门速度下，则会因为风车的转动，使它看起来有点模糊。所以如果想要拍出风车旋转的动感效果，就要选择相对较慢的快门速度，以上右图1/100秒的快门速度为转动标准的话，曝光会过曝，我们就要相应地收缩光圈，来达到理想的曝光值。调整后的照片效果如右图所示。

> **提示：控制景深**
>
> 收缩光圈后，我们得到了一张曝光正常且风车具有动感效果的照片，但景深却变大了，即后边的背景也更清晰，不能突出人物。所以如果想要在正常曝光的前提下，既有风车的动感效果，又进一步压缩景深，可以参考第1章"知识延伸"中控制景深三要素的介绍。光圈只是其中一种控制景深的方式，还有焦距和摄距两种方法可以控制景深。

2.2.4 快门速度对画面的影响

通过对以上内容的学习，我们已经了解了快门速度会对画面的动感效果产生影响。例如，在拍摄奔跑的运动员、腾空的摩托车、滴落的水滴等目标时就要用快速快门，效果如下左图所示。而拍摄夜晚中的车流、烟花的绽放等场景时，可以选择慢速快门，效果如下右图所示。

同时，我们在拍摄慢速快门照片时，需要用到三脚架来固定相机，以保持稳定。

2.3 感光度

感光度，也称为ISO值，为曝光"三大金刚"之一，是衡量底片或数字相机感光元件对于光的灵敏程度的重要指标。感光度在相机屏幕中的显示位置如右图所示。

提示：关于感光度

在胶片时代，感光度由购买的胶片决定，其数值是固定的，反映了胶片对光的敏感程度。进入数码时代后，虽然感光原理有所不同，但为了方便与传统相机统一计量单位，数字相机也引入了ISO感光度的概念。

感光度的等级是倍数关系，如ISO100、ISO200、ISO400、ISO800、ISO1600等，相邻ISO之间的感光度相差一倍，数字越大感光度越高。这意味着ISO数值越大，相机对光线的敏感程度就越高。

2.3.1 感光度对曝光的影响

感光度对曝光有着直接的影响。感光度越高，曝光量就越高；感光度越低，曝光量就越低。因此，在光线较暗的环境下拍摄时，提高感光度可以增加曝光量，使照片更亮。然而，高感光度通常会带来噪点问题，这是电流增大而形成的不规则运动电流导致的。因此，在选择使用高感光度时，需要权衡其对曝光和画质的影响。

在实际拍摄中，摄影师会根据不同的光线环境和拍摄需求来选择合适的感光度。例如，在光线充足的户外环境下，通常会选择低感光度以获取更纯净的画面；而在光线较暗的室内或夜晚拍摄时，就需要提高感光度以增加曝光量。下三张图是在光圈和快门不变的情况下，ISO值由左至右依次变高的效果，分别为ISO100、ISO400、ISO1600，画面由暗依次变亮。

2.3.2 感光度与画质的关系

感光度与画质在摄影中存在着密切的关系。感光度是衡量相机感光元件对光的敏感程度的一个关键指标，而画质则是指照片的清晰度和细节表现能力。

一般来说，感光度越高，相机对光线的敏感程度就越高，可以在较暗的光线条件下拍摄出较为明亮的照片。然而，高感光度的噪点问题会让照片上出现不规则的彩色或黑白颗粒，影响照片的画质。因此，在选择使用高感光度时，需要注意其对画质的影响。

反之，低感光度可以带来更加纯净的画面，减少噪点的出现，从而提高照片的画质。在光线充足的环境下，使用低感光度通常可以获得更好的画质表现。下页两图的ISO值从左至右分别为100和6400，通过对比，我们可以明显地看出高感光度对画面产生的影响。

　　此外，需要注意的是，除了感光度之外，光圈和快门速度也会对画质产生影响。在拍摄过程中，需要综合考虑这三个因素来选择合适的曝光组合，以获得理想的照片效果。

　　因此，摄影师在拍摄时需要根据实际情况选择合适的感光度。同时，也需要了解和掌握感光度的调节技巧，以便在不同的拍摄环境中获得满意的照片效果。

　　总之，感光度是影响画质的重要因素之一，摄影师需要在实践中不断探索和尝试，找到最适合自己的感光度设置，以获得最佳的画质表现。

> **❶注意：** 当我们的拍摄环境比较差，光圈已经开到了最大，快门速度也到了安全快门速度的临界值时，就不得不提高ISO值来获取正常的曝光。不过随着科技的发展，很多产品在高感光度上的表现也越来越好了。

> **提示：关于安全快门速度**
>
> 　　安全快门速度的计算方法是1/焦距，例如，如果使用的是200mm镜头，安全快门速度就是1/200，在拍摄时尽量不要低于这个速度，否则容易糊片。但如果使用的是20mm广角镜头，则1/焦距的计算方法无效，因为相机也有重量。通常成年人使用非长焦镜头时可控制的安全快门速度大概在1/60秒，达到该速度就能使画面不模糊。不过现在的很多产品也加入了防抖功能，可以帮助我们尽量不糊片。

2.3.3 感光度的设置原则

　　感光度的设置原则在不同光照条件下有所不同，但总体而言一些原则应当是通用的，因为感光度的设置对照片质量起着决定性作用。以下是一些关于感光度设置的主要原则：

　　在光线允许的情况下，尽量使用低感光度，以保证更高的画质和细节表现力。无论是人像、风光还是其他拍摄题材，在ISO100~200时，通常能够呈现出非常优秀的画质。

　　在光线不足的情况下，如果能够使用三脚架或通过倚靠等方式使相机保持稳定，那么也应尽可能使用低感光度。因为在弱光环境下，即使设置相同的感光度，也会产生更多的噪点。所以即使要使用三脚架并降低快门速度，也好过提高感光度。在曝光三要素里，感光度的调整应放在最后，并在不得已的情况下才进行。

　　值得一提的是，早在胶片时代，胶卷的感光度在ISO100~400，普遍都不高，那么控制曝光主要依靠的就是光圈和快门。所以，即使到了当代，大光圈的镜头价格往往也比较高。同理，感光度越高的胶卷价格也就越贵。右图中胶卷上标注的醒目数字即为它的感光度。

在暗光下手持相机进行拍摄时，应优先考虑使成像清晰，其次考虑高感光度给画质带来的损失。这是因为画质损失可以通过后期的方式来弥补，而画面模糊则无法补救。

此外，不同环境下的感光度设置也有所不同。

室内拍摄时，由于光线通常较为有限，可以设置较高的感光度，以保证照片的亮度和细节。（如果有条件，建议使用补光灯来提高光的亮度，以降低感光度，消除噪点并提升画质。）

外景拍摄时，尤其是在阳光充足的情况下，建议使用较低的感光度，以确保画面的清晰度和细节表现力。

夜景拍摄时，由于光线暗淡，通常需要提高感光度以增加画面的亮度和细节表现力。

在实际操作中，选择最合适的感光度需要综合考虑拍摄的主题、目标、环境、光线条件以及所使用的镜头和模式等因素。通过调整感光度并预览拍摄效果，我们可以逐步找到适合当前拍摄条件的最佳感光度设置。

需要注意的是，每个相机和镜头都有其特定的性能特点，因此在实际操作中需要根据具体情况进行调整。我们要多进行实践并充分了解手里的相机和镜头，以掌握最佳的感光度设置技巧。

2.4 曝光补偿

曝光补偿是一种快速控制画面明暗的有效手段。在摄影中，曝光补偿允许摄影师对相机自动计算的曝光值进行微调，以达到更理想的画面亮度。

2.4.1 曝光补偿的概念

曝光补偿是一种摄影时控制光的方式，它允许拍摄者在相机自动提供的曝光参数基础上，人为地增加或减少曝光量，从而使作品达到比相机自动曝光参数更亮或更暗的效果。使用曝光补偿，是相机自动演算出"合适"的曝光参数后，再根据拍摄者的意图进行的调整。在大多数情况下，相机自动测光系统会根据18%的灰色影调（日常生活场景中的平均光线值）来设定曝光参数。然而，不同的拍摄环境和物体需要不同的曝光量，这时就需要使用曝光补偿来进行手动调整。左图中未加曝光补偿的花比较暗，而右图中+1档曝光补偿的花则亮度合适。

2.4.2 曝光补偿的方向调整

曝光补偿的方向取决于我们希望照片变得更亮还是更暗。在相机中，曝光补偿通常使用"EV"作为单位，并用±1、±2等数字来表示。

如果希望照片变得更亮，那么应该将曝光补偿向"+"方向调整。这通常意味着向右或向上调整，具体取决于相机的操作界面和设置。

相反，如果希望照片变得更暗，那么应该将曝光补偿向"–"方向调整。这通常意味着向左或向下调整。

每增加或减少1.0EV，相当于摄入的光线量增加一倍或减少一半，这将对照片的明暗产生显著影响。因此，在调整曝光补偿时，我们需要仔细考虑希望达到的效果，并可以根据需要进行试拍以找到最佳的曝光补偿值。

需要注意的是，曝光补偿并不总是完全准确的，特别是在极端光线条件下或相机无法准确测量场景亮度时。因此，在使用曝光补偿时，可以结合其他摄影技巧，如调整快门速度、光圈大小和ISO值等，以获得最佳的曝光效果。

2.4.3　正确理解曝光补偿

要正确理解曝光补偿，首先需要明白曝光补偿是一种曝光控制方式，它允许摄影师根据实际需要调整相机自动测光所得出的参数，从而改变画面的整体亮度。

曝光补偿的应用非常广泛，其基本原则是"白加黑减"。这意味着在拍摄白色或浅色物体时，为了防止相机自动测光系统将这些物体识别为中性灰并减少曝光，我们需要增加曝光补偿（正补偿）。相反，在拍摄黑色或深色物体时，为了防止相机过度曝光，我们需要减少曝光补偿（负补偿）。

此外，曝光补偿的加减并不是连续的，而是间隔跳跃式的，例如以1/2EV或1/3EV为间隔。这意味着每次调整曝光补偿时，光线量的变化是逐步的，而非线性的。

总之，通过曝光补偿可以快速控制画面的明暗，是摄影师在创作过程中常用的技术手段之一。掌握曝光补偿的使用技巧，有助于摄影师更好地把握画面效果，创作出更优秀的摄影作品。

提示：调整曝光补偿

在相机里，要想调整曝光补偿，首先按相机的MENU菜单键，选择"曝光补偿/AEB"，按SET键进入，如下左图所示。然后旋转拨轮进行调整，如下右图所示。

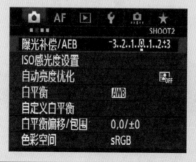 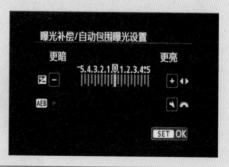

2.5　拍摄模式

拍摄模式的选择在摄影中至关重要，会直接影响最终的照片效果。不同的拍摄模式适用于不同的拍摄场景和摄影师的意图。以下是一些常见的拍摄模式及其适用场景。

2.5.1　光圈优先曝光模式（A或Av模式）

光圈优先曝光模式的适用场景：需要控制景深（前景和背景清晰度）时，如人像、风景摄影。

光圈优先曝光模式的特点：摄影师设定光圈大小，相机自动调整快门速度以维持合适的曝光。

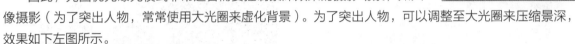

　　光圈优先曝光模式在相机上的调整位置如右图所示。

　　光圈优先曝光模式是一种在摄影中常用的曝光控制模式。在这种模式下，摄影师可以手动设置光圈的大小，而相机则会自动根据光圈的设定以及其他参数（如当前光线条件和设定的ISO值）来选择合适的快门速度，以达到正确的曝光效果。

　　使用光圈优先曝光模式的主要优势是，该模式允许摄影师直接控制景深。

　　因此，光圈优先曝光模式非常适合需要控制景深效果的摄影场景，如人像摄影（为了突出人物，常常使用大光圈来虚化背景）。为了突出人物，可以调整至大光圈来压缩景深，效果如下左图所示。

　　而拍摄风景时，为了展现整体景致的清晰度，一般会选择小光圈，效果如下右图所示。

　　在使用光圈优先曝光模式时，摄影师还需要注意曝光补偿的使用。曝光补偿可以在相机自动计算出的曝光基础上进行微调，以适应不同的拍摄环境和创作需求。通过合理地调整曝光补偿，可以进一步优化拍摄效果。

　　此外，对于初学者来说，光圈优先曝光模式是一个很好的起点，因为它结合了手动和自动曝光的优点。通过手动设置光圈大小，初学者可以逐渐掌握光圈对景深和曝光的影响效果，同时也不必过于关注快门速度的设置，让相机自动完成这部分工作。但要特别注意的是，选择光圈优先曝光模式的同时，要留意在此刻环境下相对应的快门速度是多少，是否低于安全快门，如果过低，要相应地提高ISO值来保证快门速度，避免糊片。

　　总的来说，光圈优先曝光模式是一种灵活且实用的曝光控制模式，适用于多种拍摄场景和需求。通过合理设置光圈大小和曝光补偿，摄影师可以创作出更具个性且专业的作品。

2.5.2　快门优先曝光模式（S或Tv模式）

　　快门优先曝光模式的适用场景：需要控制运动物体的清晰度时，如体育、动物摄影。

　　快门优先曝光模式的特点：摄影师设定快门速度，相机自动调整光圈大小以维持合适的曝光。

　　快门优先曝光模式在相机上的调整位置如右图所示。

　　在快门优先曝光模式下，摄影师要手动设定快门速度，而相机则会自动根据快门速度的设定以及其他参数（如当前光线条件和ISO值）来调整光圈的大小，以确保曝光正常。

快门优先曝光模式适合拍摄运动物体或需要捕捉动态影像的场景。较高的快门速度可以"凝固"运动物体的瞬间,如拍摄体育赛事、动物奔跑等,拍摄的照片效果如下左图所示。

而较慢的快门速度则可以产生模糊效果,如拍摄丝滑的水流或营造动感的画面时,拍摄的照片效果如下右图所示。

综上所述,在使用快门优先曝光模式时,摄影师需要根据拍摄对象的运动速度以及预期的视觉效果来选择合适的快门速度。在拍摄快速移动的物体时,需要选择较快的快门速度来确保拍摄清晰;而在拍摄缓慢移动的物体或想要营造模糊效果时,则可以选择较慢的快门速度。

在使用快门优先曝光模式时,还需要注意曝光补偿的调整。通过合理地调整曝光补偿,摄影师可以进一步优化拍摄效果。需要特别注意的是,当选定适合的快门速度以后,要观察相机上光圈的数值是否闪烁,如果闪烁,则说明此枚镜头的最大光圈已经不能有足够的进光量来完成正确的曝光了,需要提高ISO值或配合曝光补偿进行调整。

总的来说,快门优先曝光模式是一种强大且灵活的曝光控制工具,它可以帮助摄影师根据拍摄需求精确地控制快门速度,从而捕捉到理想的动态影像。通过不断实践和探索,摄影师可以充分发挥这一模式的优势,创作出更具动感和表现力的作品。

2.5.3 手动曝光模式(M模式)

手动曝光模式的适用场景:需要完全控制曝光和其他参数时,如夜景、低光环境或创意摄影。

手动曝光模式的特点:摄影师手动设置所有参数,包括快门速度、光圈大小和ISO。

手动曝光模式在相机上的调整位置如右图所示。

手动曝光模式也称为专业模式,是一种可以由摄影者任意对相机的光圈大小和快门速度进行组合曝光的功能。在手动曝光模式下,摄影者可以完全掌控曝光过程,需要手动设置光圈大小、快门速度以及ISO等关键参数。这一模式为摄影师提供了最大程度的创作自由,可以根据拍摄场景和需求精确调整曝光组合。

使用手动曝光模式需要一定的摄影经验和技巧,因为摄影师需要准确判断光线条件,并合理调整曝光参数以获得理想的曝光效果。同时,摄影师还需要注意曝光补偿的使用,以进一步优化拍摄效果。

对于初学者来说,手动曝光模式具有一定的挑战性,但随着摄影技能的提高和实践经验的积累,逐渐掌握手动曝光模式将会使摄影师更加熟练地掌控曝光过程,达到更个性化的拍摄效果。

总之,手动曝光模式是一种强大而灵活的曝光控制方式,适用于各种拍摄场景和需求。

2.5.4 程序自动曝光模式（P模式）

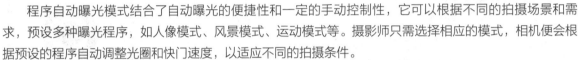

程序自动曝光模式的适用场景：需要一定控制但又不想完全手动调整的场合。

程序自动曝光模式的特点：相机自动选择快门速度和光圈大小，但摄影师可以调整曝光补偿和其他参数。

程序自动曝光模式在相机上的调整位置如右图所示。

程序自动曝光模式是一种高级的自动曝光模式，在这种模式下，相机会根据内置的算法和预设的程序来自动调节光圈和快门速度的组合，以达到合适的曝光效果。摄影师只需要选择合适的程序或模式，相机便会自动进行曝光参数的调整。

程序自动曝光模式结合了自动曝光的便捷性和一定的手动控制性，它可以根据不同的拍摄场景和需求，预设多种曝光程序，如人像模式、风景模式、运动模式等。摄影师只需选择相应的模式，相机便会根据预设的程序自动调整光圈和快门速度，以适应不同的拍摄条件。

使用程序自动曝光模式时，摄影师仍然可以根据需要调整ISO、白平衡、曝光补偿等参数，以获得更理想的拍摄效果。这种模式适合那些希望相机自动处理曝光参数，同时又希望保持一定控制权的摄影师。在程序自动曝光模式下拍摄的照片效果如右图所示。

程序自动曝光模式的优点在于其易用性和适应性。它可以帮助摄影师快速应对不同的拍摄环境和光线条件，减少因手动调整曝光参数而产生的失误。同时，它还可以根据不同的拍摄需求，提供多种预设程序，方便摄影师快速切换到适合的模式。

然而，需要注意的是，程序自动曝光模式虽然方便，但也无法完全满足摄影师的个性化需求。在某些特定的拍摄场景下，还需要结合其他曝光模式或手动调整参数来实现更理想的拍摄效果。

总之，程序自动曝光模式是一种灵活且实用的曝光控制方式，适用于多种拍摄场景和需求。通过合理选择预设程序和微调其他参数，摄影师可以在保持便捷性的同时，达到更个性化的拍摄效果。

2.6 测光模式

测光模式是指测试相机被摄物的反射率的方式，主要用于确定曝光参数。相机的测光模式主要有平均测光模式、中央重点测光模式、点测光模式等。

2.6.1 平均测光模式

平均测光模式也叫矩阵测光，在相机上的显示如右图所示。

该模式是通过在画面中纵横等分64或128个区域，然后将平均为18%的灰度作为正确的曝光，从而给出光圈和快门速度的结果。这种模式的优点是可以轻易获得均衡的画面，不会出现局部的高光过曝，整个画面的直方图均衡。然而，该模式的缺点是无法满足特殊情况的需要，比如在阴影、逆光等环境下，可能无法得到准确的曝光。

平均测光模式适用于景物亮度反差不大的场景，因为它综合了所有景物的平均亮度，使得画面的各部分都可以得到较准确的曝光。在拍摄人像时，平均测光模式通常能提供良好的曝光效果，但需要注意的是，当画面中出现大面积过亮或过暗的背景时，可能会导致曝光不足或曝光过度。

为了获得更准确的曝光，摄影师在使用平均测光模式时，还需要结合实际情况，通过调整曝光补偿、ISO等参数来进一步优化曝光效果。同时，对于不同的拍摄场景和需求，也可以考虑使用其他的测光模式，如中央重点测光模式或点测光模式，以达到更好的拍摄效果。

2.6.2　中央重点测光模式

中央重点测光模式在相机上的显示如右图所示。

中央重点测光模式是将画面中央约70%的区域作为主要的测光重点，同时也兼顾了周围30%的区域。这种模式的特点在于它既能实现画面中央区域的精准曝光，又能保留部分背景的细节。因此，中央重点测光模式特别适用于拍摄主体位于画面中央主要位置的场景。

由于大多数摄影师在拍摄时会将主体安排在画面中间，所以中央重点测光模式具有很强的实用性。其测光精度相较于一般的平均测光模式更高，能够更精确地控制曝光效果。

但值得注意的是，中央重点测光模式的中央面积会因相机类型的不同而有所差异，一般占据画面的20%~30%。这种设计使得相机在测光时更加侧重于主体部分，从而得到更准确的曝光参数。

中央重点测光模式适用于多种场景，如个人旅游、特殊风景等。但在某些特殊情况下，如主体不在画面中央位置或在逆光条件下拍摄时，可能需要结合其他测光模式或手动调整曝光参数来获得更好的效果。

2.6.3　点测光模式

点测光模式在相机上的显示如右图所示。

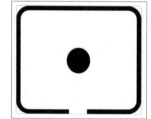

点测光模式是一种高级的测光模式，它只对画面中的很小一部分区域进行测光，通常是焦点所在的区域，测光区域大约占整个画面的1%~5%。这种测光模式的特点是具有极高的精准性，因为它只关注画面中的特定部分，不受其他区域光线的影响。

点测光模式主要适用于逆光时的大光比环境，或者当摄影师希望针对某个特定区域（如被摄主体的脸部）进行精确曝光时。在拍摄过程中，摄影师可以通过调整对焦点，将测光点对准需要精确曝光的区域，从而确保该区域得到正确的曝光。

需要注意的是，由于点测光只关注画面中的很小一部分区域，因此在使用时需要注意构图和曝光锁定。如果测光点不在构图的中心，或者测光后需要重新构图，可以使用AE锁（自动曝光锁定）功能来锁定曝光量，以确保在重新构图后仍能保持正确的曝光。

总的来说，点测光模式是一种非常灵活且精确的曝光控制方式，它可以根据摄影师的需求对特定区域进行精确曝光，从而得到更加专业且有创意的作品。然而，该模式也需要一定的技巧和经验才能掌握，因此在使用时需要谨慎结合实际情况进行调整。

知识延伸：曝光锁定功能

利用曝光锁定功能锁定曝光值，是一种在复杂光线条件下拍摄获得正确曝光的理想方式。以下是使用曝光锁定功能的步骤：

- **选择测光模式：** 首先，我们需要选择合适的测光模式。在大多数情况下，点测光或局部测光模式会更适合使用曝光锁定功能，因为它们更专注于画面的特定区域。
- **确定测光区域：** 将相机对准想要曝光的主体或区域，通过调整对焦点或构图来确定测光区域。
- **启动测光：** 半按快门按钮启动测光，此时相机会对当前的测光区域进行曝光计算。
- **锁定曝光值：** 一旦我们满意当前的曝光值，就可以按下曝光锁定按钮（通常是AE-L或AEL按钮）。此时，相机将锁定当前的曝光值，即使重新构图或移动相机，曝光值也不会改变。
- **重新构图与拍摄：** 在曝光值被锁定后，我们可以重新调整构图，确保主体或其他重要元素位于理想的位置。然后，完全按下快门按钮进行拍摄。

需要注意的是，曝光锁定功能在复杂光线条件下能发挥很大作用，比如当主体不在画面中央、光线反差大或需要精确控制某个区域的曝光时。同时，使用曝光锁定功能时，不同的相机品牌和型号可能有不同的操作方式，建议查阅相机的说明书以获取更详细的操作指导。

通过使用曝光锁定功能，我们可以更精确地控制曝光，确保在复杂光线条件下拍摄出满意的照片。

 操作实训：调整曝光并拍摄午后雪景

通过对本章有关曝光内容的学习，再结合之前学习的景深三要素，我们已经可以拿起相机尝试进行一些拍摄练习了。请试着调整曝光并拍摄午后雪景，拍摄核心内容归纳为：确保正常曝光的同时，保留高光细节，注意明暗对比。具体拍摄步骤如下。

步骤01 选择合适的曝光模式。对于午后雪景的拍摄，可以使用手动曝光模式或程序自动曝光模式，拍摄模式在相机屏幕中的所处位置如下左图所示。手动曝光模式允许我们完全控制曝光参数，而程序自动曝光模式则可以根据场景自动调整曝光组合。

步骤02 调节相机测光模式。在拍摄中，建议使用平均测光模式或中央重点测光模式，测光模式在相机屏幕中的显示位置如下右图所示。平均测光可以综合考虑整个画面的光线情况，而中央重点测光则更侧重于画面中央的主体部分。

拍摄模式

测光模式

步骤03 设置曝光参数。根据光线情况，适当调整曝光参数，其相关参数在相机屏幕中的显示位置如下页左图所示。一般来说，由于雪是白色的，反光率较高，因此需要增加一些曝光补偿，以使雪显得更加洁白。同时，要注意控制光圈和快门速度的组合，以获取合适的景深和运动模糊效果。

步骤 04 调整白平衡。在拍摄时，白平衡的调整也非常重要，白平衡模式在相机屏幕中的显示位置如下右图所示。选择合适的白平衡可以确保雪的颜色更加真实自然。

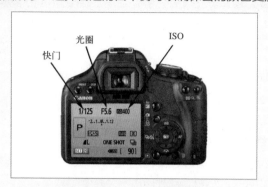

白平衡模式

步骤 05 构图与拍摄。在调整好曝光和其他参数后，就可以开始构图和拍摄了。注意选择合适的角度和景别，以展现午后雪景的美丽和特色。照片的参考效果如下两图所示。

课后练习

一、选择题

（1）光圈的大小用f值来表示，f3.2的光孔相比较f12的光孔（   ）。

    A. 变大了   B. 变小了   C. 不变   D. 不能确定

（2）感光度对曝光有着直接的影响。在其他参数不变的前提下，提高感光度会使（   ）。

    A. 画面变亮   B. 噪点增加   C. 像素变高   D. 曝光不变

（3）常见的拍摄模式有（   ）。

    A. 光圈优先模式   B. 快门优先模式   C. 手动曝光模式   D. 自动曝光模式

二、填空题

（1）曝光三要素分别是＿＿＿＿＿＿、＿＿＿＿＿＿和＿＿＿＿＿＿。

（2）如果希望照片变得更亮，我们可以将曝光补偿向＿＿＿＿＿＿方向调整，如果希望照片变得更暗，那么可以将曝光补偿向＿＿＿＿＿＿方向调整。

（3）＿＿＿＿＿＿测光模式的特点是具有极高的精准性，因为它只关注画面中的特定部分，不受其他区域光线的影响。

第3章 数字画面构图

本章概述

　　构图在摄影、绘画等视觉艺术中起着至关重要的作用，本章将详细介绍构图的基本规律、构图方式，以及拍摄时对距离、方位、角度等方面的把控。

核心知识点

① 了解构图元素
② 了解拍摄要素
③ 熟悉常用的构图技巧
④ 了解画面构图的基本规律

3.1 构图元素

　　构图是指将画面中的各个元素进行有机组合，以形成具有视觉吸引力和表达力的整体效果。构图涉及画面中各个元素的布局、比例、色彩、光影等方面，是摄影、绘画等视觉艺术中不可或缺的一部分。

　　构图是一个综合性的过程，需要多个元素的协同作用，主要元素包括主体、陪体、前景、背景和空白等。

3.1.1 主体

　　在摄影中，主体是照片的核心，是摄影师希望观众关注的主要内容。主体在画面中占据主导地位，而陪体、背景等其他元素都是为了衬托和突出主体而存在的。

　　主体的选择取决于摄影师的创作意图和照片的主题。例如，在人像摄影中，主体通常是人；在风景摄影中，主体可能是某个特别的自然景观；在静物摄影中，主体则是被摄的物体。

　　从下图中一眼可以看出，这张作品所突出的主体是樱花树。从光线到此树在画面中占据的位置，都说明了摄影师的拍摄目的。而当我们第一眼看到下图的时候，视线会第一时间落在树上，这是因为摄影师用到了许多的构图和拍摄技巧，后面我们会详细介绍。

突出主体的方法多种多样，以下是部分方法：

● **利用光线和影调**：通过调整光线和影调，使主体在画面中更为明亮或突出，抑或更暗，从而与其他元素形成对比。具体效果如下页左图所示。

● **运用线条和形状**：利用画面中的线条和形状来引导观众的视线，使其自然而然地聚焦于主体。具体效果如下页右图所示。

- **使用景深**：通过调整镜头的焦距和光圈大小，创造出深浅不一的景深效果，使主体在画面中更为立体和突出。具体效果如下左图所示。
- **特写和裁剪**：通过特写镜头或裁剪画面，将主体放大或置于画面的中心位置，从而强调其重要性。具体效果如下右图所示。

　　总之，主体是照片的灵魂，是摄影师传达情感和思想的关键所在。因此，在拍摄过程中，摄影师需要仔细考虑和选择拍摄主体，并运用各种技巧和方法来突出和强调。

3.1.2　陪体

　　在摄影中，陪体是指与主体构成一定情节，帮助表达主体特征和内涵的对象。陪体始终要围绕主体进行配置，与主体形成统一整体。一张高质量的图片除了有吸引人的主体外，还需要陪体来帮助主体表现主题。

　　陪体的存在意义在于更好地说明主体，与主体共同构建完整的画面主题。如果单独依靠主体本身来表现主题，可能会不够深入，我们就可以用陪体来烘托主体，从而深化主题内涵。同时，陪体还可以平衡画面，当整个画面看起来不够平衡，而主体的位置和拍摄角度又不便于改变时，纳入适当的陪体可以使画面更加和谐。此外，陪体还能增强画面的透视效果。

　　然而，在安排陪体时，要注意陪体不要过多，以免削弱主体的力量。陪体应该起说明、衬托、美化的作用，而不是影响或干扰主体。摄影者可以通过让陪体显示不完整，或者让陪体在画面之外等方式，来避免陪体对主体造成负面影响。

　　下页左图的画面整体主次不分。若是雪山为主体，前景的花丛画面则太多，明度太高，从而过于抢眼。若是花海为主体，则雪山的色彩和比例也会同样抢眼。这是初学者常犯的错误。

　　综上所述，陪体在摄影中扮演着重要的角色，它不仅可以丰富画面的内容，还可以增强画面的视觉效

果，使作品更具感染力和深度。因此，摄影者在拍摄时应充分考虑陪体的选择和安排，以创作出更加优秀的作品。下右图中的几颗草莓作为陪体，不仅给画面添加了说明，烘托出了主体的口味，也让画面丰富了起来。

所以，我们在选择陪体的时候，要同时从材质、色彩、性质和布局上进行深入的研究。

3.1.3　前景

在摄影中，前景是画面构图的重要元素之一，它位于主体之前或靠近前沿的位置，与主体和背景共同构成完整的画面。前景在摄影中具有关键的作用，下面将进一步详细介绍。

首先，前景能够增加画面的纵深感，使得二维的平面照片看起来更加立体和生动。当前景与背景形成明显的对比时，画面的空间感会被进一步强调。例如，利用树枝、门框或建筑物的边缘作为前景，可以有效地将观众的目光引向画面深处，具体效果的呈现如下左图所示。

其次，前景还可以用来遮挡画面中不必要的元素，突出主体。在拍摄人像时，利用树枝、花草等自然元素作为前景，可以将主体人物从杂乱的背景中分离出来，使画面更加简洁明了，具体效果的呈现如下右图所示。

此外，前景还可以用来渲染氛围，增加画面的故事感。例如，在拍摄秋天的风景时，利用飘落的树叶或金黄的稻田作为前景，可以营造出秋天的丰收和宁静氛围，具体效果的呈现如右图所示。

在运用前景时，需要注意前景与主体的关系。前景应该与主体形成一定的联系，而不是作为毫无关联的孤立元素单独存在。同时，前景的色调、形状和大小也应该与画面整体相协调，避免过于突兀或抢眼。右图是一幅风景作品，但前景杂乱无章，且有色彩抢眼的乱草混入，打破了画面的平衡。

总的来说，前景在摄影构图中起着至关重要的作用。通过巧妙地运用前景，可以为照片增添层次感和深度，使画面更加生动、有趣。因此，在拍摄时，我们不妨多观察身边的环境，寻找那些可以作为前景的元素，为照片增添更多的魅力。

3.1.4 背景

在摄影构图中，背景同样扮演着举足轻重的角色。背景通常是位于主体后方的景物，其选择和运用对于突出主体、表达主题以及营造氛围都起着至关重要的作用。

首先，背景能够衬托主体，突出其在画面中的地位。通过选择合适的背景，可以有效地将主体从环境中分离出来，使观众的视线更加聚焦于主体。例如，在拍摄人像时，可以选择简洁、纯净的背景，以突出人物的形象和表情；而在拍摄风景时，则可以利用天空、山峦等自然元素作为背景，为画面增添广阔感和深度。一张具有合适背景的照片效果如下左图所示。

其次，背景的选择和运用对于表达主题具有重要意义。背景中的色彩、线条、形状等元素都可以与主体形成对比或呼应，从而强化主题的表达。例如，在拍摄古装汉服时，就可以选择合适的背景，营造出相应的氛围，具体效果呈现如下右图所示。若将背景换成农用收割机在田里劳作，那么照片呈现出来的效果将会有很强的割裂感。

背景还可以用来营造特定的氛围或情感。通过调整背景的亮度、对比度等参数，或者利用特殊的拍摄手法和技巧，可以创造出不同的视觉效果和情感氛围。例如，利用暗调背景可以营造出神秘、深沉的氛围，效果如下页左图所示。而利用亮调背景则可以营造出明亮、欢快的氛围，效果如下页右图所示。

不过，在选择背景时，需要注意避免一些常见的错误。例如，背景过于杂乱或突兀，会分散观众的注意力，影响对主体的观赏；背景与主体过于相似或重复，会导致画面缺乏层次感和深度。因此，在选择背景时，应该根据拍摄主题和主体的特点进行综合考虑，力求使背景与主体形成和谐统一的整体。

综上所述，背景在摄影构图中具有不可忽视的作用。通过对背景的精心选择和运用，可以使画面更加生动、有趣，更准确地表达摄影师的意图和情感。

3.1.5　空白

在摄影构图中，空白是一个至关重要的元素，不仅影响画面的整体视觉效果，还直接关系主题的表达和观众的感受。空白通常指的是画面中未被实体对象占据的部分，可以是天空、水面、墙壁或其他任何无具体形象的区域。下面将对空白的作用进行具体介绍。

首先，空白在摄影构图中起到了突出主体的作用。通过在画面中留下适当的空白区域，可以使观众的视线更加聚焦于主体，从而强调主体的存在和重要性。这种

构图方式有助于将主体从背景中分离出来，增强画面的视觉冲击力和层次感。具体效果如上图所示。

其次，空白还能够为画面营造一种意境和情感氛围。不同的空白面积、形状和色调会给观众带来不同的心理感受。例如，大面积的空白可以给人一种宁静、空灵的感觉，而小面积的空白则会营造出紧张、压抑的氛围。因此，在构图时，摄影师会根据需要选择合适的空白处理方式，以达到预期的艺术效果，如左图所示。

然而，需要注意的是，空白并不是随意留出的。在处理空白时，摄影师需要考虑画面的整体布局和主题表达的需要，如果空白留得过多或过少，都可能会影响画面的视觉效果和主题传达。因此，摄影师需要在实践中不断摸索和尝试，找到最适合自己作品风格的空白处理方式。

总之，空白在摄影构图中具有不可或缺的地位。正确处理空白不仅能够突出主体、营造意境和平衡构图，还能够为观众带来独特的视觉体验和心理感受。因此，在摄影中，我们应该充分重视并巧妙运用空白这一元素，以创造出更加优秀且富有感染力的作品。

3.2 拍摄要素

拍摄要素是多种多样的，它们共同构成了摄影作品的基础和灵魂。下面介绍一些关键的拍摄要素。

3.2.1 拍摄距离

拍摄距离是摄影中一个至关重要的要素，它决定了被摄物体在画面中的大小和细节的展现程度。拍摄距离是指相机镜头到被摄物体之间的实际距离，对于同一被摄物体，在采用同一焦距的情况下，拍摄距离的变化会引起主体大小和景物范围的变化。拍摄距离越近，主体在画面中所占的比重就越大，焦外所占的比重就越小，效果如下左图所示。反之，拍摄距离越远，主体在画面中所占的比重就越小，焦外所占的比重就越大，效果如下右图所示。

 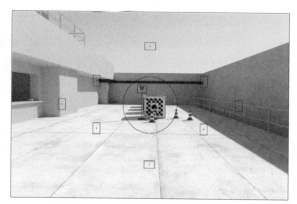

拍摄距离的选择与摄影的构图、主题表达以及观众的感受密切相关。例如，在近景摄影中，拍摄距离较近，可以突出被摄物体的细节和特征；而在远景摄影中，拍摄距离较远，可以展现被摄物体所处的环境和整体氛围。此外，拍摄距离的选择还受到镜头焦距的影响，不同的焦距对应不同的拍摄距离范围。

总的来说，拍摄距离对于照片的质量和表现力具有重要影响。我们需要在实践中不断摸索和尝试，才能掌握拍摄距离的运用技巧，以创作出优秀的摄影作品。

> **提示：调整拍摄距离**
>
> 在实际拍摄中，摄影师需要根据拍摄主题、被摄物体的特点和想要表达的情感来选择合适的拍摄距离。通过调整拍摄距离，可以创造出具有不同视觉效果和情感表达的照片，使其更具吸引力和感染力。同时，要注意保持适当的拍摄距离，避免过近或过远，从而影响照片的构图和表达效果。

3.2.2 拍摄方位

拍摄方位涉及相机与被摄物体之间的相对位置关系。选择合适的拍摄方位能够突出被摄物体的特点，展现出独特的视觉效果，增强照片的表现力和艺术感。

在拍摄方位的选择上，摄影师通常会考虑正面、侧面、斜侧、背面等不同的角度。正面拍摄能够展现被摄物体的正面形象，突出其典型特征，给观众带来亲切感和直接交流的感觉。侧面拍摄则有利于勾勒被摄物体的侧面轮廓，用于表现其运动状态或姿态。斜侧拍摄则结合了正面和侧面的特点，既能展现被摄物体的正面形象，又能表现其侧面的轮廓和变化。背面拍摄则能突出被摄物体的背部特征，通过背影来展现环境或烘托主题。下页两图的拍摄方位分别为正面拍摄和斜侧面拍摄。

在选择拍摄方位时，摄影师还需要考虑光线、环境、被摄物体的特点以及想要表达的主题和情感。不同的方位会带来不同的光影效果和视觉感受。因此，摄影师需要综合考虑各种因素，选择最合适的拍摄方位，捕捉被摄物体的最佳特点和表现力，才能创作出富有创意和感染力的照片作品。

3.2.3　拍摄角度

拍摄角度决定了观众如何感知和理解被摄物体及其与周围环境的关系。选择合适的拍摄角度可以突出被摄物体的特点，强化主题表达，并创造出独特的视觉效果。

拍摄角度主要包括垂直角度和水平角度。垂直角度分为俯摄、平摄和仰摄三种（即常说的高机位、中机位和低机位），其中平摄角度是最接近人眼视觉习惯的角度，能给人带来平和、稳定的视觉感受，适用于大多数日常场景的拍摄；俯摄角度是从上往下拍摄的，能使被摄物体显得渺小、无力，常用于展现宏观场景或强调被摄物体的弱势地位；仰摄角度则从下往上拍摄，能使被摄物体显得高大、雄伟，常用于拍摄建筑物、人物等，以强调其威严或崇高感。

水平角度包括正面、侧面、斜侧和背面等不同的视角。正面角度能够直接展现被摄物体的正面特征，给观众带来直观、真实的感受。侧面角度能凸显被摄物体的轮廓和线条美，适用于拍摄人物、建筑等具有立体感的对象。斜侧角度结合了正面角度和侧面角度的特点，能够展现出被摄物体的多面性和立体感。背面角度则通过拍摄被摄物体的背部，引导观众去想象和猜测，增加照片的神秘感和引人入胜的效果。

在选择拍摄角度时，我们还需要考虑被摄物体的特点、光线条件、环境氛围以及想要表达的主题和情感。不同的角度会给照片带来不同的视觉效果和情感表达，因此我们需要在实际拍摄中灵活运用各种拍摄角度，创造出独特而富有表现力的照片作品。

3.3　常用的基础构图技巧

构图技巧指的是在绘画、摄影等视觉艺术中，根据题材和主题思想的要求，把要表现的形象适当地组织起来，构成一个协调、完整的画面。构图技巧是艺术家在有限的空间或平面上，对自己所要表现的对象进行选择、组织和安排的过程，以达到突出主题、美化画面，并使这些对象成为完整艺术作品不可或缺元素的目的。精心设计的构图可以突出主题，引导观众的视线，增强照片的艺术感和表现力。下面介绍一些常用的构图技巧。

3.3.1 黄金分割构图

黄金分割构图是一种在绘画、摄影等视觉艺术中广泛应用的构图方法，该构图基于黄金分割比例的原理，通过合理安排画面元素，达到突出主题、美化画面的效果。

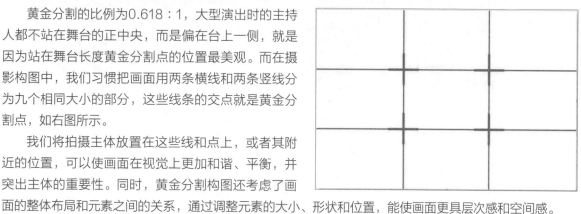

黄金分割的比例为0.618∶1，大型演出时的主持人都不站在舞台的正中央，而是偏在台上一侧，就是因为站在舞台长度黄金分割点的位置最美观。而在摄影构图中，我们习惯把画面用两条横线和两条竖线分为九个相同大小的部分，这些线条的交点就是黄金分割点，如右图所示。

我们将拍摄主体放置在这些线和点上，或者其附近的位置，可以使画面在视觉上更加和谐、平衡，并突出主体的重要性。同时，黄金分割构图还考虑了画面的整体布局和元素之间的关系，通过调整元素的大小、形状和位置，能使画面更具层次感和空间感。

在摄影中，黄金分割构图尤其适用于风景、人像等多种拍摄场景。例如，在拍摄风景时，可以利用黄金分割构图来安排天空、山脉、水面等元素的位置和比例，使画面更加美观和引人入胜。一般我们把拍摄主体放在任意的线条上，所以这种构图方式也称为三分构图法，效果如下两图所示。

而在拍摄人像或动物时，可以将眼睛或面部特征放置在黄金分割点上，以突出表情和情感，这种构图方式也称为井字构图，效果如以下三图所示。这三张图片都属于黄金分割构图。

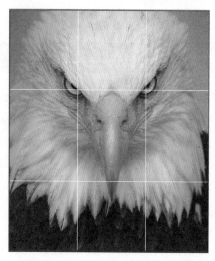

由此可见，黄金分割构图是一种常用且有效的构图方法，可以帮助我们在有限的画面空间中创造出富有艺术感染力的作品。通过掌握黄金分割构图的原则和技巧，我们可以提升自己的创作水平，创作出更加优秀和引人注目的作品。

提示：关于三分构图法

三分构图作为摄影里最实用有效的构图方式，往往被过度神话。很多摄影师盲目迷信这种规则，在拍摄时会不假思索地使用三分构图法，不过，单一使用一种构图方式会限制作品的表现力。但无论如何，作为经典的构图方式之一，三分构图还是应该被每个摄影师熟知并掌握。右图的构图方式为典型的三分构图。

这里延伸一种中心构图法，其特点在于稳定性和庄重感。通过将主体放置在画面的中心，可以形成对称或平衡的布局，使画面显得稳重而正式。这种构图方式适用于表现庄严、神秘或权威的主题，能够传达出一种肃穆和安静的氛围。使用中心构图法的照片效果如右图所示。

3.3.2 汇聚线构图

汇聚线构图是一种摄影中常用的构图技巧，利用线条元素在画面中形成的汇聚效果来引导观众的视线，并突出主题。这种构图法不仅增强了照片的空间感，还使得画面更具立体感和视觉冲击力。

在运用汇聚线构图法时，摄影师需要寻找或创造具有汇聚效果的线条元素，这些线条可以是真实的，也可以是具有方向延续性的元素，如颜色、阴影或建筑物等。当这些线条元素在画面中延伸并最终汇聚到某一点时，观众的视线会自然地沿着这些线条移动，最终聚焦于汇聚点，从而有效突出主题。使用汇聚线构图法的照片效果如右图所示。

需要注意的是，汇聚点的位置在汇聚线构图法中起着至关重要的作用。合理的位置选择可以使画面效果更加和谐、平衡，并有效地引导观众的视线。一般来说，将汇聚点放在画面的中心或三分点处是较为常见的选择，但具体还需要根据拍摄环境和主题来决定。

3.3.3 水平线构图

水平线构图是摄影中常用的一种构图方法。所谓水平线，是指人们视线中陆地与天空相接的那条直线，也可以是画面中的其他水平线条。在构图时，拍摄者通过将水平线安排在画面中的不同位置，来创造出不同的视觉效果和情感表达。

水平线构图具有安定、平稳的特点，能够给人带来宁静、宽广的视觉感受。该构图方式常用于拍摄海面、湖面、草原、田野等表面平展、广阔的景物，以突出画面的宁静和宽广感。在拍摄时，我们可以根据实际拍摄对象的具体情况来安排和处理画面的水平线位置。

根据水平线位置的不同，可以分为低水平线构图、中水平线构图和高水平线构图。低水平线构图将水平线置于画面下方，重点表现水平线以上的部分，例如，低水平线构图可以强化天空的高远和广阔，效果如下左图所示。

中水平线构图将水平线居中，画面上下对等，可以营造平衡、稳定的画面效果。使用中水平线构图方式的照片效果如下右图所示。

高水平线构图是将水平线置于画面上方，重点表现水平线以下的部分，例如，高水平线构图可以展现稻田的宽广，效果如右图所示。

> **提示：使用水平线构图时的注意事项**
>
> 在使用水平线构图时，还需注意保持水平线的平直和稳定，避免倾斜或扭曲，以确保画面的和谐与平衡。同时，也可以结合其他构图元素和技巧，如前景、对比、色彩等，来丰富画面的层次感和表现力。

3.3.4 垂直构图

垂直构图是摄影构图中的一种重要方式，它以景物的垂直线条组成画面基础，是竖直线型画面组织的结果。这种构图方式可以充分显示景物的高大和深度，使画面具有向上的延伸感，常用于拍摄建筑、树木和风景等题材。

在拍摄建筑时，垂直构图是最常用的一种拍摄方式。建筑物的垂直线条与画面的垂直边框相呼应，形成强烈的视觉冲击力，能突出建筑的高大和雄伟。同时，垂直构图也可以展现建筑的稳定感，效果如下页左图所示。

树木是自然界中充满垂直线条的景物，利用垂直构图的方式拍摄树木，可以展现其挺拔、向上生长的特点。通过合理的构图安排，可以突出树木的高大和生命力，营造出一种静谧、和谐的自然氛围。效果如下页右图所示。

在风景拍摄构图中，垂直构图同样可以发挥作用。通过调节拍摄范围、转变拍摄方向以及角度等方法，可以获取简洁的背景，使欣赏者的视线更多停留在画面的主体之上。垂直线条的运用还可以突出被摄物体的形态特点。效果如下左图和下中图所示。

垂直构图还可以与其他构图方式相结合，创造出更多元化的视觉效果。例如，可以利用中心构图法，将垂直线条置于画面中心，突出主题；或者采用对称构图法，通过垂直线条的对称安排，营造画面的平衡感。抑或利用光影、渲染画面等方法，效果如下右图所示。

3.3.5　斜线构图

斜线构图也称为对角线构图，该构图通过将画面中的元素以斜线的形式呈现，创造出一种动态、活泼或紧张的氛围。这种构图方式能够引导观众的视线沿着斜线的方向移动，使画面更具层次感和深度。

在斜线构图中，动物、景物或线条都可以作为斜线的元素。斜线构图在摄影中有广泛的应用。例如，在拍摄风景时，可以利用山体的倾斜、树木的倾斜或水流的方向等自然元素，形成斜线构图，突出画面的动态感。效果如下页两图所示。

对角线构图的表现形式是多样化的。我们要利用画面中的对角线元素来引导观众的视线，增强画面的动态感和立体感，使画面更具层次感和空间感，同时也能够突出主题，增强照片的表现力，效果如下两图所示。

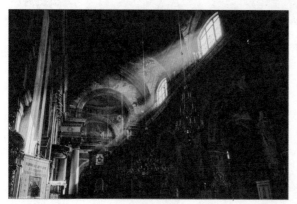

需要注意的是，在使用对角线构图时，要避免斜线过多或过于杂乱，以免破坏画面的整体感和平衡感。同时，也要根据具体的拍摄对象和主题来选择合适的对角线构图方式，以达到最佳的视觉效果。下图中，作者就巧妙地利用了斜线构图，使画面看起来特别干净且生动。

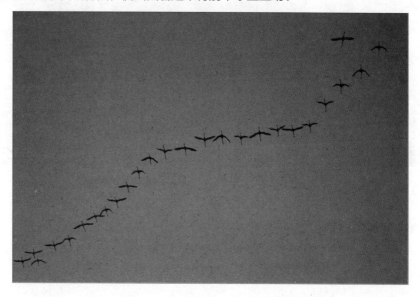

对角线构图是一种富有创造力和表现力的构图方式，它能够使画面更加生动、有趣，并且增强照片的艺术感和视觉冲击力。在摄影实践中，我们可以多尝试、多探索，以发现更多对角线构图的妙用和可能性。

3.3.6　框式构图

　　框式构图也是摄影构图中的一种经典手法，它利用画面中的框架元素来突出主题，引导观众的视线，并增强画面的层次感。或者通过精心安排框架元素，将观众的注意力聚焦于画面中的关键部分，从而营造出强烈的视觉冲击力和艺术效果。

　　在框式构图中，框架元素可以是实际存在的物体，如花丛、隧道等，如下两图所示。

　　框架元素也可以是自然形成的线条或形状，如山体的轮廓、河流的弯曲等。这些框架元素在画面中形成了一个或多个封闭的或半封闭的空间，将主体置于其中，能更加突出和引人注目。效果如下图所示。

　　框式构图的优势在于能够强化主题的表达，营造出一种独特的视觉体验。通过框架元素的引导，观众的视线会自然而然地聚焦于画面中的主体，从而更加深入地理解和感受摄影师想要传达的信息和情感。同时，框式构图还能够增强画面的层次感和空间感，使画面更加立体和丰富。

提示：寻找合适的框架元素

　　在拍摄时，我们需要仔细观察并寻找合适的框架元素，然后将其巧妙地融入画面中。同时，还需要注意框架元素与主体之间的比例和位置关系，以确保画面的和谐与平衡。右图中，摄影师巧妙地将花丛作为一个天然的框架来突出人物。

3.3.7 散点构图

散点构图是摄影构图中的一种重要手法，该构图以散点的形式分布画面中的对象，营造出一种自由、轻松或散漫的视觉感受。这种构图方式打破了传统构图的规则束缚，使画面更具创意和个性化。

在散点构图中，被摄对象可以是人物、动物、植物或其他物体，对象们以随机或有序的方式分布在画面中。这种构图方式不追求对称或平衡，而是注重画面的丰富性。通过合理的布局和安排，可以使画面中的各个元素相互呼应，形成一个和谐而富有韵律感的整体。

散点构图适用于多种拍摄场景和主题。例如，在拍摄自然风景时，可以利用树木、花草、石头等自然元素进行散点构图，营造出一种自然、原始的氛围。效果如下两图所示。

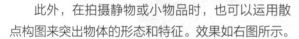

此外，在拍摄静物或小物品时，也可以运用散点构图来突出物体的形态和特征。效果如右图所示。

提示：使用散点构图的注意事项

在使用散点构图时，要注意避免画面过于杂乱或无序。虽然散点构图强调自由和随机性，但并不意味着可以随意摆放被摄对象。相反，我们需要认真观察和思考，根据被摄对象和主题，合理安排画面中各个元素的位置和大小，以确保画面的整体性和协调性。右图中的主体和背景混为一体且杂乱无章，给人一种眼花缭乱的感觉。

散点构图是一种充满创意和个性化的摄影构图手法。该构图方式能够使画面更丰富，增强了照片的视觉吸引力和艺术感。在拍摄过程中，我们可以根据具体的拍摄对象和主题需求，灵活运用散点构图。

3.3.8 三角形构图

　　三角形构图是一种常见且有效的摄影构图方式。该构图法以三个视觉中心为景物的主要位置，通过三点成面的几何构成来安排景物，形成一个稳定的三角形。这种构图方式可以产生安定、均衡且不失灵活的效果，使画面更具层次感和立体感。使用三角形构图法拍摄的照片效果如下两图所示。

　　在运用三角构图法时，需要注意元素的排列和组合，以及它们之间的空间关系和对比。通过巧妙地安排元素的位置和角度，可以形成不同形式的三角形，产生不同的视觉效果和情感体验。同时，还需要注意画面的整体平衡和节奏感，避免过于拥挤或空旷。效果如下两图所示。

　　而在拍摄人像的时候，也会经常使用三角构图，例如，在给模特美姿的时候，要尽量引导模特的姿态形成三角形，同时运用其他的构图方式，如三分构图法，使画面看起来更加和谐，如下左图所示。动态目标的抓拍亦是如此，如下右图所示。

总之，三角形构图是一种非常实用和有效的构图方法，可以帮助艺术家们更好地安排画面元素，突出主体，增强视觉效果，提升作品的观赏价值。

3.3.9 对称式构图

对称式构图是一种在视觉艺术中常见的构图方法，强调画面元素的平衡和稳定性。这种构图方式将画面分为左右或上下两个相等的部分，通过元素的对称分布来形成视觉上的平衡感。比较常见的对称构图运用场景就是拍摄宏伟的中式建筑，如下图所示。

对称式构图在摄影、绘画、设计等领域都有广泛的应用。在拍摄建筑、自然风光、人像等题材时，对称式构图能够突出主体，增强画面的层次感和立体感。同时，该构图方式也能够营造出一种庄重、肃穆的氛围，适用于表达特定的情感和主题。使用对称式构图拍摄的照片效果如下两图所示。

虽然对称式构图能够带来平衡和稳定的视觉效果，但过度使用也会导致画面显得单调和乏味。因此，在运用对称式构图法时，需要注重元素的排列和组合，以及画面的整体效果和氛围营造。通过巧妙的构图和创意的运用，可以创造出更加独特、引人入胜的视觉效果，如下页图所示。

3.4 数字画面构图的基本规律

数字画面构图的基本规律大致可以分为以下几个方面。

（1）突出主体

画面需要有明确的主体，其他元素（陪体）都应为突出这个主体服务。主体的突出可以通过大小对比、色彩对比、明暗对比等方式实现。效果如下左图所示。

（2）画面平衡

平衡是构图的基本要求，包括左右平衡、上下平衡以及整体的视觉平衡。通过合理安排画面元素的位置和大小，可以营造出稳定、舒适的视觉效果。效果如下右图所示。

（3）层次清晰

画面应有明显的层次感，前景、中景和背景应分明，避免画面显得杂乱无章。通过合理的透视关系和元素安排，可以营造出深远的空间感。

（4）对比与和谐

对比可以增强画面的视觉冲击力，如下左图所示。和谐则使画面显得统一、完整，如下右图所示。对比包括色彩对比、大小对比、明暗对比等，和谐则需要通过多样统一的原则来实现。

（5）注意用光

光线是摄影构图的重要因素，选择合适的光线可以突出主体，营造氛围，增强画面的表现力。效果如下左图所示。

（6）简洁明了

画面应尽可能简洁，避免不必要的元素干扰主题的表达。通过精简画面元素，可以更好地突出主体，增强画面的视觉冲击力。效果如下右图所示。

3.4.1 均衡

构图的基本规律中，均衡是一个重要的原则。均衡式构图给人以宁静和平稳感，它区别于对称式构图，不是左右两边的景物形状、数量、大小、排列的一一对应，而是相等或相近形状、数量、大小的不同排列，形成视觉上的稳定感。这种构图利用近重远轻、近大远小、深重浅轻等透视规律和视觉习惯，形成异形、异量的呼应均衡。

此外，均衡式构图还需要注意画面的整体布局和节奏感。画面中的元素应该分布得当，既有变化又有统一，避免过于拥挤或空旷。同时，通过运用对比、重复、渐变等手法，可以形成画面的节奏感和韵律感，增强画面的艺术表现力。

其他的构图基本规律，如对比、节奏、统一等，也都是非常重要的。这些规律共同构成了视觉艺术中

的构图法则，能帮助我们创造出更加丰富、有趣和具有表现力的作品。在实践中，往往需要综合运用这些规律，根据具体的创作需求和主题来选择合适的构图方式。

3.4.2 对比

构图的对比是通过不同元素之间的对比来强调差异，增强画面的视觉冲击力，使作品更具吸引力和表现力。对比构图的形式多种多样，以下是一些常见的形式。

- **大小对比**：通过将不同大小的物体或元素并置在一起，可以形成强烈的视觉对比效果，从而突出主要元素，引导观众的视线，增强画面的层次感和立体感。
- **色彩对比**：通过将互为互补色的两种或多种色彩进行对比，如洋红与绿色、蓝色与黄色等，可以产生强烈的色彩反差，形成鲜明、直观的视觉效果。同时，色彩的明暗、饱和度等方面的对比也能有效地丰富画面的视觉效果。
- **远近对比**：通过不同物体或元素之间的空间距离来形成对比，可以在画面上营造出空间感，使观众能够感受到画面的深度和广度，增强画面的立体感。
- **虚实对比**：通过调整镜头的焦距、光圈等参数，使画面中的某些部分清晰，而另一些部分模糊，形成虚实相间的效果。这种对比方式可以突出主要元素，引导观众的注意力，同时营造出神秘或梦幻的氛围。
- **动静对比**：动静对比是指在画面中同时展现静止与运动的元素，通过对比来突出运动的元素，营造出动态的视觉效果。这种对比方式可以增强画面的生动性和活力。

3.4.3 统一

构图的统一能确保画面的整体性和协调性。在构图中追求统一，意味着将画面的各个元素有机地组织起来，形成一个和谐、完整的视觉表达效果。构图统一的要点如下。

首先，画面中的元素在风格、色彩、形状等方面要保持一致性。例如，如果画面采用了某种特定的色调，那么所有的元素都应该与这种色调相协调，避免出现色彩上的冲突。同样，元素的形状和线条也应该相互呼应，形成统一的视觉效果。

其次，还需要考虑画面的平衡感。这并不意味着所有元素都必须对称分布，而是要求它们在视觉上达到一种平衡状态。通过合理地安排元素的位置、大小和数量，可以营造出稳定而和谐的视觉效果。

此外，要注重画面的主题和内容的表达。元素的选择和排列应有助于突出主题，强化画面的中心思想。同时，构图应该与作品的整体风格和氛围相协调，使观众在欣赏作品时感受到内在的统一性。

在实际应用中，有多种构图方法可以实现画面的统一。例如，使用相同或相似的元素进行重复排列，可以形成强烈的统一感；或者利用线条的引导作用，将观众的视线引向画面的重点部分，也可以增强画面的统一性和整体性。

3.4.4 节奏

构图的节奏涉及画面元素的排列、组合和重复，以便产生一种有规律的、和谐统一的视觉效果。节奏在构图中起着至关重要的作用，它可以使画面更加生动、有趣，并引导观众的视线，突出主体。

在摄影构图中，节奏通常表现为相似元素的重复出现，这些元素可以是形状、线条、色彩、光影等。当这些元素按照一定的规律排列和组合时，就会形成节奏感。例如，在风景摄影中，树木的排列、山峦的起伏、云彩的流动等都可以构成节奏感强烈的画面。

📷 知识延伸：封闭式构图和开放式构图

封闭式构图是一种基于传统经典摄影构图理念的构图形式，强调事物及内部关系的清晰、直观和完整性，给人以严谨、庄重、均衡、平静、安定、内敛等视觉感受。

在封闭式构图中，摄影主题内容的统一性和内向性是其核心特点。摄影画面的内涵全部蕴含于自身所展现的视觉形象中，由摄影画面内的构成元素对摄影内容进行完整充分的表达。此外，封闭式构图要求画面具有明确的趣味中心，通常将趣味中心置于视觉中心，并确保被摄对象限定在摄影画幅边线内。这样的设计有助于观众的思维形成明确的指向，使他们的联想及延伸局限于摄影画面内部，不与界外发生联系。

封闭式构图在实际应用中，往往适用于表达人物感情色彩、抒情性的风光，以及静物摄影等题材的照片。通过封闭式构图手法表现这些画面题材，往往可以得到一种严肃、优美、和谐、宁静的画面效果。效果如下两图所示。

而开放式构图是一种相对自由的构图方式，不再把画面框架看作是与外界没有联系的界线，而是追求画面内外关系的沟通和交流。开放式构图强调画面形象的不完整性和非均衡性，画面主体不一定放在画中心，以强调主体与画外空间的联系。这种构图方式突破了画面的边界，使观众的视线和思维能够延伸到画面之外，增加了画面的容量和想象空间。

此外，尽管在视觉上呈现出非平衡性，但开放式构图实际上是在更高的层次寻求视觉心理上的和谐与均衡。该构图方式要求观众调动想象力去感受并最终实现创作者的意图，这种互动式的观赏体验使得作品更具吸引力和深度。效果如下两图所示。

操作实训：拍摄城市道路

学习了本章的相关内容后，我们来尝试拍摄城市道路，要求捕捉到道路的线条、纹理、色彩以及周围环境的氛围，从而展现出城市的特色和美感。以下是具体的步骤。

（1）选择拍摄地点

- 选择一个视野开阔的地点，如高楼顶部、山顶或者过街天桥上，以获得更广阔的视角，如下左图所示。
- 选择具有特色的路段，如弯曲的道路、交会的十字路口或者有趣的道路标识。

（2）确定拍摄角度

- 尝试不同的角度，如平视、俯视或仰视，以获取不同的视觉效果。
- 考虑利用前景元素（如树木、建筑、行人、路面等）来增强画面的层次感。

（3）运用线条构图

- 利用道路的线条来引导观众的视线，例如，直线的道路可以营造延伸感，效果如下中图所示。
- 注意道路的曲线和交会点，它们可以成为有趣的构图元素。

（4）注意光线与色彩

- 选择合适的时间进行拍摄，如早晨或黄昏，利用柔和的光线来突出道路的质感和氛围，效果如下右图所示。
- 注意道路上的色彩变化，如车辆、道路标识的颜色以及周围环境的色彩搭配。

（5）运用对比与对称

- 利用道路上的对比元素，如宽窄、明暗、冷暖等，来增强画面的视觉冲击力。
- 利用对称构图，如道路两旁的建筑物或树木，以营造一种平衡感。

（6）考虑画面比例与剪裁

- 选择合适的画面比例，如横构图或竖构图，根据道路的走向和周围环境来决定。
- 在后期处理时，通过裁剪来调整画面的构图，突出主体并去除多余的元素。

（7）实践与反思

- 多进行实践拍摄，尝试不同的构图方法和技巧。
- 每次拍摄后反思自己的构图选择，总结经验教训，以便在下次拍摄中改进。

课后练习

一、选择题

（1）以下选项中，不属于拍摄要素的是（　　）。

    A. 拍摄距离   B. 拍摄方位

    C. 拍摄角度   D. 拍摄难度

（2）在摄影中，前景是画面构图的重要元素之一，合理地利用前景，可以起到（　　）的效果。

    A. 增加画面的纵深感   B. 遮挡画面中不必要的元素

    C. 渲染氛围   D. 削弱主体的力量

（3）下列照片中，不属于黄金分割构图的是（　　）。

    A.

    B.

    C.

    D.

二、填空题

（1）在摄影中，主体是照片的核心，是摄影师希望观众关注的主要内容。突出主体的方法多种多样，包括但不限于：＿＿＿＿＿＿、＿＿＿＿＿＿、＿＿＿＿＿＿、＿＿＿＿＿＿。

（2）＿＿＿＿＿＿构图可以突出建筑的高大和雄伟，展现建筑的稳定感。

（3）通过对本章内容的学习，可以知道右图用了＿＿＿＿＿＿、＿＿＿＿＿＿、＿＿＿＿＿＿和＿＿＿＿＿＿构图法。

三、实操题

    拍摄9张人物全身照片，要求分别为：距离模特1米拍摄，站直（高机位）、中机位和蹲下各拍一张；后退到距离模特3米的位置拍摄，各机位各拍一张；最后退到距离模特5米的位置拍摄，各机位拍摄一张。然后分析这些照片的构图方法都涉及本章的哪些内容。最后比较这9张全身照片，选出画面最和谐、比例最协调的一张。

📷 第4章 数字画面拍摄用光

本章概述

　　摄影是一门用光的艺术，涉及如何有效地利用不同光源和光线特性来增强视觉效果和表达特定情感等方面。在摄影中，用光不仅是记录现实的手段，更是创作作品的重要工具。本章将对光的基础知识、拍摄用光的基本因素、照明设备以及布光等展开讲解。

核心知识点

❶ 了解光的基础知识
❷ 掌握拍摄用光的基本因素
❸ 学会简单的拍摄用光
❹ 了解布光技巧
❺ 掌握灯光的控制

4.1 光的基础知识

　　拍摄用光是摄影技术的重要组成部分，涉及光源的种类、光线的性质以及光线对拍摄效果的影响等多个方面。

　　光源多种多样，但主要分为自然光和人造光两大类。自然光如日光、月光等，具有无法人为调节的特点，因此摄影师要善于选择拍摄角度并等待合适的时机。人造光如灯光、闪光灯等，则可以根据需要进行调节和控制，能为摄影师提供更多的创作可能性。

4.1.1 光的性质

　　光是一种电磁波，波长范围在人眼能够感知的范围内的光，被称为可见光。光具有波粒二象性，这意味着它既可以表现出波的特性（如干涉和衍射），也可以表现出粒子的特性（如光电效应）。光在同种均匀介质中沿直线传播，当光遇到不同介质时，它会产生反射或折射现象。反射是光从一个介质射向另一个介质时，在两个介质的分界面上改变传播方向又返回原来介质的现象。折射则是光从一种介质斜射入另一种介质时，传播方向发生改变的现象。

4.1.2 光的类型

　　光的类型可以根据其来源、特性以及表现方式进行分类。

　　首先，从光源的角度来看，光主要分为自然光、人造光和混合光。自然光来自大自然，如太阳光、月光等；人造光是为了某种效果而人工制造的光源，如LED灯光、闪光灯等；混合光则是自然光和人造光相互融合的光线。

　　其次，根据光的发散性质，光可以分为直射光、完全漫射光和方向性漫射光。直射光来自一个方向，能在被摄体上产生明显投影，如聚光灯下的效果；完全漫射光则不会产生明显投影，如阴天时的光线；方向性漫射光介于两者之间，部分方向光源明确，有模糊的阴影。

　　再者，从光的特性出发，光又可以分为硬光和软光。硬光是指光源直接照射到被摄体上，能产生明显投影的光线，线条硬朗、棱角分明；而软光则指在被摄体上不产生显著投影的光线，如经云层遮挡的阳光或经柔化的灯光照明。

　　综上，光的类型多种多样，不同的光线类型和特性会对拍摄效果产生不同的影响。因此，摄影师需要熟悉并掌握各种光线的特点，以便在实际拍摄中灵活运用，创造出理想的影像效果。

4.1.3 光与色彩

光与色彩之间存在着密切的联系。色彩是光照射在物体上并反射到眼睛中的一种视觉效应。当光线照射到物体表面时，物体吸收一部分光线并反射其余部分，这些反射的光线进入我们的眼睛，使我们感知到物体的色彩。可见，光由多种颜色的光组成，但主要有三个色（光学三原色）：红、绿、蓝。其他颜色的光可以通过三原色的不同组合来产生。三原色同时相加为白色，白色属于无色系（黑白灰）中的一种。

同时，光源的性质也会影响物体所呈现的色彩。自然光和人造光具有不同的光谱分布和颜色温度，因此它们会对物体产生不同的照明效果。例如，暖色调的光源会使物体呈现出温暖的色彩，而冷色调的光源则可能使物体显得更安静。

在摄影中，光与色彩的运用是至关重要的。摄影师通过调整光源、光线方向和强度等因素，可以控制物体所呈现的色彩效果。不同的光线条件和拍摄角度可以产生不同的色彩对比和饱和度，从而营造出不同的氛围和情感。

此外，色彩还具有情感和文化意义。不同的颜色可以引起人们不同的心理反应和联想，如红色代表热情、活力，蓝色则代表冷静、安静。因此，在摄影中巧妙地运用色彩，可以传达出摄影师想要表达的情感和主题。红色和蓝色的照片效果分别如下左、下右图所示。

4.2 拍摄用光的基本因素

要了解拍摄用光，就必须了解拍摄用光的基本因素。拍摄用光的基本因素包括光位、光质、光度、光型、光比和光色。这些因素共同决定了拍摄作品的光影效果，并能营造出不同的氛围和情感。

4.2.1 光位

光位是指光源对于被摄体的位置，即光线的方向与角度，不同的光位会产生不同的效果。例如，正面光可以营造出明亮、均匀的画面，而侧光能够突出物体的质感，逆光则能勾勒出物体的轮廓。通过调整光位，我们可以创造出丰富多样的光影效果。常见的人像拍摄光位包括正面光、前侧光、侧光、后侧光、逆光、顶光、轮廓光等。

（1）正面光

正面光也称为顺光，是摄影用光中的一种光线类型，通常作为主光源来使用，其特点是色彩还原真实。在摄影中，正面光通常是从被摄体的正面或相机位置照射过来的光线，光源基本上位于被摄体的正面

上方，能形成充足的光照，使得画面明亮，减少阴影。这种光线有助于展现主体的细节和色彩，常用于照亮主体并增强主体的光效。右图中即为阳光从正面照射在雪山上的效果。

而在人像摄影的布光上，正面光的效果如下两图所示。

⚠注意：蝶光，也称为蝴蝶光或派拉蒙光，是人像摄影中的一种特殊用光方式。这种布光方式的特点在于主光源位于镜头光轴上方，即在人物脸部的正前方，由上向下45°方向投射到人物的面部。当这种光打到模特的脸上后，最明显的标志是鼻子下方会呈现出类似蝴蝶形的阴影区，蝶光就因此得名。蝶光的效果如下两图所示。

　　蝶光的主要作用是为人物面部带来一定的层次感，使面部更加立体，特别适合表现女性的美丽脸庞。这种布光方法在早期美国好莱坞电影厂非常流行，常被用于影片或剧照中女性影星的拍摄。

　　但这种布光并不适合亚洲女性的脸型和审美，所以我们在用这种光的时候，往往会在人物下方放置一盏底灯或反光板，用来消除鼻子及颧骨下方的阴影，让脸型和皮肤看起来更加柔和。效果如下页两图所示。

提示：控制好底灯强度

在拍摄时一定要控制好底灯的强度，不能使之过强，一旦底灯超过主灯的亮度，就会变成俗称的"鬼光"，使面部变得狰狞，效果如右图所示。

（2）前侧光

前侧光也称为斜射光，是摄影用光中的一种光线类型。前侧光是指光线投射的方向与景物、相机成45°左右的水平角度，这类光照通常出现在上午九、十点和下午三、四点。在前侧光的照射条件下，被摄体会产生部分阴影，明暗反差比较明显，画面看起来富有立体感。因此，前侧光能够很好地表现被摄体的质感、形状和立体形态。下左图为阳光以45°角照射在山脉上，并在水中映射出倒影。

在人像摄影中，前侧光能够很好地表现人物的面部表情和皮肤的质感，使脸部轮廓更加立体。同时，前侧光还可以照亮景物的大部分范围，使得画面层次丰富、明暗对比适中，给人以明快的感觉。因此，无论是拍摄人物、风光还是建筑等题材，前侧光都是一种非常有效的光位选择。效果如下中图、下右图所示。

前侧光还包含一种人像摄影中常用的光线，称为"三角光"，即光线通过鼻梁，在鼻翼的一侧、眼睛的下方，留下一块倒三角形区域的光影，也称为伦勃朗光。单灯拍摄时，这种光线通常用作拍摄男性脸庞，来凸显刚毅的效果；拍摄女性时也可以使用，不过经常会配合其他灯光一起拍摄。右两图即为使用三角光拍摄的效果。

（3）侧光

侧光是摄影中常用的一种光线类型，指的是从被摄体的左侧或右侧射来的光线。这种光线会在被摄体上形成明显的受光面、阴影面和投影，使得画面明暗配置和明暗反差鲜明清晰。侧光有利于表现被摄体的空间深度感和立体感，同时景物的层次也会因此变得丰富，空气透视现象明显。使用侧光拍摄的景物照片效果如下左图所示。

在拍摄人物时，侧光可以很好地表现被摄体的轮廓和形态，可以强调人物的面部轮廓和五官结构，使得画面更具立体感和层次感。侧光常用来拍摄男性，效果如下中图、下右图所示。

（4）后侧光

后侧光又称侧逆光，是指从被摄体的侧后方射来，与相机成大约135°角的光线。这种光线能够产生强烈的明暗对比，使得被摄体的受光面积较小，投影明显，并且在一侧产生轮廓线，从而加强立体感和空间感。效果如右图所示。

后侧光非常适合用来表现被摄体的质感、轮廓、形状和纹理，能营造出光影变化、明暗反差大的效果，使作品具有个性和表现力。使用后侧光拍摄照片的效果如下页两图所示。

（5）逆光

逆光的光源在照相机的对面，是从被摄体的背后向照相机镜头方向照射过来的光线，能形成强烈的逆光效果。由于逆光拍摄时，被摄体正处于明亮的背景光中，因此容易造成背景亮度远高于被摄对象亮度的情况，从而使画面曝光过度。为了使画面曝光准确，需要利用曝光补偿进行调整。

逆光是一种具有艺术魅力和较强表现力的光线，它能使画面产生完全不同于我们肉眼在现场见到的实际光线的艺术效果。效果如下两图所示。

逆光拍摄经常用于棚外拍摄，常利用自然光，如日光为主光源。效果如下两图所示。

（6）顶光

顶光是从被摄体顶部射来，并与景物、相机连线成竖直方向的光照，能与景物、相机成90°左右的垂直角度。效果如下左图所示。

顶光经常被用来刻画人物的特定情感或性格特征。例如，在电影中，顶光常被用来刻画反面人物，因为这种光线在人物面部形成的特定阴影可以突出人物的神秘感和危险感。效果如下中图、下右图所示。

（7）轮廓光

轮廓光通常采用自然光或集光灯从被摄体的背后投射，其亮度稍高于主光，能使主体与背景拉开空间，增加画面的纵深感。这种光线不仅可以强调空间深度、交代远近物体的层次关系，还可以人为区别被摄体与环境、背景的关系，有助于形成被摄体与被摄体相互间的地位感。效果如下两图所示。

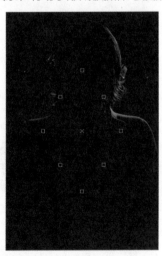

4.2.2 光质

光质是指拍摄所用光线的软硬性质，对于摄影作品的最终效果有着至关重要的影响。光质可分为硬质光和软质光两种类型。

硬质光也称为直射光，具有强烈的照射特点。这种光线通常是由光源直接发射出来，没有经过其他材料的透射或反射。晴天的阳光、人造光源中的聚光灯、回光灯等都是硬质光的典型代表。在硬质光的照射下，被摄体表面的物理特性能表现得非常鲜明，明暗反差较大，对比效果明显。这种光线有助于表现被摄

体的细节和质感，能营造出有力度且鲜活的艺术效果。硬质光多用于表现粗糙或纹理丰富的被摄体，例如在风景摄影中，硬质光有利于表现景物的细节纹理和立体感；在人像摄影中，硬质光多用来表现老人沧桑的面庞。下左图中为硬质光的照射效果。

　　软质光则是一种漫散射性质的光，没有明确的方向性，不会在被摄物上留下明显的阴影。阴天的光线、泛光灯光源等都是软质光。下右图中为软质光的照射效果。

　　软质光的特点是光线柔和，强度均匀，形成的影像反差不大。这使得软质光在表现被摄体的质感和立体感方面相对较弱，但更有利于展现光滑、光洁的质地。因此，软质光常用于女性和儿童摄影，以及玻璃器皿等光洁材质的产品拍摄。

　　了解光质的分类和特点，有助于摄影师在拍摄过程中根据被摄体的特性和所需效果，选择合适的光源和光线类型。下左图为硬质光下的拍摄效果，下右图为软质光下的拍摄效果。

4.2.3　光度

　　光度是光源发光强度、光线在物体表面的照度以及在物体表面呈现的亮度的总称。光源的发光强度、照射距离以及物体表面的色泽等因素都会影响照度和亮度。在摄影中，光度与曝光直接相关，它决定了相机镜头接收到的光线量，进而影响照片的明亮程度和细节表现。

　　在摄影实践中，掌握光度与准确曝光的基本功是非常重要的。通过调整曝光参数，如快门速度、光圈大小和感光度等，摄影师可以主动地控制被摄体的影调、色彩以及反差效果。因此，了解和掌握光度对于摄影师来说是非常必要的。

　　此外，光度还与摄影中的其他要素，如构图、色彩和氛围等密切相关。通过合理地运用光度，摄影师可以创造出具有独特魅力和表现力的作品。

4.2.4 光型

光型在摄影中指的是光线在拍摄时的作用和效果，大致可以分为以下几种。

- **主光**：又称塑形光，是显示景物、表现质感、塑造形象的主要照明光。主光决定了被摄体的主要照明方向和画面影调。效果如下左图所示。
- **辅光**：又称补光，用以提高由主光产生的阴影部位的亮度，展现阴影部位的细节，减小影像反差。辅光有助于平衡画面亮度，增强立体感。效果如下右图所示。

- **修饰光**：又称装饰光，是对被摄体局部进行强化塑形的光线，如发光、眼神光、工艺首饰的耀斑光等都属于修饰光。这种光线能增强画面的艺术效果和感染力。效果如下左图所示。
- **轮廓光**：勾画被摄体轮廓的光线、逆光、侧逆光通常都用作轮廓。轮廓光有助于突出被摄体的形状和轮廓，增强画面的空间感。效果如下左图所示。
- **背景光**：背景光是位于被摄体后方并朝背景照射的光线，用以突出主体或美化画面。背景光能为画面提供背景照明并营造氛围。效果如下右图所示。

通过以上的说明，我们可以大致了解一些光线的基本用法，但这只是最基础的布光思路。现在市面上有形形色色的灯具以及附件，我们可以根据自己的拍摄需求选择合适的光源。

4.2.5 光比

光比是摄影的重要参数之一，指照明环境下被摄体暗面与亮面的受光比例。光比对于摄影最大的意义在于画面的明暗反差。一般来说，光比大，反差就大；光比小，反差就小。

光比还指被摄体相邻部分的亮度之比，或被摄体主要部位亮部与暗部之间的反差。光比的大小决定画面明暗的反差，能使画面形成不同的影调和色调。例如，硬调即为高反差，软调即为低反差。在人像摄影中，反差能很好地表现人物的性格。高反差显得人物刚强有力，低反差则显得人物柔媚。在风光摄影、产品摄影中，高反差质感坚硬，低反差则客观平淡。下左图为高反差的效果，下右图为低反差的效果。

拍摄时巧用光比可以有效地表达被摄体"刚"与"柔"的特性。例如，在拍摄女性、儿童时常用小光比，拍摄男性、老人时常用大光比。我们可以根据想要表现的画面效果合理地控制画面的光比。下面两张图为大小光比的对照效果，下左图为大光比的照片效果，下右图为小光比的照片效果。

在摄影中，直射光通常容易形成大光比，而散射光则更容易形成小光比。摄影师可以利用闪光灯、反射板、遮挡板等工具来调整光比，也可以后期使用软件对光比进一步调整，以达到理想的拍摄效果。

4.2.6 光色

光色是指光源的颜色，或者是数种光源综合形成的拍摄环境中的光色成分。光色在摄影中起着至关重要的作用，不仅能影响画面的整体色调，还能引发人们的情感联想，为作品增添丰富的情感色彩。

不同的光色会产生不同的视觉效果。例如，红色代表着热烈、温暖，能够营造热情洋溢的氛围；绿色则让人感觉自然、和平，常用于表现自然风光或生态环境；黄色是明快、高贵的象征，能够给画面带来温暖、活泼的感觉；而蓝色则适宜表现冷静、深邃的情感，常用于营造宁静、悠远的氛围。红色和蓝色的照片效果如下页左图、下页右图所示。

在人像摄影中，夕阳的光色和光度是摄影师比较喜欢且常用的。首先，逆光拍摄能够增强画面的纵深感，使人物的轮廓和细节更加细腻地呈现出来。在夕阳的逆光下，人物的头发丝和身体的轮廓可以被勾勒出一道美丽的金色边缘，仿佛披上了一层神圣的光辉。其次，夕阳的柔和光线与人物的纯真表情相结合，能够营造出一种温暖而浪漫的氛围。这种氛围不仅有助于展现人物的性格，还能使照片更具故事感和感染力。效果如下左图所示。

在摄影实践中，摄影师可以通过选择不同的光源或使用滤镜来改变光色，以达到所需的视觉效果。同时，掌握不同光色在画面中的表现效果有助于摄影师更好地运用色彩语言，创作出更具表现力和感染力的作品。

此外，光色还与曝光、色温等摄影要素密切相关。在实际拍摄过程中，我们需要根据光源类型和拍摄环境合理调整曝光参数和色温设置，以确保画面色彩的准确性和自然度。当然，我们也可以运用多光源、多光色来表达被摄体的多面性。效果如下右图所示。

总之，光色是摄影中不可或缺的重要元素之一。了解和掌握光色的运用技巧，对于提升摄影作品的艺术价值和表现力具有重要意义。

4.3　照明

摄影照明利用自然光或人工光源为拍摄提供足够的光线，以满足曝光要求，突出被摄体的造型，同时刻画特定的气氛。照明在摄影中扮演着至关重要的角色，不仅仅是技术层面的需求，更是艺术创作的手段。

在摄影照明中，光源的选择和使用非常关键。不同的光源类型和强度会产生不同的照明效果，从而影

响照片的质量和观感。之前讲到硬质光可以产生强烈的明暗对比，有助于突出物体的质感和立体感；而软质光则能营造出柔和、自然的照明效果，适用于人像和风景摄影。在实际拍摄中，我们需要根据拍摄主题和场景选择合适的照明方式和光源类型，同时结合曝光、色温等摄影要素进行调整，以达到理想的拍摄效果。

4.3.1 照明灯具

照明灯具可分为常亮灯和闪光灯两大类。常亮灯又可分成热辐射光源和LED照明灯。热辐射光源是电流流经导电物体，使之在高温下辐射光能。典型的热辐射光源包括白炽灯和卤钨灯。普通白炽灯内部安装有金属钨做的灯丝，灯丝通电后呈炽热状态并辐射发光。卤钨灯是含有部分卤族元素的充气白炽灯，利用卤钨循环原理提高了热辐射光源的效率和灯泡的使用寿命。家里用的电灯泡就是钨丝灯，而影视灯可以理解为家用灯泡的大功率升级版。不过这些灯现在普遍被LED照明灯所替代，一是因为LED照明灯的照明效率高且温度低，二是因为LED照明灯相对安全且省电。

闪光灯的种类多样，在第1章中有详细讲解。拍摄时我们可以根据实际拍摄需要，选择闪光灯的种类、功率以及相对应的配件。

> **提示：电光源**
> 电光源是需要通过通电或者储电来进行照明的灯具，我们常用的电光源主要可以分成常亮灯和闪光灯。

4.3.2 灯架装置

灯架装置是用于支撑和固定照明灯具的装置。灯架的种类和样式繁多，不同的灯架适用于不同的照明灯具和安装环境。常见的灯架装置包括以下几种。

（1）天花吊轨伸缩灯架
天花吊轨伸缩灯架多用于演播室，可以全方位布光且不用来回挪动灯架，能节省很多空间，在拍摄时不易"穿帮"（摄影里所说的穿帮是出现了不应该出现在镜头里的画面）。如下左图所示。

（2）传统灯架
传统灯架也是最普遍的灯架，根据材质和质量，价格也有所不同。如下中图所示。

（3）可折叠便携式外拍灯架
可折叠便携式外拍灯架和传统灯架类似，只是更加轻便且可折叠，更容易携带。缺点是因为太轻便，所以稳固性稍显不足。如下右图所示。

 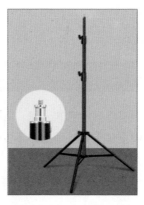 

在此基础上，我们还可以根据自身需要选择不同的配件，来达到理想的拍摄效果。

4.3.3 调光设备

调光设备是用于调节照明设备亮度的装置，广泛应用于各种照明场景。通过调光设备，我们可以根据实际需要调整灯光的亮度，以达到最佳的照明效果和视觉体验。常见的调光设备包括模拟调光器和数字调光器，它们在调光原理、功能和使用场景上有所不同。这里不进行详细介绍，只讲解常见摄影灯具上的调光按钮。右图红色圆圈内的旋钮，就是调整灯光亮度的旋钮。现在市面上大多数的摄影灯都是用旋钮来调整灯光的输出指数。

4.3.4 灯光控制

灯光控制是摄影过程中的关键环节，涉及对光源的亮度、色温、角度和扩散等方面的精确调整，以达到最佳的拍摄效果。

首先，我们需要控制光源的亮度。通过调整灯具的工作电压或电流，可以实现对灯光亮度的精确调节。亮度的控制对于照片的整体明暗关系和阴影效果至关重要，不同亮度的光能够产生不同的视觉效果，影响照片的质感和立体感。

其次，色温的控制也是非常重要的。色温决定了光线的颜色，也是决定摄影作品色彩效果的重要因素。要根据拍摄需求选择合适的色温，营造出不同的氛围和情感。例如，暖色调可以营造温馨、舒适的氛围，而冷色调则会带来冷静、神秘的感觉。

此外，光线的角度也决定了主体的明暗关系和立体感。我们需要根据拍摄主题和场景选择合适的光线角度，以突出主体的特点和表现所需的画面效果。

最后，光的扩散和补光也是摄影灯光控制中不可忽视的因素。扩散光能够影响照片的柔和度和对比度，使照片更加立体。而补光则是在光线不足的情况下，使用辅助灯光对主体进行照射，以改善光线不足的情况。

4.4 布光

布光是摄影中的重要环节之一，主要涉及主光、辅光、背景光、场景光、轮廓光、效果光、装饰光等不同的光型。这些光型在摄影中起到了不同的作用，通过综合运用这些光型，并根据创作主题和思想的要求来布光，可以创造出丰富多样的光影效果。

4.4.1 布光程序

以下是布光程序的基本步骤。

- **确定主光**：主光是整个布光过程中的核心，决定了画面的主要光影效果和立体感。我们可以根据拍摄主题和所需效果，选择合适的主光类型和位置。例如，对于人像摄影，常用的主光位置包括顺光、侧光和逆光等，每种位置都会产生不同的光影效果。

- **添加辅光**：辅光用于补充主光，可以平衡画面的明暗对比，使暗部细节得以展现。辅光的亮度和角度应根据主光进行调整，以达到和谐的画面效果。
- **设置背景光**：背景光用于照亮拍摄背景，营造环境氛围。通过调整背景光的亮度和色温，可以突出或淡化背景，增强或减弱背景与主体的对比。
- **添加其他光型**：根据需要，可以添加其他光型，如轮廓光、效果光、装饰光等。这些光型能够增强画面的层次感和艺术感，使作品更具表现力。
- **调整光比**：光比是画面中不同部分的亮度比例。通过调整主光、辅光和背景光的亮度，可以控制画面的光比，营造出不同的氛围和情感。
- **试拍与调整**：在完成布光后，需要进行试拍以检查效果。根据试拍结果，对光线进行微调，确保画面效果符合预期。

4.4.2 静态布光

静态布光主要应用于室内摄影，通过精心布置灯光来创造特定的光影效果，从而突出被摄体的形态、质感和立体感。在静态布光中，主光的作用至关重要，它决定了被摄体的主要光影分布，对塑造被摄体的立体感起着决定性作用。

在静态布光过程中，我们需要根据被摄体的特性、拍摄主题以及所需的画面效果来灵活调整灯光的位置、角度和亮度。通过不断的尝试和实践，掌握静态布光的技巧和方法，可以创造出更加生动、逼真的摄影作品。

同时，随着摄影技术的不断发展，越来越多的摄影师开始尝试将不同的布光方法和技术相结合，以创造出更加独特、富有创意的作品。因此，对于摄影师来说，不断学习和探索新的布光技巧和方法是非常重要的。

4.4.3 动态布光

与静态布光相比，动态布光的难度相对较大。动态布光主要应用于视频拍摄，要求照明效果保持连续性和一致性。在动态布光中，整体布光是关键，必须确保摄像机在任何状态下都能处于明亮的光线内。

具体来说，动态布光需要考虑摄像机的运动轨迹和拍摄场景的变化。随着摄像机的移动和拍摄角度的变换，灯光也需要做出相应的调整，以保持画面的明亮度和光影效果。这就需要使用多种灯光设备，并通过精确的控制和调整来实现。

同时，动态布光也需要注重与摄像内容的结合。根据拍摄主题、场景氛围和情感表达的需要，选择合适的灯光类型、亮度、色温等，才能营造出恰当的光影氛围，并突出主题，增强画面的感染力和表现力。

在实际操作中，动态布光需要借助专业的灯光设备和技术支持，例如，使用灯光控制系统来实现精确的灯光调整，或者使用特殊的灯光附件来改变光线的方向和分布。

总之，动态布光是一项复杂而精细的工作，需要摄像师或灯光师具备丰富的经验和技巧。通过合理的布光和精确的控制，才可以创造出丰富多彩、生动逼真的视频画面，为观众带来更加震撼和引人入胜的视觉体验。

📷 知识延伸：伦勃朗布光

伦勃朗布光是一种独特而经典的摄影布光方法，起源于文艺复兴时期荷兰著名画家伦勃朗的群像油画《夜巡》，如下左图所示。摄影师后来借鉴了《夜巡》中的布光手法，确定了光斑形状、光比和光位，并将这种布光方式运用在人像摄影之中。

这种布光方法的特点是主光照射形成的暗影出现在离拍摄者较近的半边脸上，光线在鼻子上形成的暗影一直延伸到嘴边，同时还在面颊上形成一个三角形的光区，这就是人们常说的"伦勃朗三角"。这种三角光斑的效果使得人像照片具有独特的艺术魅力，能够凸显出人物的轮廓和立体感。效果如下右图所示。

伦勃朗布光还强调背景和人物衣服的暗调处理，使得人物的轮廓更加清晰。通过精确控制光线的方向和强度，摄影师可以塑造出丰富多样的光影效果，使作品更具层次感和深度。

此外，伦勃朗布光不仅仅局限于人像摄影，在电影、电视、绘画等领域也有着广泛的应用。这种布光方式能够营造出独特的氛围和情感，使画面更具艺术感和表现力。在热播剧《繁花》中，王家卫导演就大量使用了伦勃朗布光。

总的来说，伦勃朗布光是一种经典而实用的摄影布光方法，能够让摄影师更好地掌控光线，创造出独特而富有艺术性的作品。无论是专业摄影师还是摄影爱好者，都可以尝试学习和运用这种布光方法，以提升自己的摄影技巧和创作水平。

操作实训：拍摄夕阳下的人像

学习了本章的内容后，下面我们来尝试拍摄一张夕阳下的人像照片。具体步骤如下。

（1）选择合适的拍摄时机和地点

夕阳下的人像拍摄通常在太阳快下山的时候进行，此时光线柔和且富有色彩，如右图所示。选择合适的地点也很重要，可以考虑具有特色的背景，如海滩、山丘或草坪等。

（2）准备设备

确保相机、镜头、补光设备和滤镜等拍摄设备齐全。建议将相机档位调到M档（手动模式），以便更精确地控制曝光和光线。

（3）调整相机设置

将f值（光圈值）适当调大，以获得足够的进光量并控制景深。同时，将感光度尽可能调到较低的数值，以保持画面纯净度。如果相机支持RAW格式，建议设置为RAW格式拍摄，以便在后期处理中保留更多细节。

（4）设置白平衡

可以根据需要调整色温（白平衡）来增加暖调效果。如果需要更精确的控制，可以设置白平衡偏移。

（5）使用滤镜

准备一套滤镜，包括减光镜、偏振镜和渐变镜等，以便在需要时控制光线和增强色彩。

（6）布光与构图

根据拍摄主题和场景，选择适合自己拍摄目的的布光工具（反光板或闪光灯等）。同时，注意构图，可以利用夕阳、背景等元素营造和谐的画面，效果如下左图所示。

（7）拍摄与调整

在实际拍摄过程中，可以采用侧逆光或逆光拍摄，并调整拍摄角度，以及使用反光板为人物面部补光。通过试拍和调整，找到最佳的曝光和光线效果。

（8）后期处理

拍摄完成后，可以使用图像处理软件进行后期处理，进一步调整色彩、光影和细节，使作品更加出色，效果如下右图所示。

课后练习

一、选择题

（1）在人像摄影中，若想勾勒出人物的轮廓，可以使用（　　）。

  A. 正面光   B. 后侧光

  C. 前侧光   D. 逆光

（2）使用逆光拍摄照片时，容易造成背景亮度远高于被摄体亮度的情况，从而导致画面曝光过度。这时，我们可以（　　）。

  A. 使用反光板给人物补光   B. 利用曝光补偿进行调整

  C. 不做任何调整，等待光线适合拍摄   D. 使用闪光灯给被摄体补光

（3）下图中，用到了（　　）光。

  A. 正面   B. 侧

  C. 背景   D. 逆

二、填空题

（1）光质是指拍摄所用光线的软硬性质，对于摄影作品的最终效果有至关重要的影响。光质可分为_____和_____两种类型。

（2）光位是指光源对于被摄体的位置，即光线的方向与角度。常见的拍摄光位包括：_____、_____、_____、_____、_____、_____、_____等。

（3）伦勃朗光的布光要领及特点是：_____。

📷 第5章 摄影色彩

本章概述

摄影色彩是摄影艺术中的重要元素，能够传达情感、营造氛围、吸引观众注意力、讲述故事。本章将对色彩的属性、色彩的情感表达、色彩的和谐，以及色彩在不同环境中的表现进行详细介绍。

核心知识点

❶ 了解色彩的属性
❷ 了解色彩的画面情感
❸ 掌握色彩的冷暖
❹ 熟悉各种色彩在不同环境中的表现

5.1 色彩的属性及情感表达

自然界中有许多电磁波，光波是其中的一种，比如常见的太阳光等就是可见的光波。而其他的电磁波则是不可见的，如X射线、紫外线、雷达波等。可见光的波长范围一般在380～750纳米之间，虽然这个范围并不是绝对精确的，因为不同人的眼睛对光的感知略有差异，但大体上来说，这个范围内的光波是可以被人类眼睛中的感光细胞所接收并识别的。

可见光，即光谱中的七种颜色，也叫七色光，分别为红、橙、黄、绿、青、蓝、紫，是太阳光经过三棱镜后形成的按次序连续分布的彩色光谱。这七种颜色在物理学和光学领域有特定的意义，各自代表不同的波长和频率。在视觉艺术，尤其是摄影领域中，七色光也被广泛应用，用于表达各种情感和视觉效果。

色彩的产生是光和人的正常视觉体系综合反映的成果。当光源色照耀物体时，它会变成反射光或透射光，然后进入人的眼睛，通过视觉神经传达到大脑，从而让人感知到色彩。关于色彩的学习和描述，我们要知道三个重要的概念，分别是色相、饱和度、明度。

5.1.1 色相

色相是各类色彩，如红、绿、蓝等的相貌称谓。自然界中的色相是无限丰富的，比如我们常用相邻的两种颜色来描述除单色以外的混合色，如紫红、青蓝、橙黄等。

色相是色彩的首要特征，是区别各种不同色彩的最准确的标准，通过色相，我们可以识别并区分不同的颜色。而色轮则显示了我们经常见到的色相集合，如下左图所示。

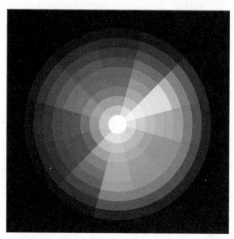

提示：光学三原色

光学三原色指的是红、绿、蓝这三种颜色，也称为RGB三原色，这三种颜色通过不同比例的混合，几乎可以得到自然界中存在的所有颜色。而在摄影中，通过调整相机或后期处理软件中的RGB通道，可以改变照片的颜色和色调。右图中的即为光学三原色。

5.1.2 饱和度

饱和度更多被称为纯度，两者是一个概念，在摄影领域，对饱和度这个名称的认知度会更高一些。饱和度表示的是颜色的纯度或强度，反映了颜色的质量，其取值范围通常为0%～100%。当饱和度处于较高水平时，色彩会显得生动且浓艳；当饱和度处于较低水平时，色彩则显得浅淡且内敛。饱和度的高低是在色彩中加入消色（灰色）成分的多少来界定的，如右图所示。

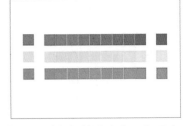

在数码摄影中，高饱和度的景物往往能给人一种强烈的视觉刺激，很容易吸引人们的注意力，如下左图所示。而低饱和度的景物往往会平淡一些，或是用来表达作者拍摄时的心情，如下右图所示。

我们要根据拍摄的需要和创作的目的，谨慎调整饱和度。例如，拍摄建筑、人像、纪实类等要求色彩真实还原的照片时，就尽量不要进行高饱和处理；而拍摄风光、自然、花卉等题材时，色彩的表现力尤为重要，可以适当提高饱和度，但注意不要过高，以免损失色彩细节。

数码后期领域常见的一种修片思路就是提高被摄主体的饱和度或改变其色相，并适当降低其他陪体的饱和度和明度，利用饱和度的高低对比来强化主体的视觉效果。例如，右图中的花给人的视觉印象是非常强烈和醒目的，其周边的背景接近无色状态，不会削弱主体的表现力，起到了陪衬的效果。

5.1.3 明度

明度是色彩的三大属性之一，与色相和饱和度共同构成了色彩三要素。

在各种有色物体中，由于它们反射光量的区别，会产生颜色的明暗强弱，这就形成了色彩的明度。例如，白色是明度最高的颜色，而黑色则是明度最低的颜色。在色彩中加入灰色，会使色彩的饱和度降低，同样，加入白色或黑色，色彩的饱和度也会降低，并且明暗程度也会发生变化，如右图所示。

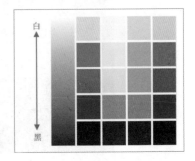

在色彩的使用中，明度的高低可以产生不同的视觉和心理效果。高明度的色彩通常使人感到轻快、活泼，而低明度的色彩则给人沉稳、厚重感。因此，在创作中，巧妙运用明度是塑造氛围、表达情感的重要手段。

5.1.4 色彩的情感表达

前面提到了可见光分为七种颜色，分别是红、橙、黄、绿、青、蓝、紫，而每种颜色都有其独特的象征意义。

红色代表热情、活力和奔放，早晚两个时间段拍摄的照片，通常会给人温暖的感觉，并且会显得热烈和奔放，具有很强的吸引力。效果如右图所示。

而在人像摄影中，红色的衣服往往可以强调人物的气质和个性。红色代表热情、活力、自信甚至是性感，穿上红色衣服的人物往往显得更有魅力和自信。这种色彩可以突出人物的气场，使他们在照片中更加引人注目。效果如下左图所示。

橙色是一种明亮、热烈的颜色，是介于红色和黄色之间的混合色，又称橘黄或橘色，通常能够传递温暖和活力的感觉。因为与黄色接近，所以橙色也经常会让人联想到金色的秋天，是一种传达收获、静谧、快乐和幸福的颜色。效果如下右图所示。

黄色是色彩中比较中性的一种颜色，这种颜色的明度非常高，象征着阳光、快乐和希望。黄色在画面中可以传达出积极向上的情感，带来明朗和愉快的感觉，通常用来表达轻快、辉煌和收获。效果如下图所示。

　　黄色在动物摄影中也可以带来一系列独特的效果和感受。黄色作为一种明亮、温暖的色调，能够赋予动物照片以活力、欢快感。效果如右图所示。

　　绿色是三原色之一，是自然界中最常见的一种颜色，通常代表自然、生命力、希望和生机。在画面中，绿色能够带来宁静和放松的感觉，有助于平衡画面的整体氛围。

　　但由于绿色偏冷，为了避免照片的色彩过于压抑，往往在取景时加入一些其他的色彩来进行调配。效果如下左图所示。

　　青色是一种过滤色，介于绿色和蓝色中间，这种色彩明度很高，通常与冷静、平和、智慧和信任等情感相联系。在画面中，青色可以营造出一种宁静和深沉的氛围，使人感到安心和稳定。效果如下右图所示。

　　蓝色也是三原色之一，是一种大气、平静、稳重的色彩。在蓝天、白云、大海这种辽阔大气的场面中最常见。如下左图所示。

　　纯净的蓝色表现出一种理智与稳重的感觉，正因为它是一种最冷的色调，不带有其他情绪色彩，所以在商业形象中，为了强调科技、智能和稳定，许多企业都会选用蓝色作为标志颜色。

　　紫色常常与豪华、优雅、神秘和梦幻等情感相关联，能给欣赏者留下非常深刻的印象。

　　在画面中，紫色可以营造出一种神秘而浪漫的氛围，增强画面的吸引力和深度。而在紫色画面中加入少量其他的色彩，则可以显示出不同的高级感，效果如下右图所示。例如，紫色加黑色的配色非常适合正式场合或需要展现成熟稳重气质的场合。白色是一种纯净而高雅的颜色，紫色加白色的配色方案既适合清新自然的风格，也适合高贵典雅的风格。灰色是一种中性而稳重的颜色，与紫色搭配可以营造出低调而奢华的感觉，这种配色方案非常适合商务场合或需要展现简约高级感的场合。金色是一种华丽而贵重的颜色，与紫色搭配可以增添一种奢华和尊贵的感觉。

5.2 色彩的和谐

　　色彩的和谐是指在摄影艺术中，不同颜色之间的相互配合和协调，使得整体效果呈现出平衡、统一的美感。色彩的和谐不仅仅是颜色的简单混合，还涉及颜色的选择、搭配、比例等多个方面。

　　要实现色彩的和谐，首先要了解颜色的基本属性，如色相、明度和饱和度，以及它们之间的关系。在色彩搭配方面，可以采用类似色、邻近色、对比色等不同的搭配方式。

5.2.1　邻近色的运用

　　我们在拍照时，通常主体是一种颜色，而背景或前景是另外的颜色。也就是说，我们在取景时要考虑色彩的搭配。例如，有些照片的配色反差很大，视觉冲击力强，而另一些照片的配色则非常协调自然。如果要驾驭色彩的搭配，就要适当学习色彩之间的相互关系。

提示：关于色轮

　　人们为了便于了解和掌握色彩，将可见光谱用一个圆来表示，即我们通常说的色轮，如右图所示。而邻近色就是色轮中相距60°～90°的两种颜色，它们属于中对比效果的色组。这种色组中的色相彼此近似，冷暖性质一致，色调统一和谐，感情特性一致。

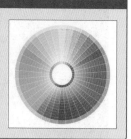

　　在摄影中，邻近色的运用可以增加画面的层次感，使整体画面效果更加和谐统一。由于邻近色在色轮中位置接近，色相、明度等属性比较类似，因此放置在一起时，视觉效果非常和谐。这种色彩组合虽然缺乏强烈的对比效果，但能够营造出和谐、安宁的画面气氛，给人带来舒适自然的感觉。

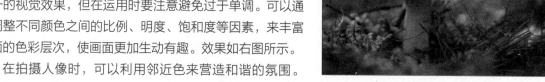

　　在色轮中，两两相邻的颜色，如红色和黄色、黄色和绿色、绿色和青色等称为相邻色。相邻色的特点是颜色相差不大，区分不明显。在拍摄时，也可以取相邻色来搭配，能给人一种和谐的感觉。需要注意的是，虽然邻近色能带来和谐统一的视觉效果，但在运用时要注意避免过于单调。可以通过调整不同颜色之间的比例、明度、饱和度等因素，来丰富画面的色彩层次，使画面更加生动有趣。效果如右图所示。

　　在拍摄人像时，可以利用邻近色来营造和谐的氛围。当被摄者穿着与背景色相近的衣服时，整个画面会显得更加协调统一，如下左图所示。此外，在风光摄影中，也可以运用邻近色来表现大自然的美丽与宁静，如下右图所示。

5.2.2 互补色的运用

互补色在摄影中的运用是一种极具创意和视觉冲击力的色彩搭配技巧。互补色是在色轮上相距180°的两种颜色，它们互为对比，具有强烈的对比效果。在摄影中，运用互补色可以创造出鲜明、生动的画面，使作品更具吸引力和深度。

互补色可以运用在主体与背景之间。通过将主体与背景设置为互补色，可以突出主体，增强画面的层次感。例如，在拍摄花卉时，可以让红色的花朵与青绿色的背景形成对比，使花朵更加鲜明夺目，如下左图所示。

互补色还可以用于强调特定的元素或细节。通过在画面中引入互补色，可以吸引观众的注意力，引导他们关注重要的元素或细节。在画面中引入互补色的效果如下右图所示。

提示：关于互补色

互补色是指在色轮中相对的两种颜色。在色轮中，我们可以看出，红色与青色互为互补色，黄色与蓝色互为互补色，绿色与洋红互为互补色等，如右图所示。

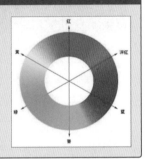

此外，互补色还可以用于营造特定的氛围或情感。不同的互补色组合可以传达出不同的情感和氛围，使作品更具个性和表现力。而在画面中适当加入互补色，往往会让画面引人注目。效果如下图所示。

5.2.3 色彩的冷暖

除了相邻色和互补色，色彩之间还有另一种关系，就是冷暖关系。色彩的冷暖也非常容易区分和记

忆，从色轮图中可以看出，冷暖的划分很明显。右图中，色轮的上半部分为暖色调，下半部分为冷色调。

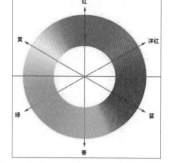

在色彩学中，红色、橙色、黄色等颜色通常被视为暖色，它们让人联想到太阳、火焰等温暖的事物，因此能带来温暖、热烈、活泼的感觉。这些颜色在视觉上能够产生前进、膨胀的效果，给人带来积极、热烈和充满活力的心理暗示。在摄影中，暖色常被用于表达温馨、祥和、热烈的情感，或者用于营造充满活力和生命力的氛围。效果如下左图所示。

相反，蓝色、绿色、紫色等颜色则被视为冷色。这些颜色让人联想到水、冰、夜空等清凉的事物，因此能够带来凉爽、平静、深远的感觉。冷色在视觉上具有后退、收缩的效果，常常给人带来平静、理智和沉稳的心理暗示。在摄影中，冷色常被用于表达冷静、神秘、深邃的情感，或者用于营造宁静、平和的氛围。效果如下右图所示。

值得注意的是，色彩的冷暖不是绝对的，不同的色彩组合和搭配方式会产生不同的冷暖效果。同时，人们对色彩的冷暖感受也会受文化、环境、个人经验等多种因素的影响。因此，在运用色彩时，需要充分考虑目标受众的特点和需求，选择合适的色彩和搭配方式，以达到最佳的视觉效果。

5.3　色彩在不同环境中的表现

色彩在不同环境中的表现是复杂多变的，受多种因素的影响，包括光源、环境、物体本身的材质等。

首先，光源是影响色彩表现的关键因素。不同的光源会产生不同的色温，进而改变物体表面的色彩。例如，日光下的物体色彩通常较为鲜艳，而在暖色调的灯光下，物体可能呈现出更温暖、柔和的色彩。

其次，环境对色彩的表现也有重要影响。环境色彩与物体色彩之间的对比和协调关系，会直接影响观众对物体色彩的感知。当环境色彩与物体色彩形成对比时，物体色彩会显得更加鲜明；当环境色彩与物体色彩相近或一致时，物体则会融入背景中，并且色彩表现相对较弱。

此外，物体本身的材质和色彩也会影响其在不同环境中的表现。不同材质的物体对光的吸收和反射的能力不同，因此会产生不同的色彩效果。例如，光滑的表面容易反射光源的色彩，而粗糙的表面则可能吸收更多的光线，呈现出较暗的色彩。

在摄影中，摄影师常常利用色彩在不同环境中的表现来营造特定的氛围和情感。通过选择合适的拍摄角度、光线和背景，可以突出或减弱物体的色彩，从而达到预期的艺术效果。同时，后期处理也是调整色彩表现的重要手段，通过调整色温、饱和度和对比度等参数，可以进一步优化色彩的表现效果。

5.3.1　雾天的色彩表现

　　雾天的色彩表现具有其独特的特点。首先，雾气通常会使色彩显得较为柔和和淡雅。由于雾气的存在，光线在传播过程中会发生散射，使得颜色的饱和度降低，对比度减弱，从而产生一种朦胧、柔和的视觉效果。

　　在雾天拍摄时，色彩的运用和搭配尤为关键。摄影师可以通过选择适当的色彩组合，营造出不同的氛围和情感。例如，利用冷色调可以表现出雾天的清冷和宁静。效果如下左图所示。

　　而暖色调的运用则可以突出雾天的层次感和空间感。在画面中，近处的景物可能呈现出较为明显的暖色调，远处的景物则可能因雾气的遮挡而显得较为模糊和淡雅。

　　此外，暖色调还可以与雾天的其他元素相结合，形成丰富的视觉效果。例如，阳光透过雾气和树木形成的光束或光晕，在暖色调的衬托下会显得更加温暖和神秘。效果如下右图所示。

　　所以，光线也是影响雾天拍摄时色彩表现的重要因素。在大多数时候，由于雾气的遮挡，光线往往较为柔和。这种光线条件使得色彩的表现更加细腻和柔和，减少了强烈的色彩对比和冲突。效果如下左图所示。

　　最后，摄影师还可以通过后期处理来进一步调整和优化雾天的色彩表现。例如，可以通过调整饱和度、对比度和色温等参数，来增强或减弱特定的色彩效果，使作品更加符合摄影师的创作意图。通过这种调整色彩对比产生的变化，往往可以引导观众的视线，增强画面的深度感。效果如下右图所示。

5.3.2　清晨的色彩表现

　　清晨拍摄时，色彩的表现往往会呈现出多样化的特点。由于清晨的光线柔和且多变，不同物体和景象在光线的照射下会呈现出丰富的色彩，所以清晨也是摄影师比较喜欢的拍摄时间。很多优秀的作品都是在这个时间段创作出来的。

在日出时刻，由于太阳初升，色彩通常较为柔和，色调稍偏冷，会给人宁静和清新的感觉。这时，天空可能呈现出淡蓝色或淡粉色，与地面上的景物形成鲜明的对比，如下左图所示。而随着太阳的升高，光线逐渐变得强烈，色彩也开始变得更加鲜艳和饱满，如下右图所示。

清晨还经常伴随着薄雾，并在阳光的照射下，与景物融为一体，显得宁谧和美好，如下图所示。

所以在摄影中，利用清晨的色彩表现可以创作出富有情感和意境的作品，并且表达的方式也可以多种多样。例如，在画面中加入消色来突出清晨的阳光，或者通过清晨柔光照射水面形成的反射来突出拍摄主体。效果如下两图所示。

总的来说，在清晨拍摄时，色彩的表现具有多样化的特点。摄影师需要善于观察并捕捉这些色彩的变化，通过合理的构图和技巧的运用，将清晨的特点和魅力充分展现出来。

5.3.3 夕阳下的色彩表现

夕阳下的色彩表现有其自身的独特性。首先，夕阳本身就是一个色彩丰富的光源，其光线透过大气层时，会受散射和折射的影响，产生红、橙、黄等暖色调。这些暖色调不仅照亮了天空，还为地面上的景物增添了温暖的色彩，使画面表现丰富多样，充满了变幻与魅力，如下图所示。

其次，夕阳下的天空会呈现出一种独特的色彩效果。天空的色彩从深蓝逐渐过渡到金黄、橙红，再到深紫或粉红，形成了一幅美丽的画卷，如下两图所示。

此外，夕阳下的地面景物也会呈现出独特的色彩表现。例如，水面在夕阳的照射下会呈现出金黄色的反光，物体或建筑物的轮廓则会被金色的阳光所勾勒，显得更加立体生动。同时，地面上的阴影部分也会因为夕阳的斜射而显得更加柔和温暖，如下左图所示。

在摄影中，夕阳下的色彩表现是摄影师们追求的重要元素之一。通过选择合适的拍摄角度、构图方式和光线条件，可以捕捉到夕阳下的美丽瞬间，同时也可以利用后期处理来进一步调整和优化夕阳的色彩表现，创作出令人陶醉的作品，效果如下右图所示。

知识延伸：消色的运用

　　消色，也称为非彩色或中性色，指的是黑、白、灰三种颜色，通常没有特定的色彩，只有明暗之差。具体来说，黑色是对各种光谱成分全部吸收后表面所呈现的颜色，白色是反射绝大部分光谱成分而吸收极小部分的颜色，灰色则是等量吸收和反射光谱成分的颜色。这些颜色对于光源的光谱成分没有选择性地吸收和反射，而是等量吸收和等量反射，因此看上去没有色彩。

　　消色在色彩配置和视觉效果上有很积极的作用，和任何色彩搭配在一起都会显得和谐，能产生令人满意的色彩效果。在摄影中，消色背景的照片很常见，消色背景没有色彩的干扰，可以突出主题，使观众更加关注被摄体。效果如下左图所示。

　　消色还常常被用来强调或平衡其他鲜艳的色彩，创造出一种简约、现代、专业的氛围。例如，在平面设计中，黑色和白色常被用作背景色，以突显出主要的图形或文字；在摄影中，消色照片（如黑白照片）可以突出画面的形状、纹理，营造出独特的艺术效果，如下右图所示。

　　在摄影中，消色可以与任何颜色相互搭配，并能在作品中起很好的反衬作用，使其他色彩得到凸显，让被摄主体更加鲜明，从而营造出和谐的画面感，效果如下图所示。

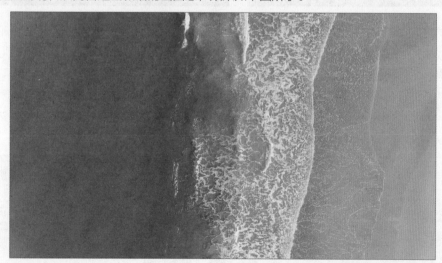

操作实训：提升"第三只眼"

摄影师和一般人的不同在于，摄影师有"第三只眼"，即多了一只发现美的眼睛。

练习摄影的"第三只眼"，是指通过特定的训练和观察，发展出对光影、构图、色彩等摄影元素的敏锐感知力和独特视角，这不仅仅是对世界的观察，更是对内心世界的探索和表达。以下是一些帮助练习和提升"第三只眼"的建议。

- **日常观察**：随时留意身边的环境和人物，尝试从不同的角度和高度观察同一事物。注意光影的变化，思考如何利用这些元素创造有趣的构图。
- **熟悉构图**：对已经学习的构图方法进行大量的练习，逐渐培养出对画面布局的直觉。
- **色彩感知**：注意色彩在摄影中的作用，熟练掌握运用色彩对比、色彩和谐来增强照片表现力的方法。尝试在不同的光线和环境下拍摄，观察色彩的变化。
- **创意练习**：进行创意摄影练习，如长时间曝光、微距摄影、黑白摄影以及多重曝光等。这些练习可以帮助我们拓展视野，发现新的拍摄方式和可能性。
- **反思与分享**：定期回顾自己的作品，分析成功和失败的原因。与他人分享作品和拍摄经验，接受他们的反馈和建议，以便不断进步。
- **模仿与学习**：寻找喜欢的摄影师或作品，尝试模仿他们的拍摄风格和技巧。通过模仿，可以学习到很多实用的摄影知识，并逐渐发展出自己的独特风格。
- **保持好奇心**：对周围的世界保持好奇心和探索精神。尝试拍摄平时可能忽略的事物，或者从不同的角度和高度去拍摄熟悉的事物。

课后练习

一、选择题

（1）光学三原色指的是（ ）三种颜色。

A. 红   B. 黄   C. 蓝   D. 绿

（2）下列属于冷色调的是（ ）。

A. 红色   B. 橘色   C. 紫色   D. 青色

（3）色彩在不同环境中的表现是复杂多变的，受多种因素的影响，包括但不限于（ ）。

A. 光源   B. 背景环境   C. 物体本身的材质   D. 滤光镜

二、填空题

（1）通过对本章有关色彩内容的学习，我们知道了三个重要的概念，即色彩的三要素，分别是_____、_____和_____。

（2）人们为了便于了解和掌握色彩，将可见光谱用一个色轮来表示。邻近色是_____，它们属于中对比效果的色组。这种色组中的色相彼此近似，冷暖性质一致，色调统一和谐，感情特性一致。

（3）互补色在摄影中的运用是一种极具创意和视觉冲击力的色彩搭配技巧，通常具有_____。在摄影中，运用互补色可以创造出鲜明、生动的画面，使作品更具吸引力和深度。

📷 第6章 固定画面和运动画面的拍摄

本章概述

　　固定画面拍摄和运动画面拍摄各具特色，分别适用于不同的拍摄需求。本章将讲解如何在实际应用中根据场景、情节和创作需求，灵活运用这两种拍摄方式，以创造出丰富多样、引人入胜的影视画面。

核心知识点

❶ 了解固定画面拍摄的概念

❷ 了解移动画面摄像的分类

❸ 掌握各种运动画面的拍摄特点

❹ 掌握综合运动摄像的运用

6.1 固定画面

　　固定画面是指摄像机在拍摄过程中处于静止状态，并且镜头对准的目标在画面框架中也是相对静止的。这种拍摄方式使得画面呈现出一种静态的稳定感，有助于观众深入观察画面的细节，充分理解画面的内涵。

　　由于固定画面的核心特点是画面框架处于静止状态，不包含明显的画面外部运动，因此具有以下特性。

- **稳定性：** 固定画面的稳定性使观众能够清晰地观察画面中的细节，有利于对静态或动态对象的深入展示。
- **明确性：** 由于画面框架固定，观众的注意力更容易集中在画面中的特定元素上，有助于传达明确的信息。
- **静态性：** 固定画面通过静态构图和光影效果，能够展现出独特的静态美，为观众带来宁静、庄重或深邃的视觉体验。

　　然而，固定画面也存在一定的局限性。由于画面静止不动，可能会使观众感到单调乏味，缺乏动态感和视觉冲击力。因此，在实际拍摄中，需要根据具体需求和场景选择合适的拍摄方式，并结合其他拍摄手法创造更加丰富多样的视觉效果。

> **提示：固定镜头与运动镜头运用方式和特点**
>
> 　　固定镜头与运动镜头在运用方式和特点上各有千秋。固定镜头保持摄影机位置不变，画面静止，便于观众关注内容细节，客观呈现场景。而运动镜头则通过推、拉、摇、移等手法改变摄影机位置或焦距，使画面动态变化，增强视觉冲击力，表达情感与氛围。在实际拍摄中，应根据拍摄需求和场景特点灵活选择。

6.1.1 固定画面的概念

　　固定画面是视频拍摄中的一种基本画面形式，即摄像机在开机拍摄时，镜头的画面框架处于静止状态，不通过推、拉、摇、移、跟、升、降等拍摄运动方式变化画面框架的形式。固定画面排除了画外运动对画面的影响，通过摄像机的无运动拍摄来获得具有稳定视点的图像。固定画面并不意味着画面中的被摄体也是静止不动的，既可以拍摄静止的对象，也可以拍摄处于运动状态的对象。拍摄静止对象时，画面范围框定画面的某一被摄主体，通过摄像机的静态表现来展现被摄主体的造型特点、环境关系以及一定的动作过程，如下页图所示。

拍摄运动对象时，固定画面能够静态地记录运动主体的运动轨迹和节奏变化，并在运动主体的运动过程中发现具有表现力的造型因素，通过静态造型因素与动态造型因素的有机结合来表现画面的造型特点，如下两图所示。

固定画面与绘画、摄影作品在造型元素和造型手段的运用上有许多相似之处，而固定画面不同于绘画和摄影作品，其画面空间是现实的、三维的，画面构图的处理、光线的运用、拍摄角度的选择、拍摄距离的远近、画面景别的控制等直接决定了固定画面的造型效果。

6.1.2 固定画面的特点

固定画面具有画框稳定、视点明确、客观纪实的特点。由于固定画面的框架静止不动，画面外部的运动因素被摒弃在外，画面视点稳定，所以固定画面符合人们日常生活中观察事物的视觉体验，也能更好突出主体；同时，固定画面便于表现静态的物体，对于表现相对静止的对象和运动幅度较小的对象具有其自身的优势；此外，固定画面还便于通过静态造型因素和造型手段来强化画面的内部张力。

在影视作品中，固定画面常与其他运动画面结合起来使用，以形成动静结合、相得益彰的艺术效果。同时，在特定的场合和情境下，固定画面也可以独立运用，以凸显其独特的艺术魅力和表现力。

综上所述，固定画面是影视拍摄中一种重要的画面形式，能展现出独特的视觉效果和艺术魅力，为观

众带来深刻的视觉体验。

我们可以把固定画面的特点归纳为以下几点。

- **稳定性强**：由于摄像机位置固定，拍摄时画面不易出现抖动或晃动的现象，给人一种平稳、宁静的视觉感受。
- **表现静态环境**：固定画面能够很好地展现场景的空间布局、环境氛围以及细节特征，使观众能够充分感受到场景的真实感和现场感。
- **突出主体**：通过固定画面，可以更加突出画面中的主体元素，使观众的目光聚焦于主体，加深对主体的印象和理解。
- **便于思考**：固定画面为观众提供了充分的观察和思考时间，有助于观众深入理解和感受画面的内涵和意义。

6.1.3　固定画面的作用

固定画面在多种场景下都有其独特的适用性和价值。

首先，固定画面在拍摄山川景物、人文景观等静态物体时的表现尤为出色。由于稳定的视点和静止的框架，固定画面能够令观众对这些静态物体进行细致的观察和欣赏。例如，在风光片和纪录片中，构图精美的固定画面能够充分展现自然风光的美丽和人文景观的韵味，使观众产生身临其境的感觉，如下左图所示。

其次，固定画面也适用于拍摄需要突出静态环境或氛围的场景。例如，拍摄野生动物的栖息场所，或者某个凝神静思的人物脸部特写时，固定画面能够准确地呈现出这些场景中的静谧和专注氛围，使观众切实地感受到在现场情境中的感觉，如下右图所示。

此外，固定画面还常用于拍摄需要表现时间久远感的场景。在拍摄古建筑时，为了表达出深邃的历史回顾感，可以使用固定画面，通过延长停留时间的拍摄方式来展现古建筑的沧桑和韵味。这种拍摄方式可以使观众感受到时间的流逝和历史的沉淀，如下图所示。

需要注意的是，虽然固定画面具有上述优点，但在某些情况下,如果纵深方向上的调度和表现不充分，固定画面会显得单调和缺乏层次感。因此在拍摄固定画面时，应注意选择、提取和发掘画面纵深方向上的造型元素，以弥补水平维度和垂直维度上的不足。

总的来说，固定画面适用于需要突出静态物体、环境或氛围，以及需要表现时间久远感的场景。在实际拍摄中，应根据具体需求和场景特点来选择合适的拍摄方式。

在一部名为《中国》的纪录片中，就大量使用了固定镜头的拍摄手法，无论是画质还是质感都有很强的电影感，每一帧画面都像精美的摄影作品，如右图所示。

6.2　运动画面

运动画面摄像是视频制作中常用的一种拍摄方式，通过改变摄像机的位置、方向和焦距来拍摄动态画面。这种方式使得画面不再局限于静态的展示，而是能够呈现出更多的动感和视觉效果，同时引导观众的视线，揭示更多隐藏在画面中的信息，增强观众的身临其境之感。

运动画面摄像的作用和效果主要体现在以下几个方面。

- **动态明显**：通过移动拍摄，可以呈现出最明显的动感，使画面生动有力。
- **变静为动**：对于静止的景物背景，通过摄像机的外部移动，可以使画面内部的静态景物活动起来，增加画面的活力。
- **视点扩展**：借助特殊的移动工具拍摄，能够突破单一视点的局限，扩展观众的视觉范围，带来多景别、多视点的感受。
- **揭示隐藏信息**：通过移动镜头来揭示隐藏在画面中的信息，增加观众的好奇心。例如，在悬疑片中，可以通过慢慢拉近的移镜揭示真相，增加紧张感。

● **增强观众参与感**：通过跟踪移镜让观众的视角与角色的行动同步，使观众有身临其境的感觉。例如，在动作片中，通过跟踪人物的移动来增加观众的紧张感和参与感。

不同移动画面摄像类型的作用有着细微的差别，运动画面摄像的主要类型包括推摄、拉摄、摇摄、移摄、跟摄等。

6.2.1 推摄

推摄是摄像中的一种重要技巧，指的是摄像机镜头与画面逐渐靠近，使画面外框由大变小，画面里的被摄主体由小变大，所摄取的画面范围由大变小，逐渐突出细节。这种拍摄手法能够引导观众的视线逐渐聚焦于被摄主体，从而强调和突出该主体的重要性或特征。

（1）推摄的方式

推摄的方式主要有两种。

一是镜头向前平稳推动，即沿摄像机光轴方向向前移动拍摄，使摄像机逐渐靠近被摄主体。使用这种方式拍摄时，机位推镜头的视角无变化，视距有变化，景深无明显变化，观众的感受视点前移，有身临其境的感觉。

二是变焦距推镜头，即拍摄过程中摄像机位置不动，通过镜头焦距由短变长而形成。变焦推镜头的视角有变化，视距无变化，景深产生变化，空间透视变形并由广角向长焦镜头的特性发展。

在实际运用中，推摄可以根据拍摄需要，通过速度的快慢和节奏的变化形成不同的画面效果。例如，快速的推镜头可以产生强烈的视觉冲击，营造紧张或激动人心的氛围；而缓慢的推镜头则能够引导观众逐渐深入观察，感受画面的细节和情感。

（2）推摄的作用

推摄的作用主要体现在以下几个方面。

● **突出主体**：推摄能够将被摄主体从周围环境中分离出来，使其成为画面的视觉中心，从而强调和突出该主体的地位或重要性。

● **揭示细节**：随着镜头的推进，画面的范围逐渐缩小，能够展现出被摄主体的更多细节，使观众更深入地了解和观察。

● **表达情感**：推摄的速度和节奏能够影响观众的情感体验。快速的推镜头可以营造紧张、激动或兴奋的氛围，而缓慢的推镜头则能够传递出平静、沉思或温馨的情感。

● **营造空间感**：通过推摄，观众可以感受到画面空间的变化和压缩，从而增强对场景的认知和理解。

在影片《西西里的美丽传说》中，主人公玛莲娜的丈夫去世，人人都想接近她。在她拿出香烟，周围的若干绅士迅速伸出手来点烟的动作处理上，就使用了推摄的手法，这个推镜头不仅放大了这个动作，更是放大了玛莲娜内心的无奈。犹豫过后的点烟，则说明了玛莲娜为了生存的妥协。如右图所示。

6.2.2 拉摄

　　拉摄与推摄相反，是摄像机逐渐远离被摄主体或变动镜头焦距，使画框由近而远与主体脱离的一种拍摄方法。拉摄和推摄之间存在显著的差异，但相似的是，拉摄在影视制作中也被广泛应用，能够产生丰富的视觉效果。

　　在实际应用中，拉摄可以用于多种场景和目的。例如，在展现广阔的自然风光或城市景观时，拉摄可以突显出场景的宏大和壮观；在叙述故事情节时，拉摄可以揭示角色与环境的关系，或者用于表现角色的心境变化；在营造氛围方面，可以通过拉摄调整速度和节奏，创造出紧张、轻松或忧郁等不同的情感氛围。所以，这种拍摄方式常用于表现主体和主体所处环境的关系，使画面形成多结构变化，使镜头表现更加富有层次。随着摄像机的远离，画面从某一主体开始逐渐退向远方，视点后移，表现的空间逐渐展开，观众的注意力也由局部引向整体，可以获得一个较为全面的印象。如右图所示。

　　拉摄的主要特点包括以下几点。

- **视觉后移**：随着摄像机的远离，观众会感受到一种视觉上的后移效果，这种效果有助于减慢影片节奏，舒缓观众情绪。所以拉摄常用于影片的结尾。
- **主体由大变小**：在拉摄过程中，被摄主体在画面中会逐渐变小，而周围环境则由小变大，这种变化能够展现出主体与周围环境的关系。
- **画面空间完整连贯**：拉摄使得画面空间得以完整连贯地展现，观众可以跟随摄像机的运动，观察到更多环境细节和背景信息。

　　总的来说，拉摄是一种极具表现力的摄像手法，通过精确控制摄像机的运动和焦距变化，摄像师可以创造出丰富多样的视觉效果，为观众带来深刻的视觉体验。

　　右图为影片《菊次郎的夏天》中的一个片段，北野武扮演的菊次郎在旅途中输光了钱，他想通过用钉子扎别人的车胎，然后再去帮忙的办法来搭车。在经历过一些"小意外"后，菊次郎把目标锁定在停在路边的一辆汽车上。这里通过后拉镜头，让车主逐渐出现在画面里，使得三人同框，带来了意想不到的喜剧效果，也贯彻了这部影片一以贯之的冷幽默风格。

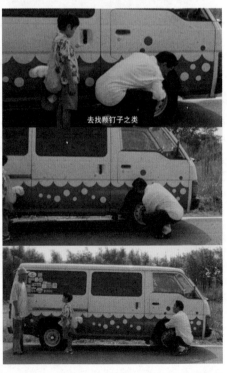

6.2.3 摇摄

摇摄是一种在拍摄视频时常用的拍摄技巧，其核心在于通过摇动摄像机来拍摄画面。这种拍摄方式有助于展现更为广阔的场景，能增强画面的动态感和视觉冲击力。一般来说，摇镜头是指在一个镜头中，机位不变，焦距不变，借助三脚架的活动来改变拍摄方向，景别一般不发生变化。

摇摄的形式多种多样，包括但不限于水平摇摄、垂直摇摄等。水平摇摄通常用于拍摄宽广的全景或左右移动中的目标，如摩托车行驶的画面或者奔跑的马匹；垂直摇摄则更适用于拍摄高大的建筑物或跳水等上下运动的场景。通过调整摇摄的速度和幅度，摄像师可以创造出不同的视觉效果和情感氛围。

摇摄的画面特点主要体现在以下几个方面。

- **动态连续性**：摇摄产生的画面效果是连续而流畅的，通过摄像机的摇动，画面中的元素可以平滑地从一个位置过渡到另一个位置，使整个画面呈现出动态的美感。
- **空间展示**：摇摄能够很好地展示出空间的变化和延伸。通过摇动摄像机，可以使得原本静止的画面变得富有层次感和立体感，从而更加生动地展现拍摄环境的空间结构。
- **焦点转移**：在摇摄过程中，摄像机的焦点可以随着摇动而转移，从而引导观众的视线，突出画面中的重点元素，有助于增强画面的表现力和吸引力。
- **情感营造**：摇摄还可以根据拍摄需求营造不同的情感氛围。例如，缓慢而平稳的摇摄可以营造出宁静、平和的氛围；快速而有力的摇摄则可以营造出紧张、激烈的氛围。

在影片《碟中谍7：致命清算》中有一个镜头，特工伊森为了找到他的朋友并完成任务，只身进入沙漠。镜头由赏金猎人的疾驰开始，通过焦点的转移，最后回到主角的身上，这不仅增强了画面的吸引力，还突出了紧张的氛围，如右图所示。

6.2.4 移摄

移摄也称为移动拍摄，是指将摄像机架设在活动物体上并随之运动而进行的拍摄。这种拍摄方式能够创造出一种独特的视觉效果，使画面框架始终处于运动之中，从而增强画面的动感和流畅性。

在移摄过程中，画面内的物体无论是处于运动状态还是静止状态，都会呈现出位置不断移动的态势。这种持续的运动使得画面空间完整连贯，观众的视点会随着摄像机的运动而不断改变，从而在一个镜头中构成一种多景别多构图的造型效果。

移摄能够直接调动观众的视觉感受，使观众产生一种身临其境之感。通过移动拍摄，摄像师可以突破单一视点的局限，扩展观众的视觉范围，从而带来更为丰富和生动的视觉体验。

在实际拍摄中，移摄需要摄像师具备较高的拍摄技巧和丰富的经验，并且需要根据场景、被摄体以及所要表达的情感氛围等因素选择合适的移摄方式和速度。

移摄的作用主要体现在以下几个方面。

- **展示环境空间**：移摄能够较好地展示环境和空间，通过移摄，观众可以清晰地看到场景中的各个元素和细节，从而更加深入地了解故事或场景的背景和环境。
- **突出主体**：移摄可以通过改变拍摄位置和角度，将观众的注意力引导到特定的主体上。无论是静态还是动态的主体，都能通过巧妙的移摄拍摄手法成为画面中的焦点，从而突出其重要性和特点。
- **创造视觉效果**：移摄可以创造出各种独特的视觉效果和氛围。例如，通过快速或慢速的移动拍摄，可以营造出紧张、激动或宁静、平和的氛围；通过改变拍摄方向和速度，可以产生动态模糊或追随等视觉效果，增强画面的表现力和吸引力。

总之，移摄是一种极具表现力和创造力的拍摄方式，能够为观众带来新颖而独特的视觉感受。通过精心设计和实施移摄方案，摄像师可以创造出令人难忘的画面效果，提升影视作品的艺术价值和观赏价值。

在电影《忠犬八公的故事》中，为了展现小八初次到帕克家的场景，摄像师运用了主观镜头（即小八的第一视角），并跟随小八移动的方式，表现了一只小狗对于新家的好奇，如右图所示。

6.2.5 跟摄

跟摄也称为跟镜头，是摄像机跟踪运动着的被摄体进行拍摄的一种手法。这种拍摄方式能够连续而详尽地展示人物在运动中的形态、动作、表情，既突出运动主体，又通过镜头的运动交代被摄体的运动方向、速度、动态及其与环境之间的关系，保持被摄体运动的连贯性。

跟镜头的画面特点主要体现在以下几个方面。

首先，跟镜头始终跟随一个运动的主体进行拍摄。由于摄像机的运动速度与被摄体的运动速度相匹配，被摄体在画框中会始终处于一个相对固定的位置。这种稳定性使观众能够稳固地观察被摄体，同时背景环境又在画面中不断运动变化，使观众对被摄体所处的环境有清晰的了解。

其次，跟镜头在表现画面时，被摄体在画框中的位置以及画面对主体表现的景别都相对稳定。例如，如果画面起始是近景，那么在整个跟镜头中都会保持为近景，不会突然变为远景或其他景别。这种稳定的景

别形式有助于观众与被摄主体保持稳定的视点和视距，使得对被摄主体的运动表现印象更为连贯。通过稳定的景别，跟镜头能够展示主体在运动中的动态、动姿和动势，使得画面更具表现力和生动性。

此外，跟镜头的运用还能创造出一种独特的视觉效果和氛围，能使观众产生身临其境的感觉，仿佛自己也在随着摄像机一起移动，与被摄体共同经历着运动的过程。这种视觉体验使得观众能更加深入地理解故事背景和人物情感，增强影片的观赏性和感染力。

最后，跟镜头与其他拍摄手法有明显的区别。例如，推镜头是摄像机向前推进拍摄，使得画面由远至近；而拉镜头则是摄像机逐渐远离被摄体。虽然这些手法都涉及摄像机的运动，但它们在画面表现上却有

着显著的不同。跟镜头更注重展示被摄体在运动中的状态和环境，通过连续的跟随拍摄来营造连贯、流畅的视觉效果。

所以，跟镜头的画面特点主要体现在对被摄体的稳定展示、景别的相对稳定以及能创造出独特的视觉效果和氛围等方面。这些特点使得跟镜头在影视制作中成为一种重要的拍摄手法，为观众带来丰富而深入的视觉体验。

跟摄大致可以分为前跟、后跟（背跟）、侧跟三种情况。前跟是摄像师倒退着从被摄主体的正面拍摄；背跟和侧跟则是摄像师在人物背后或旁侧跟随拍摄。

一个最为经典的前跟镜头案例，是在第92届奥斯卡最佳摄影奖影片《1917》当中，两个士兵需要在8小时之内赶到前线，阻止部队步入敌军陷阱。主角刚开始不情愿，但经过路途中的摧残获得了成长。右图中是一场展现高光的戏，第一波士兵已经开始冲锋，所以主角的飞奔在这一刻就变成了与死神的赛跑，身后士兵与主角运动方向的不同，带来赴死与拯救的矛盾。导演通过前跟镜头展现主角奔跑的动作神情，通过前后景的调度不断丰富信息量，更突出了主角的运动。这一幕中人物弧光的情绪得到了最大化表现。

6.2.6 升降拍摄

升降拍摄是一种特殊的运动摄像方式，通常需要在升降车或专用升降机上才能完成，是一种从多个视点表现场景的方法。具体来说，升降镜头的运动方式包括垂直升降、弧形升降、斜向升降或不规则升降等。这种拍摄技巧通过改变摄像机的高度和仰俯角度，为观众带来丰富的视觉感受。

（1）升降镜头的画面特点

升降镜头的画面特点主要体现在以下几个方面。

- **视域扩展与收缩**：升降镜头的升降运动带来了画面视域的扩展和收缩，使观众能够观察到不同高度的景观，从而营造出丰富的视觉效果。

- **多角度、多构图效果：** 升降镜头视点的连续变化形成了多角度、多方位的多构图效果，有助于全面展示场景。
- **展示空间深度与高度感：** 巧妙利用升降镜头能增强空间深度的幻觉，产生高度感，为观众呈现立体的视觉体验。
- **表达情调与氛围：** 升降镜头在速度和节奏方面如果运用得当，就可以创造性地表达情节的情调，展示事件的发展规律或在场景中上下运动的主体主观情绪。

（2）升降镜头的拍摄技巧

升降镜头的拍摄技巧主要体现在以下几个方面。

- **控制运动速度和节奏：** 升降镜头的运动速度和节奏对于表达情节至关重要。适当的速度和节奏能够增强画面的冲击力和观感，使观众更好地融入情节之中。
- **利用垂直、斜向和不规则升降：** 升降镜头的运动方式不仅限于垂直升降，还可以采用斜向升降和不规则升降等技巧。这些不同的升降方式能为画面带来更加丰富的视觉效果，增强画面的层次感和立体感。

- **与其他拍摄技巧结合运用：** 升降镜头在实际拍摄中常常与其他镜头技巧结合使用，如推镜头、拉镜头、摇镜头等。通过与这些技巧的巧妙结合，可以创造出变化多端的视觉效果，使画面更加生动和有趣。摄像师需要具备丰富的拍摄经验和技巧，才能在实际拍摄中灵活运用这些结合方式。

综上所述，升降镜头通过其独特的功能和作用，为影视作品提供了丰富的视觉表现和叙事手段，有助于提升作品的艺术价值和观赏价值。在实际拍摄中，摄像师可以根据场景和情节的需要，灵活运用升降镜头。

在电影《让子弹飞》的结尾中，就采用了一个比较常见的升镜头，将整体的景别由小变大，观众的视线就会从人物追随火车的行为逐渐延伸到绵延高耸的山脉，直到人物逐渐消失，如右图所示。虽然故事到此为止，但观众知道列车并没有停止，张麻子的脚步也没有停止，有意犹未尽的感觉。这就是经典的升镜头给予的延伸效果。

6.3 综合运动摄像

综合运动摄像可以概述为通过灵活运用多种运动摄像方式，创造丰富多样的画面效果和视觉体验，提升影视作品的艺术表现力和观赏价值。

首先，综合运动摄像能够打破单一镜头运动的限制，通过结合推、拉、摇、移、跟、升降等多种运动方式，为观众带来更为复杂多变的画面造型效果。这种多样化的运动方式能够充分展示场景的空间感和立体感，使画面更具层次感和动态感。

其次，综合运动摄像有助于表现完整的情节和展示多元视角。通过连续动态的画面记录，综合运动摄像能够在一个镜头中完整地呈现一个场景中的情节发展。同时，从不同的角度和视点进行拍摄，可以展示事物的多个方面，形成表意方面的多义性，丰富观众对故事的理解和感知。

此外，综合运动摄像还能形成画面节奏，与音响配合并产生一体化的节奏感。通过精心安排摄像机的运动速度和节奏，可以使画面形象与音乐融为一体，营造出更加和谐、统一的观影氛围。

6.3.1　综合运动摄像的功用

在功用方面，综合运动摄像的作用和表现力主要体现在以下几个方面。

- **丰富画面造型**：综合运动镜头产生了更为复杂多变的画面造型效果。这种运动摄像方式通过摄像机的多种运动形式，能够呈现出更为丰富和多样的画面内容，增强观众的视觉感受。
- **表现完整情节**：综合运动镜头有利于在一个镜头中记录和表现一个场景中相对完整的一段情节。通过连续的动态画面，可以再现现实生活的流程，使观众更加深入地理解和感受故事的发展。
- **形成画面节奏**：综合运动镜头的连续动态有利于形成画面与音响的配合。在较长的连续画面中，综合运动镜头可以与音乐的旋律变化配合，为观众带来更加沉浸式的观影体验。
- **展示多元视角**：通过画面结构的多元性，综合运动镜头能够形成表意方面的多义性。可以从不同的角度和视点出发，展示事物的多个方面，使观众更全面地了解和感受故事或场景。

综上所述，综合运动摄像在影视作品创作中发挥着重要的作用，能够丰富画面造型、表现完整情节、形成画面节奏以及展示多元视角，为观众带来更加丰富、生动和有趣的视觉体验。

电影《杀破狼》中，甄子丹扮演的警察单刀赴会，与吴京扮演的杀手在小巷内完成了一场教科书般的打戏。这个镜头就运用了多种拍摄手法，是综合运动摄像的经典案例，如下两图所示。

6.3.2 综合运动画面的拍摄技巧

综合运动画面的拍摄技巧涉及摄像机多种运动方式的结合与运用，以下是一些关键的拍摄技巧。

（1）预先规划与构思

在拍摄前，需要对场景进行充分的了解和规划，明确想要表现的内容和情感，以及如何通过镜头的运动来传达信息。这有助于我们在拍摄过程中更加有针对性地运用摄像机的各种运动方式。

（2）稳定与流畅的运动

无论是推、拉、摇、移还是升降等运动方式，都需要保持画面的稳定与流畅。这要求摄像师具备良好的操作技巧，能够准确地控制摄像机的运动速度和方向，避免画面抖动。

（3）节奏感的把握

综合运动画面的拍摄需要特别注意节奏感的把握。根据情节的发展和情感的变化，合理地调整镜头的运动速度和节奏，使画面更具张力和感染力。

（4）注意环境的选择

在选择拍摄环境时，要考虑前景与背景的关系，确保主体与背景之间有适当的对比和呼应。同时，也要考虑光线的选择，不同的光线条件会对画面的氛围和质感产生重要影响。

（5）保持画面的连续性与完整性

在综合运动画面的拍摄中，要注意保持画面的连续性和完整性。通过巧妙的镜头切换和运动方式的结合，使各个镜头之间的衔接自然流畅，形成完整的视觉叙事。

（6）运用多重曝光与高速追焦

为了捕捉更多细节和动态效果，可以尝试使用多重曝光和高速追焦等技巧。这些技巧能够增加画面的层次感和立体感，使综合运动画面更加生动和有趣。

综上所述，综合运动画面的拍摄技巧涉及多个方面，包括预先规划与构思、稳定与流畅的运动、节奏感的把握、环境的选择以及画面的连续性与完整性等。通过不断地学习和实践，摄像师能提升自己的拍摄水平，创作出更加精彩的综合运动画面。

知识延伸：希区柯克变焦

前面讲到了推摄和拉摄可以通过移动摄像机或者改变焦距来完成，现在我们了解一下希区柯克变焦。

希区柯克变焦，也称为滑动变焦或Dolly Zoom，是一种特殊的摄像技巧，能通过在拍摄过程中同时改变摄像机的位置和焦距，创造出视觉上的特殊效果。这种效果使得背景在视觉上发生了显著的改变，而主体在画面中的大小却保持不变，从而营造出一种空间错位的观感，将画面主体推向视觉的中心。

具体来说，希区柯克变焦有两种主要形式。

一是在摄像机前移的同时缩小镜头焦距。例如，在电影《迷魂记》中，这种技巧被用来模拟恐高患者眼中的世界，强化了恐怖的心理表现力。

二是在摄像机后移的同时推长镜头焦距。这样可以创造出空间扩张或扭曲的效果，给观众带来压迫感。

要实现希区柯克变焦，需要精确控制摄像机的运动和焦距的变化。在拍摄过程中，摄像机的运动速度和焦距的变化速度需要匹配，以保持主体在画面中的大小不变。同时，焦距的变化需要平滑，不能出现顿挫，以保证视觉效果的连贯性和自然性。

在后期处理中，可以通过剪辑和特效来进一步增强希区柯克变焦的效果。例如，在剪辑过程中，可以调整画面的缩放和速度，以模仿出不同的变焦效果。此外，还可以添加音效或配乐，以提升情感的表达力，使观众更加深入地感受画面所传递的氛围和情感。

 操作实训：拍摄人物特写

通过对前几章内容的学习，我们现在尝试用照片和视频两种形式来拍摄人物的特写镜头。以下是一些关键的步骤和技巧。

- **准备设备**：不管是拍摄照片还是视频，首先要确保器材已经准备好，并且处于适合拍摄特写的模式。镜头选择中长焦镜头或微距镜头，可以更好地捕捉人物面部的细节。调整摄像机的参数，如白平衡、光圈等，以适应拍摄环境。
- **设置场景与背景**：选择一个适合拍摄特写的场景，确保光线充足且均匀，避免有过强的阴影或反光。在布置背景时，要使其简洁而不分散观众注意力，可以使用纯色背景布或具有纹理的墙壁作为背景。
- **构图与角度**：特写镜头需要精心构图，以突出人物的面部特征或表情。视频则可以尝试不同的拍摄角度，如正面、侧面或斜角，以捕捉人物的不同特征。同时，注意人物眼睛的位置，通常将其放在井字交叉点上，以吸引观众的注意力此外，也可以利用前景或景深效果，增强画面的层次感。

电影《阿凡达》以男主从梦中醒来后的眼部特写开场，如下两图所示。

- **调整光线**：根据场景和背景调整光线，确保人物面部的光线柔和且均匀。也可以使用反光板或补光

灯束消除阴影或增强特定部位的亮度。同时注意避免过曝或欠曝，保持画面的亮度适中，如右图所示。

- **拍摄与调整**：开始拍摄时，保持耐心和专注。观察画面，根据需要调整设备的位置或参数。我们在按下录制按钮开始拍摄后，要尽量保持摄像机稳定。
- **后期处理和剪辑**：拍摄完成后，使用修图软件或视频编辑软件进行必要的后期处理，包括调整色彩、调整对比度和锐度等，以增强画面的视觉效果。

 课后练习

一、选择题

（1）固定画面是视频拍摄中的一种基本画面形式，下列中的（　　　）属于固定画面的拍摄特点。

A. 稳定性强 　　　　 B. 视觉后移 　　　　 C. 表现静态环境 　　　　 D. 多角度、多构图效果

（2）跟镜头是摄像机跟踪运动着的被摄体进行拍摄的一种手法，大致可以分为（　　　）三种情况。

A. 前跟 　　　　 B. 后跟（背跟） 　　　　 C. 侧跟 　　　　 D. 移镜头

（3）希区柯克变焦是一种特殊的摄像技巧，是通过在拍摄过程中同时改变（　　　），创造出一种视觉上的特殊效果。

A. 摄像机的位置 　　 B. 光圈 　　　　 C. 焦距 　　　　 D. 快门速度

二、填空题

（1）推摄是摄像中的一种重要技巧，这种拍摄手法能够引导观众的视线逐渐聚焦于被摄主体，从而强调和突出该主体的重要性或特征。推摄的方式主要有两种，分别是_____和_____。

（2）固定画面的特点大致可以分为_____、_____和_____三种。

三、实操题

使用跟摄的拍摄机位（后跟）拍摄一段视频，参考效果如下四图所示。

📷 第7章 照片的后期处理

本章概述

照片的后期处理是摄影过程中不可或缺的一环，能够使原本平淡无奇的照片焕发出新的生机与活力。运用各种处理技术和工具，我们可以调整照片的色彩、光影、构图等元素，使其更具艺术感和视觉冲击力。本章将详细探讨照片后期处理的重要性、处理步骤以及一些常用的处理技巧。

核心知识点

❶ 了解照片格式的差别
❷ 学习调整图片的色彩
❸ 学会处理人物照片
❹ 学会处理静物照片
❺ 学习处理创意照片
❻ 了解Photoshop滤镜的应用

7.1 Photoshop的照片处理功能

Photoshop的照片处理功能极为丰富和强大，能够满足从基础编辑到高级创意的各种需求，在摄影后期扮演着至关重要的角色。学习和掌握Photoshop的照片处理功能，是摄影师和其他视觉创作者提升个人技能的重要途径。通过不断实践和学习，我们可以更加熟练地运用Photoshop的各种工具和功能，提高自己的创作水平和竞争力。

照片的存储格式有RAW和JPEG两种，这两种格式各有优点，在拍摄时，我们可以根据需要来选用合适的存储方式。相较于JPEG格式，RAW格式是更加"纯净"的存储方式，它是一种未经锐度、白平衡等相机自动后期处理，也未经压缩的格式，记录了数字相机传感器的原始照片数据。RAW格式的文件通常比JPEG或TIFF等常见的照片格式更大，因为它包含了比压缩照片更多的信息，这些信息在后期处理时可以提供更大的灵活性和控制力。

而JPEG格式则经过了一系列自动调整。在大多数情况下，经过相机自带的内部后期处理就能够达到不错的效果。不过在调整后，JPEG格式采用的压缩技术会在一定程度上降低照片质量，因此虽然JPEG格式能够大幅度减小文件大小，便于存储和传输，但随着压缩比例的提高，照片中的细节和色彩信息也会逐渐丢失。而且因为JPEG格式是有损压缩的，所以每次编辑和保存JPEG照片时都会进一步损失照片质量。因此，对于需要频繁编辑的照片，存储为JPEG格式不是最佳选择。

综上所述，如果对后期制作更有兴趣，且希望有更大的调整空间，RAW格式是更好的选择。以佳能相机为例，我们可以在拍摄前设定存储方式，并且RAW档也可以选择不同的压缩，如右图所示。

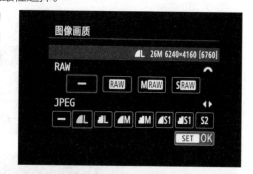

提示：关于Camera Raw

Camera Raw是Photoshop处理Raw格式照片的内置插件，如果没有，可以自行下载安装。Camera Raw的功能比较强大，基本可以完成Raw格式照片处理的绝大部分操作，但前提是相机必须拍摄Raw格式的照片。操作时，只需将Raw格式的照片拖入Photoshop即可进行处理。

7.1.1 RAW格式照片的处理

RAW格式照片的处理需要一定的专业知识和经验，不同的相机和场景需要不同的处理策略，我们在学习和实践过程中要不断探索和尝试，找到最适合自己的处理方法。在处理RAW格式的照片时，有很多软件可以选择，例如Adobe Lightroom、Photoshop等，这里我们以Photoshop为例介绍如何处理RAW格式的照片。

扫码看视频

（1）亮度调整

决定照片第一印象的就是亮度。同一张照片的明暗程度不同，给人的感觉也会大不一样。因此，决定照片亮度的曝光具有重要的作用。在拍摄现场时，我们未必每次都能让照片获得理想的亮度，或者当要保证画面中高光区细节的显示时，就要在拍摄时减少一定的曝光。要解决这些问题，只需在后期处理时适当调整照片亮度来获得准确的曝光即可。我们可以执行"滤镜>Camera Raw滤镜"命令，打开"Camera Raw"对话框，在"基本"选项区域对"曝光"参数值进行适当的调整，如右图所示。

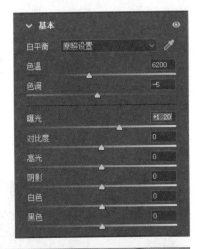

在调整"曝光"滑块时，往左调是减少曝光量，往右调是增加曝光量。打开下左图的照片，设置"曝光"值为"+1.2"，使亮度控制在让人满意的程度，调整后的效果如下右图所示。

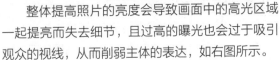

整体提高照片的亮度会导致画面中的高光区域一起提亮而失去细节，且过高的曝光也会过于吸引观众的视线，从而削弱主体的表达，如右图所示。

这时，我们可以选择工具栏里的"蒙版"功能局部降低高光区的曝光量。首先在"Camera Raw"对话框右侧的工具栏中选择蒙版工具，如下左图所示。在打开的面板中选择"画笔"工具，如下左2图所示。选择需要调整的区域并进行涂抹，效果如下左3图所示。最后适当减少选择区域的曝光值，如下右图所示。

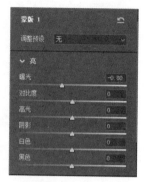

通过这种方式来局部地增加或减少曝光量，最终就可以达到我们想要的效果。下左图为调整前的效果，下右图为调整后的效果。

（2）色温、白平衡调整

和亮度一样，颜色也会影响人们对照片的印象。上面讲到过，JPEG格式的照片在拍摄时已经设置了白平衡，后期再经过Photoshop的修改就会有损画质，容易出现类似噪点的杂色。所以对于初学者来说，可以先用自动白平衡来拍摄RAW格式的照片，之后再寻找喜欢的色调进行调整。

当我们拍摄一张下左图的晚霞照片，而颜色不够浓烈时，可以通过调整色温来改变照片的色彩。将"色温"滑块向左滑动，可以减少色温值；将"色温"滑块向右滑动，可以提高色温值，如下右图所示。

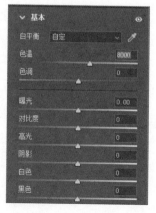

通过调整我们可以得到一张色彩相对偏温暖色调的照片，如右图所示。

当然，仅仅调整色温并不能使照片完全符合理想效果，还要进行其他参数的设置才行。这里只是告诉大家，通过这种途径可以调整照片的色调。

（3）对比度调整

对比度调整是照片处理中的一个重要环节，涉及照片中明暗区域的差异表现。在进行对比度调整时，可以通过调整照片的亮度、颜色饱和度等参数来影响对比度的效果。对比度高的照片，明暗区域的差异明显，色彩更加鲜明；而对比度低的照片则显得较为柔和，明暗区域的过渡更加平滑。在Photoshop中打开一张照片，如下左图所示。然后通过滑动"对比度"的滑块来增加或降低照片的对比度，如下右图所示。

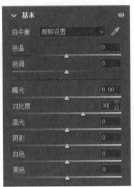

下左图为降低对比度的效果，下右图为增加对比度的效果。

提示：调整对比度的注意事项

在调整对比度时，需要注意保持照片的自然和真实感。过度提高对比度会导致照片出现生硬的边缘并导致色彩失真，而过度降低对比度则可能使照片显得模糊和缺乏层次感。因此，在调整对比度时，需要根据具体的照片内容和需求，灵活调整各项参数，以达到最佳的视觉效果。

（4）高光和阴影调整

在照片处理中，高光和阴影是两个至关重要的概念，它们分别代表了照片中最亮和最暗的部分，对于照片的整体效果和细节表现有着显著的影响。

高光是指光源照射到物体并反射到人的眼睛时，物体上最亮的那个点。在照片中，高光通常表现为白

色或接近白色的区域，例如照片中的反光部分或物体的受光部分。高光区域包含了丰富的细节，因此，在调整高光时，需要注意避免过度曝光，以免丢失这些重要的细节。

阴影则是照片中曝光较暗的地方，通常是黑色或接近黑色的区域。阴影区域在光线不足的环境下尤为明显，例如物体的背光部分或凹陷区域。阴影区域同样具有一定的细节，通过适当的调整，可以增强照片的对比度和层次感。

通过以上的介绍，我们了解了一张照片中高光和阴影的相互关系以及分布情况，如下左图所示。在Photoshop中，我们可以通过"高光"和"阴影"滑块来调整相应的参数，如下右图所示。

下左图为调整高光和阴影前的效果，下右图为调整高光和阴影后的效果。

提示：高光和阴影的调整

通常情况下，调整高光和阴影需要配合白色、黑色和对比度的调整一起进行，如右图所示。

（5）白色滑块调整

用途："白色"滑块主要用于调整照片中的高光部分，通过控制"白色"滑块的位置，可以调整照片中对应的像素值，将其映射为白色，进而改变照片的亮部和高光细节。

特点： 在Photoshop中，向右拖动"白色"滑块会增加映射为白色的区域，使照片的高光部分变得更亮，同时恢复高光细节。这对于提亮过暗的高光区域或增强亮部细节非常有效。

（6）黑色滑块调整

用途： "黑色"滑块主要用于调整照片的阴影部分，通过调整"黑色"滑块的位置，可以控制照片中对应的像素值，将其映射为黑色，从而改变照片的暗部和阴影细节。

特点： 向左拖动"黑色"滑块会增加映射为黑色的区域，使照片的阴影部分变得更暗，同时增强暗部效果。这对于压暗过亮的阴影区域或增强暗部细节非常有效。

黑色、白色的调整效果和高光、阴影的调整效果貌似相像，但实际上具有不同的功能和特点。

首先，白色和黑色主要用于调整照片的整体亮度和对比度。"白色"滑块主要用于增加照片的亮度，特别是对中间调色彩的影响较明显；而"黑色"滑块则用于降低照片的亮度，特别是增强照片中的暗部效果。通过调整"白色"和"黑色"滑块，可以实现对照片整体明暗分布的控制，从而改善照片的曝光和对比度。

其次，高光和阴影则更多地关注照片的局部细节和立体感。高光主要对应照片中最亮的部分，如阳光照射下的明亮区域。通过调整高光，可以控制这些区域的亮度，防止过度曝光并保留细节。而阴影则对应照片中最暗的部分，如物体的背光面或阴影区域。调整阴影可以提亮这些区域，增强照片的层次感和立体感。

> **提示：实现对照片的精细调整和优化**
>
> 在Photoshop中，白色和黑色通常与整体亮度和对比度相关，而高光和阴影则更多地关注照片的局部细节和光影效果，它们之间的区别主要体现在调整的焦点和效果上。通过综合运用这些工具，可以实现对照片的精细调整和优化，提升照片的质量和视觉效果。

（7）清晰度调整

在Photoshop中，清晰度主要用于增强照片中的细节和边缘锐度，使照片看起来更加清晰和立体。与清晰度类似的一个参数是"纹理"。但与清晰度相比，调整纹理时，对比度不会发生变化，对整个照片的光影影响较小。因此，这两个参数可以配合调整，以获得更自然的效果。

调整清晰度时，建议结合实际情况和照片特点进行调整。可以先尝试使用默认的清晰度设置，然后观察照片的变化，根据需要进行微调。同时，也可以结合其他调整工具，如去除薄雾等，以获得更好的整体效果，如右图所示。

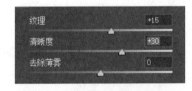

调整清晰度和纹理前后的照片对比效果如下两图所示。

需要注意的是，虽然清晰度是一个重要的调整参数，但调整清晰度并不能完全解决照片模糊的问题。如果照片本身存在严重的模糊问题，可能需要通过其他方式进行处理，如使用三脚架、调整快门速度等。

（8）饱和度调整

在"基本"选项区域的下方有"自然饱和度"和"饱和度"两个滑块。不管调整哪一个滑块，都可以让画面色彩更加鲜艳。对于风光摄影来说，调整"自然饱和度"滑块会得到更理想的照片效果，因为"饱和度"滑块是将画面里所有的色彩一视同仁地全部变得更加鲜艳，而"自然饱和度"滑块会控制饱和度较高的色彩，对饱和度较低的色彩进行调整。因此，想要自然风光的拍摄效果更自然，调整"自然饱和度"滑块是最合适的，如下图所示。

调整自然饱和度前后的照片对比效果如下两图所示。

7.1.2 JPEG格式照片的处理

扫码看视频

JPEG格式是一种常见的照片压缩标准，广泛应用于存储和传输照片。JPEG格式的最大优点是能够在不大幅降低照片质量的情况下，将照片所需的存储量大幅减少至原大小的10%左右，这得益于其采用的有损压缩算法。然而，这也意味着在压缩过程中会损失部分照片数据，可能导致颜色失真或细节丢失，特别是在高压缩比下。

在Photoshop中，对JPEG格式的照片进行处理，有多种工具可以灵活应用。

（1）裁剪工具

在Photoshop中，右图中的裁剪工具有多种用法。

- 选择不同的裁剪比例，可以控制照片的长宽比，也可以自定义比例。
- 裁剪工具提供的拉直功能可以用于找准水平，使照片保持水平状态。
- Photoshop提供了网格显示功能，可以在裁剪时添加网格，帮助用户更好地构图。
- 在裁剪工具属性栏中勾选"删除剪裁的像素"复选框，剪裁后计算机会保留被剪裁部分的信息，方便用户重新调整构图。

裁剪主要是为了在审片时可以进行二次构图。对水平线进行找平或者裁剪掉照片的冗余部分，能使作品更加优秀，同时，有些摄影师也喜欢用这种方式进行二次创作。下左图为裁剪前的效果，下右图为裁剪后的效果。不过值得注意的是，裁剪时要尽量减少裁剪面积，以减少像素的损失。

对照片进行裁剪，还可以使被摄主体更加突出。通过以下两图的对比，我们可以看到利用黄金分割构图法对照片进行裁切，可以更加突出被摄主体。

（2）修补工具

Photoshop修补工具的功能非常强大，主要用于修复照片中的缺陷或不需要的对象，如斑点、皱纹或其他小瑕疵等，如右图所示。修补工具是通过复制照片的一部分并将其覆盖到另一部分上来实现修复效果。

具体来说，修补工具提供了两种修补模式："正常"模式和"内容识别"模式。每种模式都有其特定的选项来调整修补效果。其中，"正常"模式是一种破坏性的操作方式，不能在空白图层上工作。而"内容识别"模式则更为智能，可以根据像素的周围信息来自动填充目标区域的内容，适用于修复皮肤上的污点、黑头、斑点等问题，以及处理更大面积的瑕疵。

在使用修补工具时，首先用修补工具画出选区，如下左图所示。然后按住鼠标左键并将光标拖动到希望填补的区域，如下中图所示。最后松开鼠标左键完成修补操作，效果如下右图所示。在拖动过程中，Photoshop会自动根据周围的信息来填充修补区域，以达到无缝衔接的效果。

（3）仿制图章工具

仿制图章工具是一种非常实用的工具，主要用于复制照片中的一部分并将其粘贴到另一部分，以实现修复、复制或创作的效果，如右图所示。

要使用仿制图章工具，首先在Photoshop中打开需要处理的照片。接着设置仿制图章工具的选项，包括选择笔刷的大小、硬度和透明度等参数，以适应不同的修复需求。然后按住Alt键（Windows系统）或Option键（macOS系统），单击照片中需要复制的源区域，设置仿制图章的取样点，如下左图所示。最后松开Alt键或Option键，然后将光标移动到需要修复或粘贴的目标区域，单击并拖动鼠标进行涂抹，效果如下中图所示。此时，源区域的照片被复制到目标区域，覆盖了原有的内容，效果如下右图所示。

除了上述基本的复制和粘贴功能外，仿制图章工具还提供了一些高级选项和技巧，以帮助我们更精确地控制修复效果。例如，我们可以调整取样点的位置、大小和角度，以适应不同的修复需求。同时，还可以结合其他工具和滤镜的使用，以实现更复杂的修复和创作效果。

7.2 专题照片处理

通过前面内容的学习,我们了解到Photoshop的照片处理能力是极为出色的,它提供了丰富的工具和功能,使我们能对照片进行精细的调整和修饰,从而得到高质量、具有创意性的作品。以下将对常用的场景进行举例分析。

7.2.1 人物照片处理

对于人物照片处理,Photoshop提供了修复画笔、仿制图章、液化滤镜等工具,用于修复人物皮肤上的瑕疵、调整人物身材比例、改变人物表情等。此外,还可以使用色彩调整工具优化人物肤色、调整光影效果,增强人物表现力。对于初学者来说,用Photoshop对人物照片进行处理正逐渐被AI修图软件替代,AI修图软件不仅能提高修图效率,而且效果也可以满足大部分人的要求。但作为摄影师来说,还是要对Photoshop有所了解。下面将从众多人物照片处理方法中选取一部分进行简要介绍。

扫码看视频

(1)利用高斯模糊工具对人物进行磨皮

步骤 01 在Photoshop中打开人物照片,如下左图所示。

步骤 02 选择修补工具或仿制图章工具,对人物脸部明显的痘痘和瑕疵进行简单处理,效果如下右图所示。

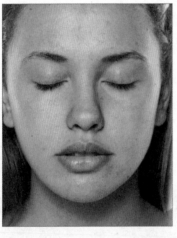
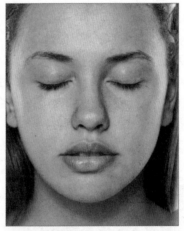

步骤 03 在"图层"面板中按Ctrl+J组合键复制"背景"图层并生成"图层1"图层,如下左图所示。

步骤 04 在Photoshop菜单栏中执行"滤镜>模糊>高斯模糊"命令,如下中图所示。

步骤 05 在打开的"高斯模糊"对话框中设置合适的"半径"值,然后单击"确定"按钮,如下右图所示。

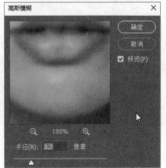

步骤06 选择"图层1"图层，按住Alt键并单击"图层"面板下方的"添加图层蒙版"按钮，添加一个黑色的图层蒙版，如下左图所示。选择画笔工具，将前景色改为白色，如下中图所示。

步骤07 根据图片的实际效果，调整画笔的"不透明度"和"流量"值，然后对人物的面部进行涂抹，进行磨皮处理，最终效果如下右图所示。

  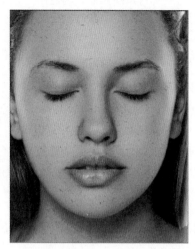

（2）使用液化功能调整人物的面部及身材

液化功能是Photoshop中一个非常强大的功能，主要用于对照片进行扭曲、拉伸、压缩和膨胀等操作，以达到美化和修复的效果。液化功能可以通过调整像素的变形，改变照片中的元素形态，为照片带来特殊的视觉效果。

在处理人物照片时，首先在Photoshop菜单栏中执行"滤镜>液化"命令，如右图所示。然后使用"液化"滤镜对人物面部特征进行微调，如放大眼睛、调整鼻子形状等，或者对身材比例进行调整。液化功能的"属性"面板如下两图所示。

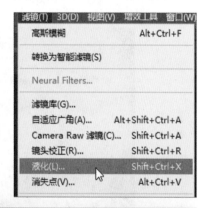

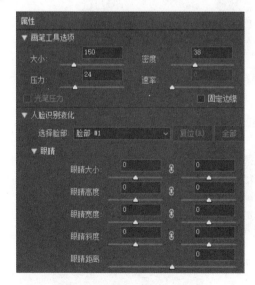 

根据照片修饰的实际需要调整液化属性的各项参数值后，前后照片的对比效果如下页两图所示。

　　液化功能在使用时需要一定的技巧和经验，不正确的操作可能会使照片显得不自然，甚至改变照片原本的表达意图。因此，在使用液化功能时，需要注意保持照片的真实性和准确性，避免过度处理，造成照片失真。当然，每个人对失真的定义有所不同，可以根据自己的理解灵活掌握。

（3）调整肤色

　　在Photoshop中，调整肤色是常见的操作，特别是在处理人物照片时。调整肤色可以帮助改善人物皮肤质感，去除瑕疵，甚至改变整体的色调以匹配特定的主题或氛围。调整肤色方法中的一种介绍如下。

　　步骤 01 在Photoshop中打开照片，在"图层"面板中按Ctrl+J组合键复制"背景"图层并生成"图层1"图层，将图层混合模式设置为"滤色"，将图层"不透明度"设置为20%，如下左图所示。

　　步骤 02 单击"图层"面板右下角的"新建图层"按钮，创建"图层2"图层。单击"图层"面板下方的"创建新的填充或调整图层"下拉按钮，选择"曲线"选项，如下中图所示。在"属性"面板中单击"RGB"下拉按钮，选择"蓝"通道，并适当调整曲线，如下右图所示。

 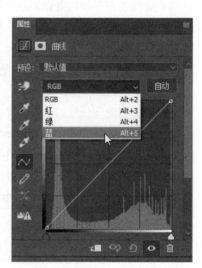

步骤 03 单击"图层"面板右下角的"新建图层"按钮新建图层。单击"创建新的填充或调整图层"下拉按钮，选择"可选颜色"选项，如下左图所示。在打开的"属性"面板中调整颜色的参数，如下中图所示。

步骤 04 再新建一个图层，按Ctrl+Alt+Shift+E组合键盖印图层。使用减淡工具涂亮人脸的高光部分，然后在Photoshop的菜单栏中执行"滤镜>锐化>USM锐化"命令，如下右图所示。在打开的"USM锐化"对话框中，根据需求调整相关参数的数值。

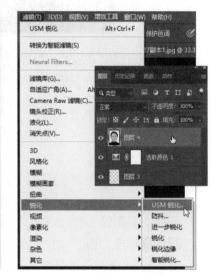

（4）其他的肤色调整方法

在实际运用中，我们要根据在不同光线和色温下呈现出的肤色，做出不同程度的调整。除了上述中的调整"曲线"和"可选颜色"，还有几种常用的调整肤色的方法。

- **使用色彩平衡功能调整肤色：** 在Photoshop菜单栏中选择"图像>调整>色彩平衡"命令。在打开的"色彩平衡"对话框中，可以选择"阴影""中间调"或"高光"单选按钮，并调整红、黄、绿、青、蓝、洋红等颜色的比例。通过调整这些颜色，可以改变肤色的整体色调和饱和度。
- **使用替换颜色功能调整肤色：** 在Photoshop菜单栏中选择"图像>调整>替换颜色"命令，打开"替换颜色"对话框。在照片中吸取要调整的肤色区域的颜色，调整选区内的肤色色彩容差和饱和度，以达到满意的肤色效果。
- **使用"色相/饱和度"工具：** 在Photoshop菜单栏中选择"图像>调整>色相/饱和度"命令。在打开的"色相/饱和度"对话框中可以对"红色""黄色""绿色"以及"全图"等分别调整色相、饱和度和明度。合理控制色相、饱和度、明度可以调出干净红润的肤色。

提示：进行肤色调整时的注意事项

每个人的肤色都是独特的，因此在进行肤色调整时，需要根据照片的具体情况和个人审美进行调整。同时，建议在进行任何重大调整之前先备份原始照片，以防意外。

扫码看视频

7.2.2　静物照片处理

　　静物摄影是摄影艺术的一个重要领域，通过捕捉和展现静态物品的形象和特质，以及通过构图、光影和色彩等元素的运用，可以呈现出独特的审美效果。

　　静物摄影可以包括各种物品，如食物、器物、花卉，以及摆设、布景和静态的自然景物等。静物摄影的主要特点是通过摄影师的构图和处理方式，将物品作为主要对象进行展示和表达，突出物品的特性和美感。本节将以花卉拍摄及其后期处理为例，进行静物照片处理的说明。

　　在处理花卉作品时，主要目的是突出花卉的美丽和细节。大致可以从以下几个方面入手。

（1）基础调整

　　打开花朵照片，如下左图所示。在Photoshop菜单栏中执行"滤镜>Camera Raw滤镜"命令，在打开的对话框中调整照片整体的曝光、对比度和自然饱和度等参数，如下中图所示。调整后的花卉色彩更加鲜艳，细节更加突出，效果如下右图所示。

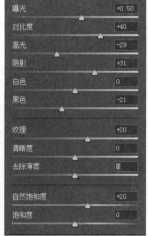

（2）色彩增强

　　利用色彩调整工具调整花卉的颜色，使其更加鲜艳或符合特定的色调要求。在"Camera Raw"对话框中先设置"清晰度"为+5、"自然饱和度"为+8、"饱和度"为+2。然后展开"混色器"选项区域，通过调整特定颜色的色彩三要素（色相、饱和度和明亮度），以强调或减弱特定颜色的表现。参数设置如下三图所示。

照片色彩调整的前后对比效果如下两图所示。

（3）锐化与细节增强

　　有时我们也可以利用锐化工具来增强花卉的边缘和纹理，使其更加清晰和立体。在"Camera Raw"对话框的"细节"和"基本"选项区域中设置相关参数，如下两图所示。调整后再放大照片，使用修复工具去除灰尘、瑕疵或其他不需要的细节。

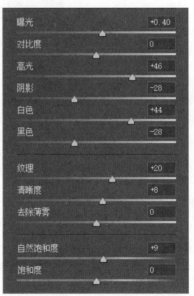

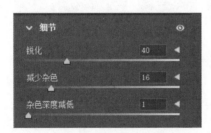

照片锐化和细节参数调整的前后对比效果如下两图所示。

（4）背景处理

如果拍摄时的背景效果不够理想，如下左图所示。后期可以通过裁剪、模糊或更换背景等操作对背景进行处理，以突出花卉本身。还可以通过调整背景的亮度和对比度，使花卉在照片中更加突出，效果如下右图所示。

另外，我们还可以通过调整光影效果、创意处理等手段来达到想要的效果，所以在进行后期处理时，需要根据实际情况灵活调整。同时，不断学习和尝试新的处理技巧和方法也是非常重要的，有助于我们不断提升自己的照片处理能力。

7.2.3　创意照片处理

创意照片处理是一个充满无限可能的过程，通过运用各种工具和技巧，可以将普通的照片转化为充满艺术感和创意的作品。本节将介绍制作具有丁达尔光线效果的照片的方法。

扫码看视频

丁达尔光，也称为耶稣光，是一种独特的光线现象，通常发生在光线透过如云、雾、烟尘等的情况下，是由微小的灰尘或液滴分散在空气中形成的。当光线穿过这些胶体时，会形成一条明亮的通路，我们称之为丁达尔现象或丁达尔效应，如下图所示。

下面将尝试制作这种光照效果，步骤如下。

步骤 01 打开素材照片，执行Photoshop菜单栏中的"选择>色彩范围"命令，打开"色彩范围"对话框，单击"选择"下拉按钮，选择"高光"选项，适当调整"颜色容差"和"范围"值，然后单击"确定"按钮，如下页左图所示。

步骤 02 选择套索工具，按住Alt键选取多余部分，即选取图中蓝色椭圆内的选区，然后按下Ctrl+J组合键复制选区的内容，如下页右图所示。

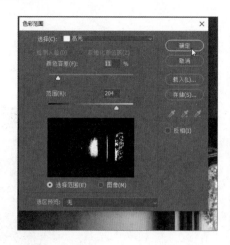
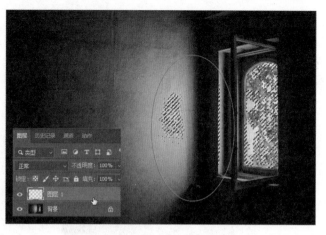

步骤 03 在Photoshop菜单栏中执行"滤镜>模糊>径向模糊"命令，在打开的"径向模糊"对话框中设置"数量"值为100，在"模糊方法"区域选择"缩放"单选按钮，根据素材选择光源方向，如下左图所示。确认操作后可以看到照片中出现了光线，接着按Ctrl+T组合键调整控制点进行局部放大，并调整窗户的位置，如下右图所示。

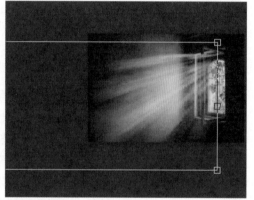

步骤 04 再次打开"径向模糊"对话框，在"品质"区域选择"最好"单选按钮，单击"确定"按钮，如下左图所示。如果觉得效果不够理想，可以再复制一次图层，如下右图所示。

步骤 05 选中复制的两个图层，单击"图层"面板下方的"创建新组"按钮创建一个组，如下页左图所示。单击"图层"面板下方的"添加图层蒙版"按钮添加蒙版，如下页中图所示。选择画笔工具，设置前景色为黑色，擦除多余部分，效果如下页右图所示。这样，我们就得到了一张具有丁达尔光效的照片。

步骤 06 以上只是简单的设置方法，我们可以根据自己的喜好做更多的尝试。例如，可以利用"滤镜"命令在这个效果的基础上继续添加烟雾的效果。首先创建一个新图层，如下左图所示。在Photo-shop的菜单栏中执行"滤镜>渲染>云彩"命令，在"图层"面板中设置图层的混合模式为"柔光"，并根据实际效果调整"不透明度"值，如下右图所示。

步骤 07 添加烟雾前后的照片对比效果如下两图所示。

后期处理是摄影作品完善与提升的关键环节，涉及对原始照片的精细调整与优化，以呈现出更出色的视觉效果。通过后期处理，我们可以修正拍摄时的不足，强化主题表达，并赋予作品独特的风格和氛围。在进行后期处理时，不仅需要耐心和细心，还要不断进行尝试和调整，以达到最佳效果。

知识延伸：Photoshop滤镜的应用

Photoshop滤镜在照片处理中起着至关重要的作用，这些滤镜可以实现各种特殊效果，从而增强照片的表现力和艺术性。滤镜的应用范围广泛，包括色彩调整、风格化、模糊与锐化等多个方面。

首先，色彩调整滤镜可以改变照片的颜色和色调。例如，使用"色相/饱和度"滤镜可以调整照片中特定颜色的饱和度，从而改变整体色调。同时，"曲线"滤镜也可以用于调整照片的色调，使照片呈现出不同的氛围和风格。

其次，风格化滤镜则可以为照片添加特殊的视觉效果。比如，"风"滤镜可以模拟风吹过的效果，使照片呈现出动态和活力。"波纹"滤镜则可以产生水面波纹的效果，为照片增添梦幻般的感觉。上一节中用到的"云彩"滤镜，可以产生烟雾的效果。

此外，模糊滤镜与锐化滤镜也是Photoshop中常用的滤镜。模糊滤镜可以使照片变得模糊，从而强调照片的某些部分或隐藏细节。例如，高斯模糊滤镜可以根据调整强度来实现不同程度的模糊效果。相反，锐化滤镜则可以使照片变得更清晰，突出照片的细节和边缘。而智能锐化滤镜是一种能够智能识别照片边缘并进行锐化的工具。

除了以上几种类型的滤镜，Photoshop还提供了许多其他类型的滤镜，如"扭曲"滤镜可以产生变形效果，"杂色"滤镜可以添加或减少照片中的噪点等。这些滤镜都可以根据需要进行调整和应用，以实现各种不同的效果。

在使用Photoshop滤镜时，只需从菜单中选择相应的滤镜命令即可。每个滤镜都有其独特的参数和设置选项，我们可以根据需要进行调整。同时，Photoshop还支持使用第三方滤镜插件，这些插件通常具有更强大的功能和更多的选项，可以进一步扩展Photoshop的应用范围。

总之，Photoshop滤镜是照片处理中不可或缺的工具之一。通过熟练掌握和应用各种滤镜，我们可以轻松实现各种创意和视觉效果，提升照片的质量和表现力。

 操作实训：使用鲜艳的色调表现鹦鹉的立体感

本实训的目标是通过后期处理，使用鲜艳的色调来增强照片中鹦鹉的立体感，使鹦鹉更加生动、饱满，并突出其在照片中的主体地位。具体操作步骤如下。

（1）打开并分析图像

首先，打开并观察照片，确定鹦鹉的主体位置以及需要增强的细节部分，如羽毛的层次感、眼睛的光泽度等。如右图所示。

（2）调整整体色彩

使用色彩调整工具，例如，"色相""饱和度"等，增加鹦鹉羽毛的鲜艳度。要着重处理蓝色和绿色等鹦鹉羽毛的主要颜色，使它们更加鲜明。调整色彩后的效果如右图所示。

（3）加强立体感

适当增加照片的对比度，使鹦鹉的轮廓更加分明。利用"阴影/高光"工具，可以增强鹦鹉的立体感，突出其羽毛的层次感和质感。照片使用"阴影/高光"工具的前后对比效果如下两图所示。

（4）增强局部色彩

根据需要，在鹦鹉的羽毛上涂抹一些鲜艳的颜色，或单独对某种色彩进行调整，以增加其色彩的丰富性和深度。同时要注意保持色彩的协调性，避免过于突兀，照片增强局部色彩的前后对比效果如下两图所示。

（5）锐化细节

最后，使用"锐化"滤镜增强鹦鹉的眼睛、喙部和羽毛的细节，使其更加清晰、立体。照片锐化前后的对比效果如下两图所示。

通过本次实训，我们学习了如何使用鲜艳的色调来表现鹦鹉的立体感。在处理过程中，需要注意色彩的协调性和自然性，避免过于突兀或夸张的效果。同时，锐化细节和添加光影效果也是增强立体感的重要手段。通过不断的实践和调整，我们可以逐渐掌握这一技巧，为照片增添更多的生动性和活力。

 课后练习

一、选择题

（1）在进行照片后期处理时，如果希望增强照片中物体的轮廓和细节，应该使用（　　）。

    A. 模糊工具　　　　　　　　　　B. 锐化工具

    C. 色彩平衡工具　　　　　　　　D. 渐变工具

（2）若要调整照片的整体明暗度，应该调整（　　）。

    A. 饱和度　　　　　　　　　　　B. 对比度

    C. 亮度　　　　　　　　　　　　D. 色相

（3）如果一个照片文件的分辨率被提高，那么（　　）。

    A. 照片文件大小不变　　　　　　B. 照片尺寸会变小

    C. 照片质量可能会提高　　　　　D. 处理速度会更快

二、填空题

（1）在使用Photoshop对照片进行调整时，通过调整_____，可以突出照片中明暗区域的差异表现。

（2）通过_____工具，可以裁剪照片以改变其构图或去除多余部分。

（3）照片的存储格式通常有两种，如果我们希望有更大的后期调整空间，则可以选择未经压缩的_____格式来进行拍摄。

第二部分
综合案例篇

摄影的意义在于能够通过独特的视觉语言来记录生活、表达情感、展现美感、传递信息和观点。摄影不仅是一种艺术表现形式，也是人们认识世界、理解生活的重要工具。因此，我们应该珍视摄影这一艺术形式，积极探索其更多的可能性和价值。本篇我们将从人像摄影和旅游摄影两个方面对摄影的不同表现方式进行介绍。

▌第8章 人像摄影　　　　　　　　　▌第9章 旅游摄影

📷 第8章 人像摄影

本章概述

　　人像摄影是将静态或动态人物作为被摄体，着重描绘其外貌和精神面貌，从而直接表现人的一种摄影方式。本章将详细介绍人像摄影的要点以及人物摄影的选材与分类。

核心知识点

❶ 了解人像摄影的景别
❷ 人物摄影的拍摄方式
❸ 人物摄影的造型与神态
❹ 人物摄影的分类

8.1　人像摄影概述

　　从摄影艺术诞生至今，人像摄影题材就一直是摄影艺术中常拍的题材。但严格意义上来讲，并不是所有将"人"作为被摄体的题材都称作人像摄影。人像摄影更多是利用光线、构图等专业知识表现人物的相貌、神态与姿态，例如肖像类、黑白人像类、人体艺术摄影等。而人物摄影，从广义上来说，一切以人为拍摄对象、反映人类生活内容的摄影，都可以称为人物摄影。

　　凡是内容涉及人物、以人物为主体的各种题材，都属于人物摄影的范畴。人物摄影的题材广泛多样，包括人像、亲朋欢聚、婚寿礼仪、童年纪实、校园动态、旅游揽胜、时装穿戴、舞台演出、体育活动、工作现场、佳节盛会、社会新闻等。

　　而在人像摄影中，成功的关键在于"形神兼备"，即既要捕捉人物的外貌特征，又要表现其内在的精神世界。摄影师需要运用各种摄影技巧和艺术手法，如虚化背景、选择简单的背景、制造前景、利用构图等，来突出人物，增强照片的层次感和艺术感。

　　此外，人像摄影器材的选择也至关重要。摄影师需要选择适合的相机、镜头、反光板、灯光等器材，以确保拍摄出高质量的人像作品。同时，后期处理也是人像摄影中不可或缺的一环。

8.1.1　人像摄影的景别

　　在人像摄影中，景别是一个重要的概念，主要指由于摄距和焦距不同，而造成被摄体在画面中所呈现出的范围大小的区别。一般来说，景别的划分可以分为6种，由近至远分别为特写、三分身、半身、七分身、全身和远景。

（1）特写

　　在人像摄影中，特写是一种重要的拍摄手法，主要聚焦于人物的某个局部，如面部、眼睛等，以突出表现这些部位的细节和特征。通过特写，摄影师能够深入揭示人物的内心世界，传达出强烈的情感和故事感。

　　面部特写是人像摄影中最常见的特写方式之一。面部特写通过捕捉人物的面部表情、眼神和肌肤质感等细节，展现出人物的喜怒哀乐和个性特点，如右图所示。

眼睛特写则更侧重于展现人物的眼神和情感。眼睛是心灵的窗户，通过特写镜头，摄影师可以捕捉人物眼神中的微妙变化，如闪烁的泪光、深邃的目光等，从而传达出人物内心的喜悦、悲伤、期待等复杂情感，如下左图所示。

局部特写也是人像摄影中常用的一种手法，这种拍摄手法往往能够反映出人物当时特有的状态。通过特写镜头，摄影师可以捕捉局部的纹理和细节，展现出人物细腻的情感和独特的个性，如下右图所示。

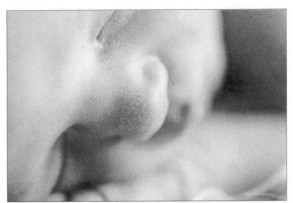

除了以上提到的几种特写方式，还有诸如手脚部、耳部等部位的特写，都可以根据拍摄主题和人物特点进行选择和运用。而一些特定场景的特写镜头往往更加具备叙事性，如右图所示。

在拍摄特写时，摄影师还需要注意光线和构图的运用。适当的光线能够突出人物部位的轮廓和细节，营造出立体感；而巧妙的构图则能够突出特写部位的重要性，使画面更加引人入胜。

（2）三分身

三分身在人像摄影中也是一种特定的构图方式，通常指的是将人物拍摄至肩部稍微往下的位置，有时也会包含部分手臂，类似常说的"大头照"。这种拍摄方式可以突出人物的面部特征和表情，让观众更加关注人物的情感和神态，如下左图所示。

三分身拍摄是人像摄影中常用的手法之一，适用于多种场景和主题，如人像写真等。在选择拍摄角度的同时，还要注意光线、背景、构图、色彩等因素的配合，以确保拍摄出高质量的照片。不同的拍摄角度和构图方式能够呈现出不同的视觉效果和情感表达，如下右图所示因此摄影师在拍摄时应该根据具体的情况进行选择和调整。

（3）半身

在人像摄影中，半身照拍摄主要指的是拍摄人物从头部到腰部的部分，能够同时展现人物的面部表情和上半身的姿态。半身照拍摄的重点在于捕捉人物的上半身特征，特别是面部表情和手势，以及上半身的轮廓和服装细节。这种拍摄方式有助于凸显人物的气质和个性，同时能够传达出人物的情感和状态。如下左图所示。

在拍摄半身照时，摄影师需要注意以下几点。

首先，要选择合适的背景和环境，以突出人物的形象和情感。背景应该简洁明了，避免与人物形成冲突或分散观众的注意力。

其次，要控制好光线和曝光，确保人物面部和上半身的细节得以清晰展现。可以利用自然光或人工光源，创造出适合人物和主题的光线效果。

此外，要将人物放在画面的合适位置，利用黄金分割等构图技巧，使画面更加和谐美观。

最后，摄影师还需要注意人物的表情和动作。要引导人物展现出自然、真实的表情，同时捕捉上半身的动态和姿态，以展现人物的个性和情感。

总之，半身照拍摄是人像摄影中一种重要的拍摄方式，能够展现人物的上半身特征和情感。通过选择合适的背景、控制好光线和曝光、精心构图以及捕捉人物的表情和动作，才可以创作出高质量的半身照作品。

（4）七分身

七分身拍摄通常指的是拍摄人物从头部到膝盖稍上的部位，这种拍摄方式能够完整地展现人物的上半身以及部分腿部，从而更全面地呈现人物的姿态和身材比例，如下右图所示。

在拍摄七分身的照片时，摄影师需要注意画面的构图。一般来说，将画面裁切在臀部以下、膝盖以上的位置比较合适，这样既能够展示人物的腰部线条，又能够避免画面过于拥挤。同时，要注意避免裁切点过于靠近膝盖或大腿根部，以免造成人物腿短或身材不协调的视觉感受。

> **提示：人像拍摄构图的注意事项**
>
> 不单是七分身拍摄，使用所有的景别拍摄时都应尽量避免裁切关节的位置，如膝关节、肘关节、腕关节等。构图时从关节处裁切，往往会给人一种交代不清，甚至人物被截肢的错觉，且会影响美感。

（5）全身

全身拍摄在人像摄影中指的是将人物从头部到脚部完整地呈现在画面中，这种拍摄方式能够全面地展示人物的身材、姿态和着装，从而更好地展现人物的整体形象和气质。根据不同的拍摄预期以及场景的选

择，全身拍摄在人像摄影中因为其独特的特点和魅力而经常被摄影师使用。

首先，全身拍摄不仅能够完整地展现人物的身材、姿态和着装，还能为观众提供全面的视觉体验。通过捕捉人物的全身形象，观众可以更加深入地了解人物的整体形象，如下左图所示。

其次，在进行全身拍摄时，需要精心选择背景，确保与人物的气质和主题相契合。同时也要避免背景过于复杂或杂乱，以免分散观众的注意力。

此外，进行全身拍摄时，光线的运用也尤为重要。合适的光线能够突出人物的轮廓和细节，使画面更加立体和生动。

最后，全身拍摄还能够展现人物与环境的互动关系。通过将人物置于特定的场景中，摄影师可以营造出不同的氛围和情感，使照片更具故事性和情感表达力。这种拍摄方式能够突出人物在特定环境中的形象和气质，使观众更容易产生共鸣和情感投射，如下右图所示。

综上所述，全身拍摄具有展现人物整体形象、强调人物与背景的结合、注重光线运用以及展现人物与环境互动关系等特点。

（6）远景

远景拍摄人像时，摄影师需要将人物置于广阔的环境中，展现人物与环境的融合。这种拍摄方式不仅突出了人物，还通过背景环境传达了特定的情感和氛围。

在构图上，远景拍摄需要特别注意人物在画面中的位置和比例。人物通常应该位于画面的中心或遵循三分法原则，以确保画面的平衡和和谐。同时，人物与环境的比例也要协调，避免人物显得过于渺小或环境过于拥挤。光线和色彩的运用对于远景人像的拍摄也至关重要，摄影师可以利用自然光或人工光源营造不同的氛围和情感。

例如，在黄昏或清晨拍摄，可以利用柔和的光线突出人物的轮廓和细节；而在阳光明媚的日子，可以利用强烈的光线打造鲜明的对比效果。此外，色彩的选择也要与主题和氛围相匹配，营造出统一和谐的视觉效果。在技巧方面，摄影师可以利用逆光剪影来突出人物的轮廓和形态，创造出独特的视觉效果，如下页右图所示。

除了上述的基本拍摄技巧，摄影师还需要注意人物与环境的互动关系。通过引导人物在环境中进行自

然的活动或摆出特定的姿势,可以更好地展现人物
与环境的融合,使画面更具故事性和情感表达力。

　　总之,远景拍摄人像需要摄影师具备丰富的构
图技巧、光线和色彩的运用能力,以及敏锐的观察
力和想象力。通过合理的构图、光线和色彩的运用
以及人物与环境的融合,摄影师可以创作出具有深
刻内涵和独特魅力的远景人像作品。

8.1.2　人像摄影的特点

　　人像摄影旨在展现人物的特点、情感和故事。通过捕捉人物的表情、动作和姿态,人像摄影能够揭示
人物的内心世界,并传递情感和思想。人像摄影不仅是记录人物外貌的一种方式,更是表现人物性格和个
性的重要手段。人像摄影有助于我们更好地理解和感受他人的情感,增进人与人之间的情感联系。人像摄
影的特点主要体现在以下几个方面。

(1)突出人物主体

　　人像摄影的核心在于展现人物,无论是通过捕捉微妙的表情、刻画独特的个性,还是展现人物在特定
环境下的状态,都是以人物为中心。摄影师要通过
构图、光线和拍摄角度等手段,确保人物成为照片
的绝对主角,如右图所示。

(2)多样化的拍摄风格

　　人像摄影可以根据不同的主题和需求,采用多
种拍摄风格。例如,时尚人像摄影注重色彩和构图
的搭配,追求个性化和艺术感,如下左图所示。写
真人像摄影则更注重在自然环境中表达人物的情感
和内心世界,如下右图所示。

(3)精细的技术要求

　　人像摄影对摄影技术的要求较高,包括合适的曝光、准确的对焦、自然的光线运用等。此外,摄影师
还需要掌握一定的构图技巧,如黄金分割法、框架构图等,以营造出更具美感的画面,如下页左图所示。

（4）情感与故事的传达

人像摄影为摄影师提供了广阔的创作空间。摄影师可以根据自己的审美和创意，结合被摄人物的特点和需求，创作出独具特色的作品。这种个性化的创作使得人像摄影具有很高的艺术价值。如下右图所示。

综上所述，人像摄影的特点在于突出人物主体、多样化的拍摄风格、精细的技术要求、情感与故事的传达以及个性化的创作空间。这些特点使得人像摄影成为深受人们喜爱的摄影形式。

8.1.3 人像摄影的拍摄方式

人像摄影的拍摄方式多种多样，每种方式都有其独特的艺术魅力和表达效果。以下是一些常见的人像摄影方式。

（1）自然光人像摄影

自然光人像摄影利用自然光进行拍摄，如日出、日落或黄金时段的柔和光线，能够营造出温暖、自然的氛围。摄影师需要观察并选择合适的光线角度和强度，以突显人物的皮肤质感或情绪表达。自然光人像摄影的效果如下左图所示。

（2）环境人像摄影

环境人像摄影将人物与周围环境相结合，通过背景、道具等元素，营造出特定的故事氛围或情感表达。这种方式要求摄影师具备较高的构图和审美能力，以创造出既有深度又有感染力的作品。环境人像摄影的效果如下右图所示。

（3）黑白人像摄影

黑白人像摄影通过黑白影调突出人物的形态、线条和表情，去除色彩的干扰，使观众更加专注于人物的情感和故事。黑白人像摄影需要摄影师掌握影调的层次感和对比度，以呈现出最佳的艺术效果。黑白人

像摄影的效果如下左图所示。

（4）特写人像摄影

特写人像摄影主要关注人物的面部特征和表情，通过近距离的拍摄和精心的构图，展现人物的内心世界和情感状态。特写人像摄影需要摄影师具备敏锐的观察力和表现力，以捕捉人物微妙的情绪变化。特写人像摄影的效果如下右图所示。

（5）动态人像摄影

动态人像摄影捕捉人物在运动时的瞬间，能展现其活力和动感。这需要摄影师具备较快的反应速度和预判能力，以确保在关键时刻捕捉到最佳的画面。动态人像摄影的效果如下两图所示。

（6）创意人像摄影

创意人像摄影是通过特殊的拍摄手法、后期处理或道具使用，创造出独特、有趣或具有艺术感的人像作品。这种方式需要摄影师具备创新思维和实验精神，不断尝试新的拍摄方式和表现手法。创意人像摄影的效果如右图所示。

除了以上几种方式外，还有诸如剪影人像、夜景人像等多种人像摄影方式，每种方式都有其独特的魅力和应用场景。摄影师可以根据自己的喜好和创作需求，选择适合自己的方式进行拍摄。同时，还要不断学习和实践，以提升人像摄影能力。

8.2　人物的造型和神态

在拍摄人像时，"神形兼备"是摄影师们要努力达到的境界。这意味着不仅要在视觉上捕捉人物的造型美，更要透过镜头展现其内在的神韵和情感。人物造型和神态的选择与塑造会直接影响照片的风格和氛围。不同的造型和神态可以营造出不同的氛围和情感，如复古、时尚、自然、清新等。摄影师可以根据拍摄主题和需求，调整人物的造型和神态，塑造出符合要求的照片风格和氛围。

8.2.1　人物的造型与姿势——形的捕捉

"形"指的是人物的外在形象，包括服装、发型、妆容、美姿等。在拍摄时，摄影师需要根据被摄者的特点、气质以及拍摄主题来精心设计和打造造型。服装的选择要与人物的身份、性格和场景相匹配，发型和妆容要突出人物的特色，而体态和姿势则需要根据被摄者的特点进行恰当调整和引导，以展现其最佳的一面。一个成功的造型，需要与模特的气质、拍摄主题以及场景氛围相协调，如下两图所示。

姿势则是人像摄影中另一个不可忽视的要素。一个自然、生动的姿势，能够让模特在镜头前更加放松，展现出更好的状态。同时，姿势的选择也需要根据拍摄主题和场景进行调整。例如，在拍摄运动主题的人像时，模特的姿势会更加动态，展现出活力和力量，如下左图所示。而在静谧的环境中，模特的姿势则会更加柔和、自然，与周围的环境形成和谐的呼应，如下右图所示。

在人像摄影中，造型与姿势的协调统一是至关重要的。一个成功的造型，需要配合合适的姿势来展现；同样，一个生动的姿势，也需要有相应的造型来衬托。通过精心的设计和调整，摄影师才可以创造出具有强烈视觉冲击力和情感表达力的人像作品。

8.2.2 人物的神态与个性——神的传达

"神"则是指人物内在的精神状态和情感表达。在拍摄人像时，摄影师需要通过观察、沟通和引导，捕捉被摄者最自然、最生动的神态，其中包括面部表情的微妙变化、眼神的明亮与深邃、肢体动作的流畅与节奏等。通过镜头，摄影师要能够传达出被摄者的内心世界，让观众感受到其情感的变化和精神的内涵。

人物的神态与个性在摄影作品中是紧密相连的，它们共同构建了一个立体、鲜活的形象。神态是人物内心情感的外在表现，而个性则是人物独特的思维、情感和行为方式的总和。在摄影中，通过捕捉人物的神态，可以揭示其个性特征，从而使作品更具深度和内涵。

神态是人物情感的瞬间体现，可以是一个微笑、一个眼神、一个细微的面部表情或肢体动作。神态不仅能传达人物的情感状态，还可以揭示他们的内心世界。例如，一个开朗的人可能展现出昂首挺胸、喜笑颜开的神态，如下左图所示。而一个害羞的人则可能表现出低头垂眼的样子，如下右图所示。通过捕捉这些神态，摄影师能够生动地展现人物的个性特点。

个性则是人物在长期生活经历中形成的独特品质，可以表现为一个人的性格特点、兴趣爱好、价值观等方面。在摄影中，通过展现人物的个性，可以使作品更具辨识度和吸引力。例如，若要突出一个人的活泼开朗，可能会选择让模特穿着鲜艳的衣服、摆出夸张的姿势和表情，甚至通过焦段的变化来增加人物摄影的趣味性，如下左图所示。而要拍一个沉稳内敛的人，则可能更倾向于让模特穿着素雅、姿态自然，通过表情来突出内心的情感，如下右图所示。

同时，神态与个性在摄影作品中是相互作用的。神态是个性的外在表现，而个性则是神态的内在驱动力。一个人的神态可能会随着其个性的变化而发生改变，而个性的展现也会通过神态得到强化。因此，在拍摄人像时，摄影师需要注重神态与个性的结合，通过捕捉人物的神态来展现其个性特征，从而使作品更具深度和内涵。

总之，人物的神态与个性在摄影作品中是密不可分的。通过捕捉人物的神态来展现其个性特征，可以使作品更具艺术感染力和情感共鸣。

8.2.3 人像摄影的注意事项

在进行人像摄影时，有几个关键的注意事项需要牢记，以确保照片的质量和表现力。

（1）选择合适的背景和环境

背景应该与被摄者的服装和形象相匹配，避免背景杂乱或与被摄者冲突。同时，还要考虑环境的光线。光线对照片的质量和氛围有着重要影响，早晨或傍晚的柔和光线适合拍摄人像，如下左图所示。而晴天和阴雨天则能营造出不同的氛围。

（2）人物造型和神态的塑造

根据拍摄主题和人物特点，设计合适的服装、发型和妆容。同时，注重人物神态的捕捉，一个生动的神态能够展现人物的内心世界和情感状态。通过与被摄者沟通，引导其展现出最自然、最生动的一面，如下右图所示。

（3）构图和拍摄技巧

选择合适的构图以及拍摄方式，如黄金分割构图、虚化背景、纯色背景等，可以突出人物，增强照片的艺术感。同时，运用合适的镜头和焦距，控制景深，能使人像更加突出和清晰，效果如下左图所示。

（4）后期处理

适度的后期处理可以提高照片的质量和效果，除非有明确的创作意图，否则应避免过度修饰。可以通过调整色彩、对比度、锐度等参数，使照片达到预期效果，效果如下右图所示。

> **提示：对焦的选择**
>
> 在人像摄影中，我们通常对焦在人物的眼睛或脸部，因为眼睛是心灵的窗户，能够传达人物的情感和神态。通过对焦在眼睛或脸部，可以确保照片的清晰度最高，并突出人物的特点。当然，若有其他特殊的创作需求，也可以选择将焦点放在其他想要突出的部位上。

8.3 人像摄影的选材与分类

人像摄影的选材极为丰富，涵盖了从日常生活到特殊场合的各种场景和人物类型。

8.3.1 日常生活人像

日常生活人像摄影主要关注的是日常生活中的人物和场景，强调真实、自然和生动。无论是家庭生活的温馨瞬间，还是社会事件的精彩片段，都能够通过镜头捕捉并展现出来。

此类作品不仅具有真实性，展示了人们的生活状态，还具有一定的艺术欣赏价值。日常生活人像能够引起观众的共鸣，传递出温暖和感动，同时，也可以体现摄影师对生活的热爱和关注。通过他们的镜头，我们能够更深入地了解和感受生活的美好。以下是一些大致的人像摄影选材方向。

（1）日常生活场景

捕捉人们在日常生活中的自然状态，如家庭聚餐、朋友聚会、休闲活动等。这些场景能够展现人物的真实情感和日常生活状态，使照片更具生活气息，如右图所示。

（2）不同的职业与身份

关注不同职业和身份的人物，如医生、教师、艺术家、运动员等。通过展现他们的工作环境和职业特点，可以揭示不同职业人群的魅力和精神风貌，如下两图所示。

（3）特殊时刻与事件

记录人生中的重要时刻和特殊事件，如毕业典礼、生日派对等。这些场合往往伴随着人们的喜悦、感动和期待，能够捕捉到人物深刻的情感表达，如下左图所示。

（4）人物与环境互动

关注人物与周围环境的互动关系，如人物在自然景观中的活动、人物在城市街头的行走等。这些场景能够展现出人物与环境的和谐共生，为照片增添更多层次和内涵，如下右图所示。

8.3.2 商业人像

商业人像摄影是一个广泛而多样的领域，涵盖了多种分类，每种分类都有其独特的特点和应用场景。以下是一些主要的商业人像摄影分类：

（1）按用途分类

按用途分类，商业人像摄影大致可以分为婚礼摄影、写真人像、广告人像摄影、纪实摄影等。

❶ 婚礼摄影： 婚礼摄影是商业人像摄影中非常受欢迎的一种，主要关注婚礼当天的美丽瞬间，通过捕捉新娘和新郎的幸福时刻，为新人留下永恒的回忆。婚礼摄影结合了艺术与技术，需要摄影师具备高超的摄影技巧和敏锐的洞察力，效果如下左图所示。

❷ 写真人像： 这种摄影主要关注人物的特质和个性。通过精心的构图和光影处理，摄影师能够突出人物的特质，塑造鲜明的个体形象，效果如下右图所示。

❸ 广告人像摄影： 这是商业人像摄影中最为常见的一种，它的主要目的是展示产品或服务，通过模特的演绎吸引客户的注意。这种摄影涉及的范围广泛，包括食品、服装、化妆品、汽车和电子产品等，效果如下左图所示。摄影师需要具备创意、技术和敏锐的洞察力，以捕捉产品的最佳形象并展示其优势。

❹ 纪实摄影： 主要记录人物在特定环境或事件中的真实状态，强调真实性和客观性，效果如下右图所示。

（2）按特征分类

按特征分类，大致可以分为老人、男性、女性和儿童等。

❶ 老人摄影： 老人摄影是摄影艺术的一个重要分支，专注于捕捉老年人的形象、情感和生活状态，不仅是记录老年人生活的一种方式，也是展现他们丰富人生阅历和内在精神风貌的媒介。需要注意的是，摄

影师在拍摄老年人时，需要尊重他们的意愿和感受，与他们建立良好的沟通和互动关系，让他们感到舒适和放松，这样才能拍出更加自然、真实的照片，效果如下图所示。

❷ **男性摄影与女性摄影**：与写真拍摄手法类似，需分别关注男性和女性形象的塑造，展现他们的性别特征和魅力。如下两图所示。

❸ **儿童摄影**：儿童摄影是以儿童为拍摄主体，用图像的方式进行记录的艺术行为，不仅是捕捉孩子们美好瞬间的手段，更是记录他们成长、展现童真与活力的方式，效果如右图所示。

此外，还有一些特殊类型的人像摄影。

● **环境人像**：将人物置于特定的环境中，通过环境来衬托人物的特点和情感。

● **概念人像**：通过创意构思和道具辅助，实现某种特定的画面效果，传达特定的主题或情感。

● **时尚人像**：注重时尚感和艺术感的塑造，通常选用时装、化妆、发型等元素打造具有个性的画面。

这些分类并不是绝对的，实际拍摄中往往会根据具体需求和创作意图进行灵活调整。同时，随着摄影技术和艺术观念的发展，人像摄影的分类也会不断丰富和演变。

第9章 旅游摄影

本章概述

    旅游摄影是旅行与摄影两个不同领域的结合。旅游摄影主要是通过摄影的方式，记录旅行途中的各种风景、建筑、人物和文化等元素，以图像的形式展现并传达旅行者的独特感受、体验和观察。

核心知识点

❶ 了解旅游摄影拍摄的特点
❷ 熟悉旅游摄影的准备工作
❸ 掌握旅游摄影的选材

9.1 旅游摄影概述

    旅游摄影，作为旅行与摄影的交融，是一种独特的摄影形式。旅游摄影不仅是对旅行中所见风景的单纯记录，更是旅行体验、文化感受和个人情感的一种深度表达。

    在旅游摄影中，摄影师通过镜头捕捉旅途中的风景、人文、生活等多个方面，用图像的方式将旅行者的感受、体验和观察传达给观众。这种摄影形式既具有纪实性，能够真实地记录旅行途中的各种元素，同时也具有艺术性，能够通过构图、光线、色彩等摄影语言，将旅行的美好瞬间定格成永恒，如下图所示。

    旅游摄影中，若是以人为拍摄目标，则要讲究人景并重，即在拍摄过程中，既要充分展现景物的美感和特征，又要注重人物形象的生动和自然。这要求摄影师在拍摄时，能够巧妙地将人物与景物相结合，使两者在照片中融合，从而传达出旅行中的故事和情感，如下两图所示。

　　此外，旅游摄影也是一种具有独特意义和价值的旅行方式，能够让旅行者在拍摄过程中更加深入地了解和感受当地的风土人情和特色景物，从而丰富自己的旅行体验。同时，通过分享旅游摄影作品，旅行者还可以与更多的人分享自己的旅行故事和感受，促进交流与传播。如下两图所示。

　　最后，对于旅行者来说，旅途中的一切都是一个全新的世界，都能使人产生拍摄的冲动，如旅途当中的路程、美食、名胜古迹、酒店陈设等，如下两图所示。

9.1.1　旅游摄影的特点

　　和人像摄影一样，旅游摄影也有其独有的特点。首先，旅游摄影具有异地性特点，因为旅行者的足迹遍布各地，他们在不同的地方拍摄的风景、人物和文化元素都带有独特的地方印记。这种异地性使得旅游摄影作品具有多样性和新鲜感，能够吸引观众的目光。效果如下两图所示。

其次，旅游摄影的取材广泛。在旅行过程中，摄影师可以接触到各种事物，如自然风光、人文景观、民俗风情等，这为拍摄提供了丰富的素材。摄影师可以根据自己的兴趣和观察，选择有价值的拍摄对象，创作出独特而富有感染力的作品。效果如右图所示。

此外，旅游摄影还具有一定的专业性和技术性。摄影师需要掌握一定的摄影技巧，如构图、光线运用、曝光控制等，以确保拍摄出高质量的作品。同时，还需要对旅行地的文化和背景有所了解，以便更好地捕捉和表现当地的特色。效果如下两图所示。

9.1.2 旅游摄影的准备

旅游摄影是摄影的一个专门领域，专注于记录旅行途中的风景、人物和文化元素。旅游摄影不仅是简单地拍摄照片，更是一种通过镜头捕捉和诠释旅行体验的艺术形式。在旅游摄影中，摄影师会运用摄影技巧、构图原则和光线等手段，将旅行中的所见所闻转化为具有视觉冲击力和情感共鸣的照片。

通常我们的出门旅行，若不是以拍摄为主要目的，设备上就尽可能选择轻便的相机和焦段涵盖面比较多的镜头。也可以选择手机，现在很多手机都有很强的拍摄功能，甚至包含可以调整各种拍摄参数的专业模式，而且无论从成像、色彩还是分辨率方面，手机拍摄的效果都极好。不过最主要的原因是手机携带方便，外出游玩可以随手抓拍。用手机拍摄的照片效果如下两图所示。

　　而若是以拍摄创作作为主要目的的旅行摄影，准备工作将是综合且细致的过程，涉及摄影设备、附件、知识储备以及个人健康与安全等多个方面。以下是一些关键的准备步骤与建议。

　　首先，是摄影设备准备。

❶ **相机**：选择一台适合旅游摄影的相机，要考虑到便携性、电池续航和画质分辨率等因素。对于初学者，一款具有优秀自动模式和场景模式的相机是不错的选择；对于专业摄影师，则需要一台具有更多手动控制选项的相机，用以针对不同的环境来控制曝光。

❷ **镜头**：根据拍摄需求选择合适的镜头。广角镜头适合拍摄风景，效果如下左图所示。长焦镜头则适合捕捉远处的细节或动物特写，效果如下右图所示。如果条件允许，则可以考虑携带一枚变焦镜头，以便在旅途中灵活应对各种拍摄场景。

❸ **附件**：一些主要的配件包括三脚架、滤镜、存储卡、备用电池等。三脚架可以稳定相机，拍摄长时间的曝光或夜景；滤镜可以调整光线和色彩，提升照片质量；确保携带足够的存储卡和备用电池，以免在关键时刻因存储容量不足或电量耗尽而错过精彩瞬间。最后，根据拍摄环境选择相机保护套件。专业的摄影师出发拍摄时还会多准备一台备用相机，以应对各种状况。

　　然后，就是知识储备。

❶ **了解目的地**：提前研究目的地的地理、文化、历史背景等信息，以便更好地捕捉当地的特色。此外，出行当日拍摄地的天气、气温等也要提前熟知，这对拍摄效果来说至关重要。即便预报的是晴天，最好也准备防水套件和雨衣，以防万一。另外，如果是去一些人迹罕至的地区，建议随身携带定位设备，不仅能标注拍摄地点，也有利于自身安全。

❷ **掌握摄影技巧**：熟悉相机的基本操作、构图原则、光线运用等摄影技巧，以便在旅途中拍摄出更具艺术性的照片。

❸ **制订拍摄计划**：根据行程安排和目的地的特点制订详细的拍摄计划，包括拍摄时间、地点、角度等。这一点对于专业摄影师来说非常重要。例如，去某处拍摄前，要提前熟悉在几个拍摄地点之间的路程以及时间。另外，在清晨或傍晚，阳光转瞬即逝，因此，要尽可能地高效移动，多拍一些不同的镜头。在清晨的薄雾散去之后，快速变换角度和场景可以拍到一些其他的素材，如右图所示。

提示：时刻准备拍摄

前面的内容讲到了制订拍摄计划的重要性，但是在拍摄现场，随机应变也是非常重要的，不要被一张制订计划的纸所束缚。例如，在行走过程中，可以用"第三只眼"密切观察随时可能出现的美景，并快速拍摄下来，如右图所示。

再次，是个人健康和安全。

❶准备合适的服装和鞋子：根据目的地的气候和地形，选择适合的服装和鞋子，确保在旅途中能够舒适自如地移动。

❷携带必要的药品：准备一些常用的药品，如感冒药、止痛药、创可贴等，以应对可能出现的身体不适。

提示：注意安全

出发之前一定要了解当地的安全信息，注意规避盗窃、诈骗等风险。

最后，是其他注意事项。

❶备份照片：定期备份照片到电脑或云端存储，以防意外丢失。

❷尊重当地文化和习俗：在拍摄人文照片时，尊重当地的文化和习俗，避免引起不必要的冲突或误解。

综上所述，通过充分的准备工作，就可以在旅途中更好地捕捉和记录美丽的风景和难忘的经历，留下宝贵的回忆。

9.2 旅游摄影的选材

旅游摄影的选材是摄影创作过程中至关重要的一环，决定了作品的主题、风格和表现力。以下是关于旅游摄影选材的部分建议。

9.2.1 自然风光

自然风光是旅游摄影中最常见的选材之一。在拍摄自然风光时，可以关注以下几个方面。

（1）地貌特征

山川、湖泊、沙漠、草原等地貌特征都是极具吸引力的拍摄对象。通过捕捉这些自然元素的形态和色彩，可以展现大自然的壮丽与神奇。如下页左图所示。

（2）季节变化

不同季节的自然风光有着截然不同的风貌。春天的花朵盛开、夏天的绿意盎然、秋天的金黄满地、冬天的银装素裹，都为摄影提供了丰富的素材。如下页右图所示。

（3）光影效果

光线是摄影的灵魂，不同的光影效果可以营造出不同的氛围和视觉效果。例如，日出日落时的金色阳光、云雾缭绕的朦胧景色，以及极光的神秘梦幻等都是值得捕捉的瞬间。如下左图所示。

（4）天气现象

天气现象也是自然风光摄影的重要选材之一。例如，云雾缭绕的山峰、暴雨过后的彩虹、冰雪覆盖的森林等，这些天气现象为自然风光增添了神秘和变幻莫测的魅力。如下右图所示。

（5）城镇建筑

自然风光中往往也融入了人文元素，如古老的村落、寺庙、桥梁等。将这些人文元素与自然风光相结合，可以拍摄出具有故事性和文化内涵的作品。如右图所示。

9.2.2 人文景观

人文景观摄影的选材极为丰富，涵盖了人类历史、文化、生活和环境的各个方面。在选择人文景观摄影的题材时，可以从以下几个角度进行考虑。

（1）历史文化遗址

这类遗址是人类历史文化的珍贵遗迹，如古老的宫殿、寺庙、城墙、碑刻等。历史文化遗址记录了人类社会的发展和变迁，通过摄影展现这些遗址的风貌和细节，可以让观众感受到历史的厚重和文化的魅力。如下左图所示。

（2）民俗风情

不同地区的民俗风情也是人文景观摄影的重要选材，包括当地的服饰、饮食、节庆活动、民间艺术等，通过捕捉这些具有地方特色的元素，可以展现出不同文化的独特性和多样性。值得注意的是，每个地区的风俗都有所不同，在拍摄前需提前了解。效果如下右图所示。

（3）城市建筑

城市建筑包括现代的高楼大厦、古老的街巷民居、特色建筑等。通过摄影展现城市建筑的风格和特色，可以反映出城市的历史、文化和发展水平。如右图所示。

（4）人类生活场景

无论是繁忙的市井、宁静的乡村，还是忙碌的工厂、悠闲的公园，都可以成为摄影的素材。通过捕捉这些生活场景，可以展现出人类社会的多样性和生活的真实面貌。如下两图所示。

（5）人与自然的关系

人文景观摄影还关注人与自然的关系，如农耕文化、渔猎生活、环境保护等。通过展现人类与自然环境的互动和共生，可以引发人们对生态保护和可持续发展的思考。如下图所示。

9.2.3　动植物生态

旅游途中可能会遇到各种珍稀动植物，它们也是极具吸引力的拍摄对象。以下是一些动植物生态的选材建议。

（1）野生动物

在自然保护区或野生动物园，可以拍摄到各种珍稀动物的生活状态。通过捕捉它们的神态、动作等，可以展现动物的野性与生命力。效果如下图所示。

（2）植物景观

不同地区的植物景观有着不同的独特魅力，可以选择具有独特形态或色彩的花卉，如盛开的油菜花、娇艳的玫瑰或是清新的雏菊。同时，不同季节的植物变化也是很好的拍摄对象，如春天的嫩芽、夏天的繁花、秋天的落叶和冬天的枯枝。效果如下页两图所示。

提示：风光摄影

　　风光摄影不仅仅是记录大自然的美丽景色，更是人与自然之间情感沟通的桥梁。通过捕捉山川、湖泊、森林等自然元素的独特魅力，能够唤起人们对大自然的敬畏和爱护之情，有助于我们更加深入地了解和欣赏大自然的多样性，进而激发保护环境的意识。

　　虽然动植物摄影是摄影领域中一个充满乐趣的部分，但是在拍摄动植物时，也需要特别注意以下几点。

- **尊重自然与生命**：这是动植物摄影的首要原则。不要干扰或打扰动植物的生活，尤其是在它们繁殖或觅食的时候。尊重自然也包括不损坏植被或动物的生活环境，这一点尤其重要。
- **选择合适的镜头与设备**：动物摄影通常需要使用长焦镜头，以便在不干扰生物的情况下捕捉清晰的细节。而植物摄影更多会用到微距镜头。同时，为了稳定拍摄，可能需要使用三脚架或其他稳定设备。
- **掌握光线与时机**：自然光线对于动植物摄影非常重要。早晨和黄昏时的光线柔和，有利于捕捉生物的色彩和纹理。同时，要观察动物的活动习性，选择最佳的拍摄时机。
- **保持安静与耐心**：在拍摄动物时，保持安静和耐心是非常重要的。动物可能会对嘈杂的声音或突然的动作感到惊恐，从而逃跑或隐藏起来。因此，需要耐心等待，以便捕捉动物的自然行为。
- **学习与研究**：在拍摄前，可以对要拍摄的动植物进行一些研究。了解它们的生活习性、行为特点以及最佳拍摄角度和构图，可以大大提高拍摄的成功率。
- **注意安全**：在拍摄野生动物时，还要特别注意安全，千万不要过于接近动物，以免发生危险。同时，在野外拍摄时，要注意防范蚊虫叮咬、毒蛇等潜在风险。

附录 课后练习答案

第1章

一、选择题

（1）ABCD　　（2）C　　（3）A

二、填空题

（1）光学变焦；数码变焦

（2）设定相机对焦点；半按快门对焦；
　　按下快门完成拍摄

（3）光圈；焦距；摄距

第2章

一、选择题

（1）A　　（2）AB　　（3）ABCD

二、填空题

（1）光圈；快门；感光度（ISO）

（2）+；－

（3）点

第3章

一、选择题

（1）D　　（2）ABC　　（3）D

二、填空题

（1）利用光线和影调；运用线条和形状；利用景深；
　　通过特写和裁剪

（2）垂直

（3）黄金分割构图；汇聚线构图；水平构图；
　　对称构图

第4章

一、选择题

（1）BD　　（2）ABD　　（3）AC

二、填空题

（1）硬质光；软质光

（2）正面光；前侧光；侧光；后侧光；逆光；顶光；
　　轮廓光

（3）主光照射形成的暗影出现在离拍摄者较近的那半
　　边脸上。光线在鼻子上形成的暗影一直延伸到嘴
　　边，同时还在面颊上形成一个三角形的光区

第5章

一、选择题

（1）ACD　　（2）D　　（3）ABCD

二、填空题

（1）色相；饱和度；明度

（2）色相环中相距60°至90°的两种颜色

（3）强烈的对比效果

第6章

一、选择题

（1）AC　　（2）ABC　　（3）AC

二、填空题

（1）机位推镜头；变焦推镜头

（2）稳定性强；表现静态环境；突出主体

第7章

一、选择题

（1）B　　（2）C　　（3）C

二、填空题

（1）对比度

（2）裁剪

（3）RAW